빛과 전자의 초대

Quantum

김영훈 지음

JINSAEM 진샘미디어

| 들어가며 |

사회에서 요구되는 창의적인 인재는 공부를 잘한다고 해서 만들어지는 것이 아니다. 주변을 의심하고 스스로 고민하고 해결책을 찾으려는 노력의 과정에서 창의성이 키워지리라 본다. 주변을 의심하는 것은 끊임없는 질문을 가지라는 것이다.

중학교에 다니는 처조카와 매주 한 번씩 과학 전반에 관한 질문을 던지고 일주일 뒤에 그에 대한 조카의 생각을 듣는 작업을 해오고 있다. 아담과 이브는 배꼽이 있었을까? 거울은 왜 좌우반전이 되고 상하반전은 안될까? 지구의 대기는 왜 흩어지지 않을까? 불은 뜨거운 물로 끄면 더 효과적일까? 수영장에서는 왜 피부가 더 잘 탈까? 공부를 시키기 위함이 아니다. 이러한 질문을 통해 주변을 바라보는 시선을 바꾸기 위함이다.

양자역학이라는 학문에 관한 우리가 가져야 할 시선도 좀 바꿔야 한다. 슈뢰딩거 파동방정식으로 시작되는 복잡한 수학적 접근에서가 아닌 빛의 원리에서부터 시작되는 개념적인 접근이 필요하다.

하늘은 왜 파랄까? 빛은 왜 직진할까? 빛은 전자기파인가? UV에 피부는 왜 탈까? 물속에서 빛의 속도는 어떨까? 내 옆에 친구가 보는 무지개가 나와 같을까? 물에 비친 모습을 폴라로이드로 찍으면? 전가기파는 벽을 통과할 수 있을까? 음속을 통과할 때 소리가 왜 날까? 빛은 입자일까 파동일까? 신기루 현상은 왜 발생할까? 다이아몬드가 반짝거리는 이유는? 나비의 날개는 왜 그렇게 화려하게 보일까? 비눗방울은 왜 무지개 색을 가질까? 금속은 왜 반짝거릴까? 반물질이란 무엇일까? 무(無)란 무엇일까? 진공도 공간을 가질 수 있는가? 라디오는 왜 '지지직' 거리는 것일까? 우주의 온도는 얼마나 될까? 우주선내 시간은 지구와 같을까? 도는 방향에 따라 팽이의 무게가 달라질까? 우주는 몇 차원일까? 전자는 쪼갤 수 없는가? 원자모형은 궤도모양을 지니는가? 전자는 입자인가 파동인가? 물질파란 무엇인가? 형광등이 백색광을 보이는 이유는? 공중부양은 가능한가? 순간이동(공간이동)은 가능한가?

수많은 질문들이 양자역학의 수학적 이해가 아닌 개념적 이해를 통해 답을 얻을 수 있다. 주변을 의심하고 답을 구할 수 있는 최소한의 지식인 양자역학은 사실 어렵다는 이유로 수강생이 적어 대학에서 제대로 가르치지 못하고 있다. 주로 고학년에서 강의가 개설되고 고차원적인 미적분의 이해를 바탕으로 하고 있어서 강의의 집중도도 떨어지는 것이 사실이다.

개념을 이해하고 난 다음에 깊이 있는 수학적 접근을 한다면 양자역학에 대한 보다 깊은 이해를 할 수 있으리라 본다. 이에 여기서는 수학적 해석을 최소한으로 하고 개념적 이해와 역사학적 관점에서 양자역학을 이해할 수 있도록, 교양으로서의 양자역학의 개념이해를 목적으로 하고 있다.

고전물리학을 먼저 이해하고 양자역학이 성장하게 된 사건들을 파악한 뒤, 양자개념이 도출되면서 해결되었던 여러 문제들을 해석한다. 이를 통해 자연스럽게 양자의 개념을 이해하고, 나아가 하이젠베르크의 행렬역학, 불확실성의 원리를 배우고, 슈뢰딩거의 파동함수를 알게 된다. 최종적으로는 자연계를 구성하고 있는 입자들의 특성, 빛의 성질, 원자의 구성원리 등을 배움으로써, 우리 주변의 일상을 바라보는 새로운 시각을 갖게 하고자 하였다.

본 서적의 내용은 양자역학의 아주 일부의 내용으로서, 깊이 있는 양자역학을 배우기 위한 초석이라고 할 수 있다. 수학적 설명이 필요한 부분은 박스로 가둬 두었고, 각 장의 마지막에는 등장인물에 관한 설명을 추가하였다.

저자

| 목차 |

들어가며 | 3

CHAPTER 01 뉴턴의 시대 11

역사속의 사과 | 13
과학혁명의 구조 | 17
뉴턴의 과학적 사고 | 20
빛 | 22
에테르 | 25
뉴턴의 프리즘 | 27
스펙트럼 | 30

CHAPTER 02 빛의 세계 37

빛이 있으라 | 39
태양광 | 41
반사 | 44
굴절 | 49
간섭 | 57
산란 | 60
편광 | 62

CHAPTER 03 빛=전자기파 65

빛의 무리들 | 67
전기장 | 71
자기장 | 75
전기장과 자기장의 통일 | 80
생활 속의 전자기파 | 84

CHAPTER 04 파동성 입증 93

파동이란 | 95
파동의 중첩 | 96

단일슬릿의 회절 | 103
호이겐스 원리 | 105
이중슬릿 실험 | 107

CHAPTER 05 CM 실패-흑체복사 115

고전물리학의 실패 | 117
흑체복사 | 120
스테판-볼츠만의 법칙 | 124
빈의 변위법칙 | 124
상태밀도와 에너지균등 원리 | 125
레일리-진의 법칙 | 129
자외선 파탄현상 | 130
빈의 해석 | 131
플랑크의 해석 | 132
에너지 양자 가설 | 134
최대점을 갖는 흑체복사 | 136

CHAPTER 06 CM 실패-고체열용량 141

열용량 | 143
듀롱-페티 법칙 | 146
저온 고체열용량 | 147
아인슈타인의 등장 | 148
디바이 모델 | 151

CHAPTER 07 CM 실패-광전효과 155

아인슈타인의 사고실험 | 157
광전자의 발견 | 158
광전효과 | 162
CM의 광전효과 해석 | 164
아인슈타인의 해석 | 165
밀리컨의 실험 | 167

CHAPTER 08 CM 실패-컴프턴 효과 171

컴프턴 광산란 실험 | 173
원자내 산란 | 174
산란을 통한 파장 변화 | 176
안개상자 실험 | 178

CHAPTER 09 CM 실패-수소휘선 181

휘선 관찰 | 183
수소 휘선 | 184
리드버그 식 | 186
다양한 휘선 계열 | 187
에너지 준위 | 188

CHAPTER 10 초기 원자모형 193

초기 모형 | 195
전자의 발견 | 197
톰슨 원자모델 | 199
러더퍼드의 실험 | 201
전방산란만 가능한 톰슨 모델 | 203
러더퍼드 모델의 문제점 | 206

CHAPTER 11 보어 원자모형 211

보어의 등장 | 213
보어 모델의 증명 | 215
대응원리 | 217
보어의 양자조건 | 221
좀머펠트의 반기 | 224
보어 모델의 성공과 실패 | 225

CHAPTER 12 추가 양자수 229

미세구조 | 231
오비탈 양자수 | 233
제만 효과 | 236
자기 양자수 | 238
제만 효과 증명 실험 | 239

CHAPTER 13 원소의 배치 243

비정상 제만 효과 실험 | 245
제4의 양자수 | 246
전자배치 원리 | 250
초기 주기율표 | 252
원소들의 부가적인 이야기 | 253
현대의 연금술 | 256
원자의 구성입자 | 258

CHAPTER 14 물질파 265

드브로이 물질파 | 267
물질파와 보어 원자 모델 | 269
드브로이 가설 실증 | 271
다양한 물질파 | 273
빛의 이중성 | 275

CHAPTER 15 하이젠베르크의 해석 281

대응원리에 의한 해석 | 283
하이젠베르크의 등장 | 284
행렬역학 | 287
PQ-QP=0인가 | 289
불확실성의 원리 | 291
전자구름 해석 | 294

CHAPTER 16 파동방정식 299

양자의 시각화 | 301
파동방정식 | 302
에너지 우물 모델 | 306
에너지 투과 | 308
슈뢰딩거 고양이 | 310

CHAPTER 17 QM의 정리 315

디렉의 QM 정리 | 317
물질-반물질 | 319
쌍 생성과 붕괴 | 320
반물질의 관찰 | 322
응용분야 | 324

CHAPTER 18 끝나지 않는 QM 327

양자역설 | 329
4대 힘 | 332
통일장 이론 | 333
다중우주론 | 336
변화하는 양자역학 | 338

나의 사랑스런 아내와 어여쁜 딸에게

CHAPTER

01

뉴턴의 시대

오늘 할 수 있는 일에 전력을 다하라.
그러면 내일은 한 걸음 더 진보한다.

• 아이작 뉴턴

역사속의 사과

태양풍으로부터 지구를 보호하는 지구 자기장은 남극점에서 11.3° 벗어난 지자기(earth's magnetic field)남극과 지자기북극을 잇는 자기력선을 형성한다. 자기력선의 영향으로 북극하늘에 아름다운 오로라가 생성되기도 한다. 양극의 움푹 들어간 자기력선의 모양은 우리가 즐겨 먹는 사과와 비슷하다. 사과를 바라보고 있노라면 역사속의 다양한 사건들의 중심에 이 과일이 있음을 알게 된다.

구약성서 창세기에 등장하는 이브는 뱀의 유혹을 이기지 못하고 선악과(사과)를 따서 아담과 함께 나눠 먹고 원죄를 범하게 된다. 이를 계기로 아담과 이브는 비로소 이성에 눈을 뜨게 된다. 이브의 사과를 '사유의 사과', '이성의 사과'로 부르는 이유이다.

그리스신화에서도 황금사과가 등장한다. 뮈르미돈의 왕 펠리우스(Peleus)와 바다의 요정 테티스(Thetis)의 결혼식 날, 우연한 실수로 불화의 여신인 에리스(Eris)를 초대하는 것을 잊게 되었다. 이에 분노한 에리스가 결혼식 좌중에 '가장 아름다운 여신에게'라는 글이 쓰여진 황금사과를 하나 집어 던졌다. 그 자리에 있던 세명의 여신인 헤라(Hera), 아프로디테(Aphrodite, 로마신화의 비너스), 아테나(Athena)는 서로가 자신이 가장 고귀한 아름다움을 지녔다며 사과의 주인이 되어야 한다고 주장하였다. 사과의 주인을 판결해 줄 인물을 찾다가 인간 세상에 있는 파리스(Paris)라는 목동을 선택하여, 그에게 나타나 공정한 심판을 요청하게 된다. 파리스가 아테나를 선택하면 무적의 힘을 얻게 되고, 헤라는 소아시아 전체의 통치권, 아프로디테는 아름다운 아내를 얻게

파리스의 심판(Peter Paul Rubens, 1632년)

되는 상황이었다. 파리스는 결국 아프로디테를 택했고 가장 아름다운 헬레네를 아내로 맞게 되지만 트로이전쟁의 직접적인 원인이 된다. 파리스는 전쟁 중에 그리스 최고의 영웅인 아킬레스(Achilles, 펠레우스의 아들)를 죽이지만, 결국 자신도 그 전쟁에서 죽게 된다. 파리스의 황금사과는 어떤 선택을 하더라도 불행의 씨앗이 된다는 점에서 '불화의 사과'로 불린다.

중세시대에도 사과가 등장하는데, 바로 스위스를 독립시킨 빌헬름 텔(Wilhelm Tell)의 이야기 속이다. 당시 합스부르크왕가(오스트리아)에 지배를 받던 스위스는 헤르만 게슬러(Hermann Gessler) 총독의 통치하에 있었다. 어느 날 총독은 나무에 걸어둔 자신의 모자에 인사를 하라고 시민들에게 지시를 하였는데, 빌헬름은 인사를 거부하였다. 잡혀간 빌헬름에게 총독은 빌헬름의 아들 머리위에 사과를 놓고 맞추면 살려주겠다고 하였다. 빌헬름은 두 개의 화살을 준비하여 아들 머리위의 사과를 제대로 맞춘다. 나머지 하나의 화살은 아들을 맞춰 실패할 경우 총독을 죽이려고 준비한 것이라는 사실을 알게 된 총독은 다시 빌헬름을 체포한다. 그러나 탈출에 성공한 빌헬름은 군대를 이끌고 왕가에 저항하여 스위스를 독립시키게 된다. 빌헬름 텔의 사과는 '저항의 사과'라고 칭할 수 있다.

희망을 뜻하는 사과도 등장한다. 세상의 어떤 일도 우연히 일어나지 않으며 모든 사건에는 원인이 있으며 그 원인은 신에 의해 결정된다고 주창한 철학자 스피노자(Spinoza)의 사과이다. 긍정적인 철학자인 스피노자의 삶은 그리 순탄치 않았다. 어려서 어머니를 여의고 아버지마저 요절하였으며, 누이와는 재산상속 문제로 소송을 하게 되어 승소를 했지만 누이에게 재산을 모두 넘기고 본인은 마흔 중반에 병으로 생을 마감하게 된다. 오늘의 고통은 내일의 희망을 위해 이겨내야 할 대상으로 삼았던 그는, '내일 지구가 멸망할지라도 한 그루의 사과나무를 심겠다'는 말을 남김으로서, 확신할 수 없는 미래에 대한 걱정보다는 현재 실천가능한 일을 행하라는 명언을 후대에 남겨주었다. 스피노자의 사과나무를 '희망의 사과'로 부르는 이유이다.

이외에도 죽음에 이를 뻔 했지만 그로인해 왕자를 얻게 되는 '사랑의 사과'인 백설공주의 사과도 있다. 청산가리를 주사한 사과를 먹고 자살한 영국의 비운의 천재 수학자 앨런 튜링(Alan Turing, 1912~1954)을 기리기 위해, 회사의 로고를 베어 먹은 사과로 창안한 애플사의 '혁신의 사과' 등 사과를 모티브로 한 다양한 이야기가 전해오고 있다. 비틀즈(The Beatles)의 음반회사인 애플레코

드에도 파란사과가 등장한다. 음반자본주의 안에서 예술의 독립을 외친 파란 사과는 젊은이에게 예술적 재능을 발휘할 수 있는 '기회의 사과'가 되었다.

이처럼 사과만 가지고도 역사를 되돌아 볼 수 있는데, 여기에 한 가지 빠진 사과 이야기가 있다. 다들 가장 먼저 떠올렸을 지도 모를 뉴턴의 사과이다. 영국에 페스트가 창궐하던 1665년 경, 당시 대학들이 일시 폐쇄되어 뉴턴(Isaac Newton, 1642~1727)은 고향인 울스소프에 잠시 머무르게 되었다. 사과나무 아래에서 쉬면서 사유의 시간을 보낼 즈음, 뉴턴 머리위로 사과가 떨어지는 것을 보고 만유인력의 법칙을 발견하게 된다. 사실 만유인력의 법칙을 확립한 것은 1670년대 말로 사과 낙하의 관찰로 만유인력의 법칙을 발견했다고 하기 보다는 나중에 법칙을 완성하게 된 계기가 되었을 것이다. 사과가 엄청난 과학적인 발견의 시초였기에 뉴턴의 사과는 '과학적 발견의 사과'가 되었다.

뉴턴 기념 우표

1687년 7월에 뉴턴은 프린키피아(Philosophiæ Naturalis Principia Mathematica)*를 출간하였다. 1권인 '물체의 운동에 관하여'에서는 운동의 3

---

* 부유한 아마추어 천문학자였던 핼리(Edmund Halley, 1656~1742)는 1682년에 자신이 발견한 (핼리)혜성의 타원 궤도 운동에 관한 이론적 의문을 품고 있었다. 그는 뉴턴을 찾아가 자문을 얻었고, 뉴턴은 혜성 운동에 관한 중력 법칙을 설명했다. 핼리는 자신이 발견한 혜성 운동이 과학적으로 설명될 수 있음을 알게 되고, 사비를 들여 뉴턴의 이론을 출판하게 된다. 이에 뉴턴은 과학과 수학을 이해할 수 있는 전문가만을 위해 프린키파아를 출판하였고, 내용을 되도록 어렵고 현학적으로 기술했다. 그는 일반인들과 논쟁하기 싫어서 책의 내용을 되도록 난해하게 만들었고, 또한 라틴어로 작성했다. 영어판

법칙과 함께 힘의 다양한 법칙에 관하여 정리하였다. 1권과 같은 제목인 2권은 유체역학과 관련된 운동을 논하였으며, 3권인 '우주의 조직에 대해서'는 만유인력과 함께 행성의 운동에 관해 설명할 수 있는 방법을 기술하였다. 캠프리지 대학의 일개 교수였던 뉴턴은 출판과 함께 전 유럽 과학계의 큰 주목을 받게 되었다.

과학혁명의 구조

19세기 말까지 고전물리학은 '현재를 알면 미래를 예측할 수 있다'는 결정론적(deterministic) 입장을 취하고 있었다. 뉴턴 역학뿐만 아니라 열역학, 전자기학, 파동학 등이 물리학의 주를 이루었으며, 20세기 초 현대물리학의 근간이 된 확률론적(probabilistic) 입장이 대두되기 전까지 고전물리학의 기틀을 잡고 있었다. 확률론적 입장은 '현재를 알아도 정확한 미래를 예측할 수 없다'는 불확실성을 지칭하며, 상대성이론과 양자론의 등장에 발단하고 있다.

상대성이론은 3차원 공간과 1차원 시간은 서로 독립적이지 않음*을 보여

은 그의 사후 2년 뒤인, 1729년에나 출판되었다. 그렇게 소수의 사람만이 읽은 책이 어떻게 그토록 큰 영향력을 발휘했는지는 놀라울 뿐이다.

* 일반상대성 이론에서는 공간이 거기에 있는 물체들에 의해서 변형될 뿐만 아니라, 이 물체들이 없으면 아예 존재하지도 않는다. 즉 공간을 만드는 것은 물질이다. 공간에서 모든 물질들을 들어내면 공간 자체가 사라지기 때문에 빈 공간을 만드는 것은 불가능하다. 세상에서 물질을 비워낼 때 사라지는 것은 공간뿐만 아니라 시간도 함께 사라진다. 추후에 알겠지만 진공 또한 음의 에너지로 가득 채워져 있다. 따라서 시간은 공간과 분

주며, 양자론은 미시적 관점의 자연현상은 아날로그(연속)가 아닌 디지털(불연속)임을 설명한다. 양자론, 양자역학, 양자물리학 등 다양한 이름으로 불리는 이 학문은 굳이 구분할 필요는 없으나, 사고에 집중하는 양자론(quantum theory)과 수학적 표현으로 기술되는 양자역학(quantum mechanics)으로 나눌 수 있다. 과학현상을 바라보는 시점의 변화는 과학사적으로도 과학의 발전의 계기가 되었다.

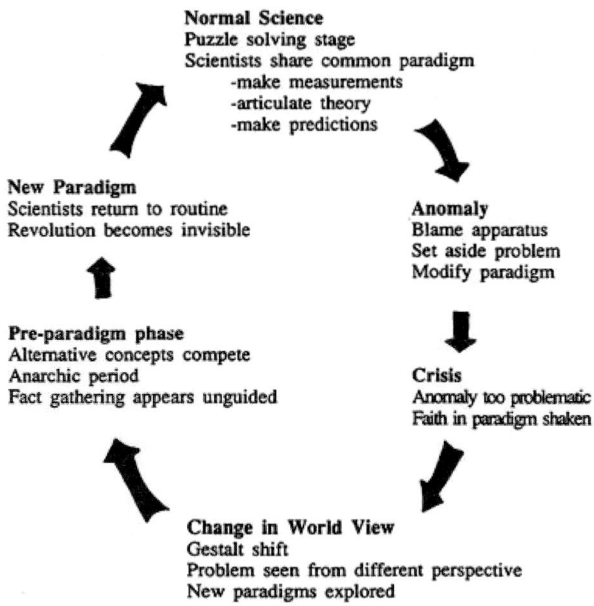

패러다임의 변화에 관한 순환 고리

리할 수 없는 대상이다. 시간을 재는 기준이 모두 공간 속에 존재한다. 시계추의 흔들림, 모래시계의 모래 낙하 등은 모두 공간 속에서 이루어진다. 공간 속에서 물체의 길이를 잴 때도 반드시 얼마간의 시간이 흐른다. 따라서 공간의 측정 역시 시간과 분리하여 생각할 수 없다.

토마스 쿤(Thomas Kuhn, 1922~1996)의 '과학혁명의 구조'에도 기술되어 있듯이, 과학의 발전은 지식의 축적(cumulative)으로 점진적으로 이루어지는 것이 아닌 비축적적인(noncumulative), 즉 급진적이고 혁명적인 사건을 통해 이루어진다고 할 수 있다.

예를 들자면 17세기 정설로 받아들여지던 '빛은 파동이다'라는 패러다임이 20세기 초에는 어떻게 '빛은 이중성(파동성과 입자성)을 지닌다'로 바뀌게 되었는지를 이해하는 것도 과학혁명을 통해서 설명된다. 뉴턴시대에는 뉴턴 패러다임으로 과학현상을 풀이했지만, 더 이상 뉴턴 패러다임으로 해결 할 수 없는 비정상과학 문제들이 등장하였다. 이에 아인슈타인(Albert Einstein, 1879~1955)의 비독립적인 시공간에 관한 패러다임과 같은 새로운 개념을 필요로 하게 되었다.

쿤의 주장은 뉴턴 패러다임에서 아인슈타인 패러다임으로의 전환은 연속적이지 않고 단속적이라는 데 있다. 즉 과학혁명은 기존 과학이론의 위기에 대한 변혁적인 반응이라고 할 수 있으며, 비정상현상은 정상적인 현상으로 이해하게 되지만 또다시 새로운 비정상현상이 나타나면 패러다임에 위기가 닥치게 된다는 것이다. 이 과정이 계속 반복되면서 과학은 발전하고 있다.*

---

* 일상생활에서도 패러다임의 변화로 인한 제품의 진화를 쉽게 관찰할 수 있다. 음악 저장 매체인 LP, CD, DVD(650 nm 파장의 적색 레이저를 이용하여 기록), BD(Blue-ray Disk, 405 nm의 청자색 레이저 이용)와 저장의 개념을 전환시킨 USB의 등장에서도 그 변화를 관찰할 수 있다. BD가 나오게 된 근간인 LP를 이해함으로서 기록매체의 기술적 진화를 이해할 수 있듯이, 물리학의 패러다임의 변화 또한 전통물리학에 대한 기본적인 이해를 바탕으로 설명가능하다.

뉴턴의 과학적 사고

고전물리학의 근간이 되는 뉴턴 역학은 초등학교때 배워서 익히 알고 있는 3가지 운동법칙*으로 대변된다. 버스가 급정거하면 서있던 승객이 앞으로 쏠리는 현상은 관성의 법칙으로 설명되며, 버스에 승객이 많이 탈수록 같은 속도를 내기위해서는 더 많은 힘을 필요로 하는 현상은 가속도의 법칙으로 설명된다. 버스가 아스팔트 위를 달릴 수 있는 이유는 작용과 반작용의 법칙으로 설명된다.

뉴턴은 기본적인 3가지 운동법칙을 토대로 중력, 관성력, 구심력, 원심력, 부력, 파동의 전파, 행성운동 등 다양한 물리적 현상을 설명하였다. 고전물리학을 뉴턴역학이라고 부를 정도로 뉴턴은 현상적인 물리학을 수식화하고 종합화하려고 노력하였다. 과학발전에 있어 뉴턴이 기여한 것은 많은 선행연구를 수학적 공식으로 종합했다는 사실보다는 그의 과학적 사고의 진행절차와 사고방식이었다.

뉴턴은 데카르트(René Descartes, 1596~1650)의 연역적인 회의를 활용하면서도 실험적 방법을 통한 경험과 사실에 의존하는 과학적 실험법을 도출하였다. 여러 사실로부터 기본원리를 도출하고 논리적으로 예상되는 결과가 일

---

* 제1법칙은 '물체에 외부에서 힘이 작용하지 않거나 작용하는 힘의 합이 0일 때, 정지하고 있는 물체는 계속 정지해 있고 운동하는 있는 물체는 계속 등속 직선 운동을 한다'는 관성의 법칙이다. 제 2법칙은 '물체에 힘이 작용하면 물체에 힘의 방향으로 가속도가 생기며, 가속도의 크기는 힘의 크기에 비례하고 질량에는 반비례한다'는 가속도의 법칙이다. 제3법칙은 '두 물체가 있을 때 한 물체가 다른 물체에 힘을 가하면 그 물체도 상대편 물체에 크기가 같고 방향이 반대인 힘이 작용한다'는 작용과 반작용의 법칙이다.

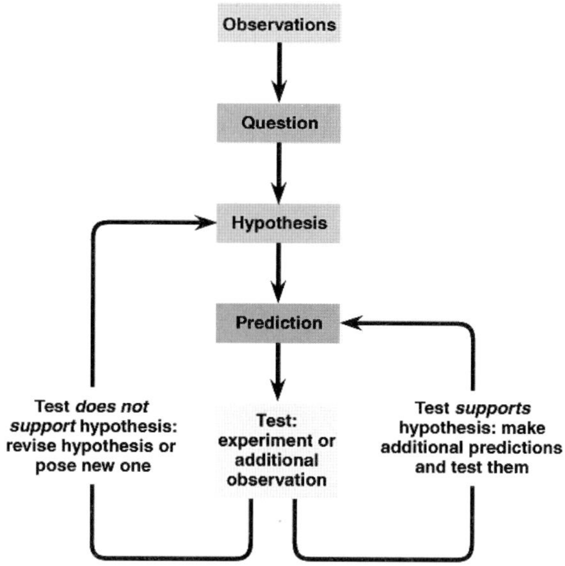

일반화된 과학적 사고의 흐름

어나는지 증명하는 실험법을 제시하였다. 즉 추상적 이론과 경험적 증거를 동시에 만족시켰으며, 이 과학적 탐구법은 이후 과학연구의 기본적인 연구방법론으로 자리매김하였다.

뉴턴의 과학적 사고의 혁명은 당시 정치적 혁명보다 인류역사에 광범위하고 지속적인 영향을 미쳤다. '이론-실험-증명'이라는 과정을 통해 뉴턴이 갖게 된 패러다임은 '자연은 일정한 법칙에 따라 운동하는 복잡하고 거대한 기계와 같다'는 기계론적 세계관이었으며 이후 400여 년간 현대문명의 발전의 원동력이 되었다.

베이컨(Francis Bacon, 1561~1626)과 데카르트의 사상을 이어받은 기계론적 세계관은 과학만능주의와 함께 물질문명의 발전을 가져왔다. 뉴턴의 근대적 과학관은 인간과 세계에 대한 무한한 이해와 발전 가능성을 심어주었고, 뉴턴은 이 세계관을 바탕에 두고 모든 자연현상을 수학적 법칙으로 환원하여 설명하고자 하였다. 그러나 그의 기계론적 세계관은 환경파괴 등으로 인한 전 지구적 문제가 대두되면서 가이아(Gaia) 이론과 함께 유기체적 세계관으로 변화하게 되었다.

과학혁명의 틀을 만들었던 뉴턴의 패러다임은 19세기 말 맥스웰(James Maxwell, 1831~1879)의 전자기학, 20세기 초 아인슈타인의 상대성이론과 하이젠베르크(Wemer Heisenberg, 1901~1976)의 양자역학 등에 의해 수정되었다.

빛

양자는 라틴어 'quantus'에서 온 말로 양, 수량을 뜻한다. 양자 개념을 처음으로 도입한 독일의 물리학자 플랑크(Max Planck, 1858~1947)는 에너지의 불연속성에 관한 양자가설을 주장하였다. 백과사전을 찾아보면, 양자는 독일어인 'quantum'을 번역한 말로서 '어떤 물리량이 연속값을 취하지 않고 어떤 단위량의 정수배(양자수)로 나타나는 비연속값을 취할 경우, 그 단위량을 가리킨다'고 되어 있다. 즉 양자 개념은 연속적인 흐름에 반대되는 개념이다.

전자기장의 양자는 광자(photon)이며, π 중간자(pion)는 핵력장의 양자, 중력자(graviton)는 중력장의 양자이다. 다양한 힘이 미치는 장(field) 내에 존재하는 불연속적으로 나타나는 최소단위라고 할 수 있다. 전자, 양성자, 광자, 소립자 등이 이에 해당하며, 너무 작아서 눈으로 관찰하기 어려운 존재이다.

우리가 빛에 둘러 싸여 살고 있기에 양자 중에서도 광자(빛)가 가장 많은 관심의 대상이 된다. 사물을 본다는 것은 빛, 광자를 직접 본다는 것이 아니라 다양한 빛의 반사, 굴절, 회절 등에 의해서 나타나는 현상을 망막에서 인식*하여 본다고 느끼는 것이다. 가시광이 없는 암실에서는 물체 파악이 힘들지만 적외선 카메라를 이용하면 열(적외선이라는 전자기파)을 발생하는 물체를 관찰할 수 있는데, 이 또한 감각 수용체(망막, CCD, 적외선 색센서)의 차이 때문이다.

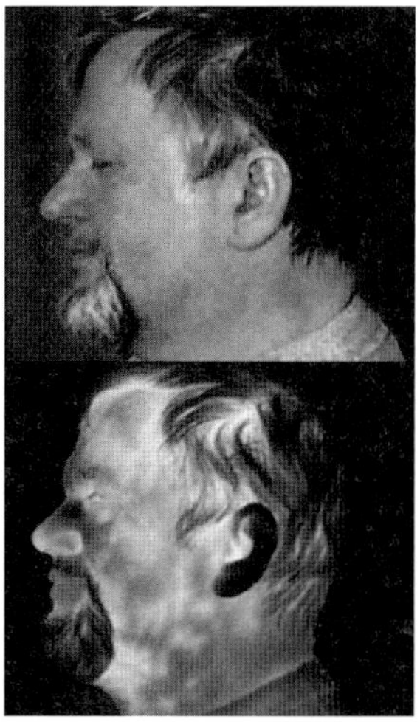
가시광선과 적외선 촬영 사진

고전물리학에서는 빛의 간섭 현상을 잘 설명할 수 있는 빛의 파동설을 받아들이고 있었으며, 이는 영(Thomas Young, 1773~1829)의 이중슬릿(double slit) 실험에서도 현상학적으로 증명하였다.

그러나 뉴턴은 양자론적 해석은 아니었지만, 암실내 바늘구멍으로 들어오는 빛의 직진성에서 '빛이 입자가 아닌가'하는 생각을 갖기 시작하였다. 또한 입자형태의 광자에 속도벡터 개념을 도입하여 물속으로 들어가는 빛의 속도

---

* 동물마다 망막의 구조와 빛을 인식하는 파장대가 다를 수 있기에 인간외의 동물들이 바라보는 세상과 우리가 바라보는 세상의 모양, 색깔들이 다를 수 있다. 방울뱀은 적외선을 볼 수 있어서 야간에도 온도차에 의한 먹이 사냥이 가능하고, 황조롱이의 자외선을 볼 수 있는 능력은 넓은 지역에서 들쥐를 찾기 수월하게 해준다. 이처럼 빛이라는 것은 시각적 정보를 인식하기 위한 대상이며, 우리가 느끼는 가시광선(380~780 nm 파장대)만이 빛이 아니라는 것이다. 나중에 알겠지만 빛(가시광선)은 전자기파의 극히 일부분에 해당한다.

는 입사속도 보다 굴절속도가 더 빠르다고 생각했다. 사실은 그 반대이다. 뉴턴의 명성에 힘입어 빛의 입자설이 힘을 얻는가 싶었지만, 영의 이중슬릿 실험으로 고전물리학의 입장에서는 빛은 여전히 파동이었다.

현대물리학에서는 빛을 입자성과 파동성을 가지고 있다(빛의 이중성, wave+particle=wavicle)고 보고 있지만, 입자성과 파동성을 동시에 지니지는 않는다고 정의하고 있다. 즉 빛의 입자성을 보고자 하는 관찰법에서는 빛의 입자성을 관찰할 수 있고, 파동성을 관찰하는 실험에서는 당연히 빛의 성질중 파동성만 관찰된다고 하고 있다.

양자 개념을 이용한 빛의 입자성에 관한 설명은 광양자설을 발표한 아인슈타인에 의해 전개되었다. 광자에 대한 이해를 통해 추후 전자*의 개념과 양성자의 개념까지 발전되어 나간다. 파동으로 설명되던 빛의 특성들은 파동성으로 설명되지 않는 비정상현상이 나타나기 전까지 유지 되었으며, 파동의 전달 매질인 에테르(aether, ether)라는 개념의 도입으로 더욱 확고히 되는 듯하였다. 그러다가 입자로 간주되던 전자의 행동양식과 빛(광자)의 행동양식이 일치하는 비정상현상이 관찰되면서 '빛은 파동이다'이라는 개념이 흔들리기 시작하였다.

---

* 모든 전자는 왜 완전히 동일할까? 지금까지 알려진 바에 의하면 모든 전자는 완전히 똑같아서 구분할 필요가 없다. 우주 전체가 단 하나의 전자(과거와 미래를 오가는 전자)로 이루어져 있기 때문이라고 주장하는 학자들도 있다.

에테르

바다에서 파도가 치기 위해서는 물이라는 매질을 필요로 하고 소리가 전달되기 위해서는 공기라는 매질을 필요로 한다. 이와 같이 에테르라는 개념은 파동인 빛이 진행하기 위해서 필수적으로 있어야 한다고 믿어졌던 광파동의 매질에 해당한다. 에테르는 떨어진 상태에서 힘이 미치는 만유인력, 열의 복사, 전자기의 전파 등과 관련한 여러 현상을 물리적으로 용이하게 설명하기 위해 도입되었다.

아리스토텔레스(Aristoteles, BC384~322)는 밤하늘의 빈 공간이 에테르로 가득 채워져 있어서 천구상의 물체들이 지구로 떨어지지 않고 영원히 운행한다고 보았다. 이것을 제5원소(quintessence)라고 불렀으며, 투명하고 무게가 없으며 일종의 천상의 안개라 칭하며 다소 감성적인 표현을 하였다. 에테르는 모든 공간과 물질 속에 펴져 나가는 극히 가벼운 물질로, 동시에 완전 탄성체이며 빛과 같은 속도를 지닌 횡파로 전파된다고 보았다. 고전물리학에서 역학과 전자기학은 서로 무관한 학문으로 간주되었으나 에테르를 도입하면서 전자기현상과 역학현상을 하나로 통일 시킬 수 있다는 결과를 얻게 되었다.

뉴턴도 에테르를 확고히 믿었던 것으로 보이며, 모든 물질과 물체들이 끊임없이 움직이는 가장 큰 이유가 에테르의 진동 때문이라고 생각하였다. 역학에서도 절대기준이 필요하듯이 전자기파(electromagnetic wave)인 빛의 문제에서 절대공간 역할을 하는 에테르가 필요했다. 이에 물리학자들은 에테르의 존재를 찾기 위해 상당히 노력하였다.

고전물리학의 파동성과 뉴턴의 입자성 개념이 혼재할 즈음, 광파의 매질인 에테르를 직접 확인하려는 시도가 있었다. 파동인 빛이 진공에서도 전파되는 것으로 보아 물질이 텅 빈 진공에서도 충만 된 무엇이 있을 것으로 생각되었으며, 이는 물체의 운동에 거의 영향을 주지 않는다고 보았다.

빛의 파동성을 주장한 호이겐스(Christiaan Huygens, 1629~1695)는 단단하며 탄성이 있는 작은 입자의 집합체를 빛을 실어 나르는 것이라고 가정하였다. 이에 마이켈슨(Albert Michelson, 1852~1931)과 몰리(Edward Morley, 1838~1923)는 에테르의 존재를 확인하기 위한 실험 장치를 고안하였다. 우주가 에테르로 가득 채워져 있고 지구가 그 안에서 공전하기 때문에 우리 주변에는 에테르의 흐름이 있다고 생각했다. 즉 달리기를 할 때 공기라는 매질로 인해 그 흐름을 느낄 수 있듯이 에테르의 흐름 속에서 유동하는 물체도 그 흐름을 느낄 수 있을 것으로 간주하였다.

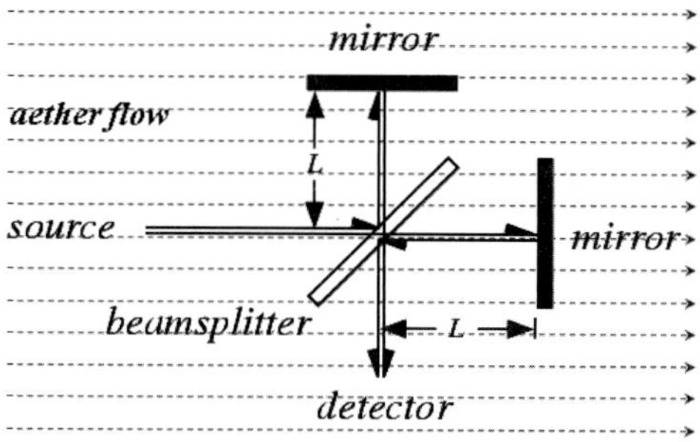

에테르 존재에 대한 마이켈슨–몰리의 실험

그 둘의 아이디어는 간단한 것으로, 강물이 좌에서 우로 흐르고 있을 때 강 흐름의 수직 방향으로 왕복하는 경우와 나란한 방향으로 왕복하여 같은 거리를 다녀올 때, 흐름의 간섭을 받아 배의 도착시간이 달라질 것이라고 보았다. 강의 흐름이 에테르의 흐름 방향으로 볼 수 있으며, 두 방향의 왕복에는 시간차이가 있을 것으로 생각되었다. 간단한 계산에 의하면 수직 방향으로 왕복하는 경우가 더 빠를 것으로 예측되었다. 이 실험은 공전하고 있는 지구와 에테르의 상대운동에 따른 광파의 간섭을 검출하는 과정이었다.

그러나 실험을 수차례 반복해 보아도 두 방향으로 왕복하는 빛의 도달 속도는 언제나 같았다. 빛이 에테르 같은 매질을 통해 전달되는 파동이었다면 검출되었어야 할 간섭현상이 검출되지 않는 결과로 끝맺게 되었다. 즉 도저히 에테르의 흐름을 찾을 수 없었다.

에테르에 대한 절대적인 믿음에서 시작되었던 실험은 결과적으로는 에테르를 부정하는 결과를 낳았다. 아인슈타인은 빛의 입자성을 설명하면서 에테르의 존재를 철저히 부정하였지만, 추후 일반상대성이론을 통해 에테르의 형상과 밀도를 매우 정확하게 시각적으로 표현하게 된다.*

뉴턴의 프리즘

뉴턴의 3대 발견이라고 할 수 있는 만유인력, 미적분학, 빛의 입자설은 모두 천체의 운동을 제대로 이해하기 위한 과업이었지만, 색분해 실험과 같은 광학에 관한 그의 관심은 기존 고전물리학의 변화를 불러일으키는 단초가 되었다. 뉴턴은 프리즘을 이용한 색분해 실험을 통해 고전물리학에서 주장하는 빛의 파동성에서 벗어난 빛의 입자설을 확고히 하고자 하였다.

그러나 엄밀히 말해 그의 주장 양자론적 해석에 바탕하지 않았으며, 에테르

---

* 현재 에테르는 우주 중력의 실체로 보고 있으며 우주의 임계밀도를 충족시키는 암흑물질(23% dark matter, 73% dark energy)로 간주되고 있다. 암흑물질은 일반물질(3.6% intergalactic gas, 0.4% stars)과 상호작용 하지 않기 때문에 전자기파로는 관측되지 않고 오로지 중력을 통해서만 존재를 인식할 수 있다.

매질내 빛 입자의 운동으로 설명하였다. 1704년 '광학(optics)'이라는 저서를 출판하면서 빛의 본체는 물체에서 사출되는 미립자라고 정의하면서, 호이겐스의 파동설에 대응하였다. 뉴턴은 자신이 오랫동안 연구해온 얇은 비누막에서 생기는 무지개 색깔*의 근원을 파동특성으로 설명하였기에 파동설의 타당성을 알고 있었지만, 좁은 틈을 지나는 빛의 직진성 때문에 파동설을 부인하였다. 당시 회절현상이 관측되지 않았고 뉴턴의 권위로 인해 입자설이 근 100년간 지배적이었다. 즉 반사, 굴절은 모두 빛이 입자건 파동이건 설명 가능했지만, 회절은 파동 특성일 때만 설명되었다.

뉴턴은 빛의 반사 및 굴절 현상을 입자설로 설명하였으며 성공적인 해석처럼 보였다. 그러나 빛이 물속으로 들어갈 때 굴절되는 것을 속도벡터로 해석하였으며, 성분벡터인 x, y벡터로 둘러싸인 면적이 같도록 계산하여 입사속도벡터보다 굴절속도벡터가 더 크다고 계산되었다. 즉 물에서 빛의 속도가 공기에서 보다 빨라진다는 결론을 얻게 된다.

1849년 피조(Armand Fizeau, 1819~1896)는 회전하는 톱니바퀴를 이용한 광속 측정 실험을 시도하였고, 1851년 물속에서 그 속도가 느려짐이 관찰하였다. 이로서 뉴턴의 입자설 해석에 문제가 있음이 드러났다. 흐르는 물속에서

---

* 무지개 색깔의 근원에는 빛의 3원색이 있다. 빨강(Red), 초록(Green), 파랑(Blue). 모니터의 색상을 RGB라고 하는데는 여기에 있으며, 이들 빛이 비출 때 가장 많은 가지 수의 색깔을 만들기에 이들을 빛의 3원색이라고 한다. 3원색 중 2가지 빛을 겹치면(가산혼합-명도증가), 청록(Cyan), 자홍(Magenta), 노랑(Yellow)가 나타나고 모두 겹치면 백생광이 된다. 초기의 백색 LED 램프도 3원색의 혼합광으로 만들었다. CMY는 색의 3원색으로 컬러 프린트에서 CMYK라고 쓰는 것도 이 때문이다. 여기서 K는 black을 의미한다. 색의 3원색중 두 색을 혼합(감산혼합-명도감소)하면, 빛의 3원색이 나타난다.

의 광속 측정실험(간섭실험)은 후에 마이컬슨-몰리의 실험으로 이어졌다. 이에 뉴턴의 생각은 점점 힘을 잃어 갔다.

뉴턴의 입자설이 옳건 그르건 뉴턴이 사용한 프리즘은 빛의 본성을 알려준 결정적인 도구라는 것은 사실이다. 뉴턴은 프리즘을 이용하여 백색광은 색깔을 지닌 입자들의 혼합광이라는 사실을 찾아냈다. 백색광이 무지개 색으로 나뉘는 것을 관찰하고, 분리된 단색광중 하나를 또다시 프리즘을 통과시키면 더 이상 색 분해가 이루어지지 않음을 보였다.* 단색광을 분리하지 않고 무지개 색의 스펙트럼을 두 번째 스펙트럼에 연결하면 하나의 색깔(백색광)로 환원되는 것을 관찰하였다. 이를 통해 색깔을 지닌 개개의 입자(광자)가 우리 눈의 망막에 부딪쳐서 다양한 색을 구분한다고 생각했다.

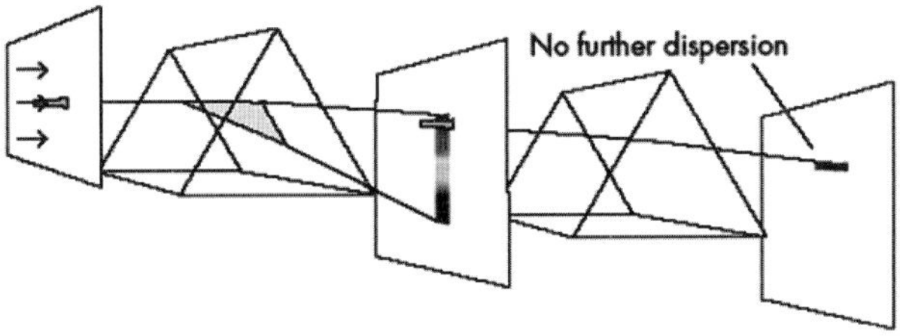

뉴턴의 프리즘 실험

프리즘 실험은 백색광이 고유의 색을 지닌 입자로 구성되었다는 결론을 이끌어 빛이 입자임을 보이는 것 같았다. 그러나 보라색 입자가 빨간색 입자보다 왜 더 많이 굴절되는 지에 대해서는 설명하지 못하였다. 또한 두 줄기의 빛

* 이러한 현상은 프리즘이 없이도 관찰할 수 있다. 컴팩트 디스크(CD)에 백색광의 손전등을 비추면 무지개색이 비치지만, 레이저 포인트에서 나온 단색광은 하나의 파장대의 빛만 그대로 반사한다.

이 서로 충돌할 때 입자라면 부딪쳐서 두 빛의 진행에 영향을 주어야 하지만 충돌영향이 없다는 것을 설명하지 못하였다. 뉴턴의 프리즘이 한일은 단색광이라고 여겨졌던 가시광선이 혼합광이라는 사실을 증명했다는 것이다. 오류가 있긴 했지만 단색광이 고유색을 지닌 입자라는 말은 당시의 지식으로서는 최선이 아니었나 싶다.

스펙트럼

뉴턴의 프리즘을 통해 관찰된 무지개색*의 스펙트럼은 연속상을 지니며 이를 연속 스펙트럼(continuous spectrum)이라고 한다. 연속 스펙트럼이 발생하는 이유는 빛이 프리즘을 통과할 때 빛의 진동수에 따라서 휘는 정도의 차이가 발생하고 이로 인해 다양한 색분리가 발생하기 때문이다.

저온의 가스에 빛을 조사했을 때, 해당 가스 분자와 상호작용하여 들뜬 상태로 있다가 바닥상태로 되돌아올 때 전자기파 형태로 에너지를 방출하게 된다. 이때는 연속 스펙트럼이 아닌 몇 개의 선 형태인 휘선 스펙트럼(bright-

---

* 무지개색은 '빨주노초파남보'와 같이 7색이 아닌 무수히 많은 색으로 분리가 가능하다. 미국은 '빨주노초파보' 6색을, 아프리카 쇼너어족은 3색으로 무지개를 표현한다. 현재 이와 같이 무지개색을 7색으로 보고 있는 이유로, 1704년 데카르트의 무지개실험 이후로 고정되었다는 설과 화성학의 7음계의 영향, 당시에 관측된 7개의 별(태양, 달, 화성, 수성, 목성, 금성, 토성)의 영향 등으로 추측되고 있다. 7일이라는 수를 신성시하는 성경처럼 스펙트럼의 색깔도 별이나 신을 나타내는 7과 관련지은 것이 아닌지 유추해 볼 수 있다.

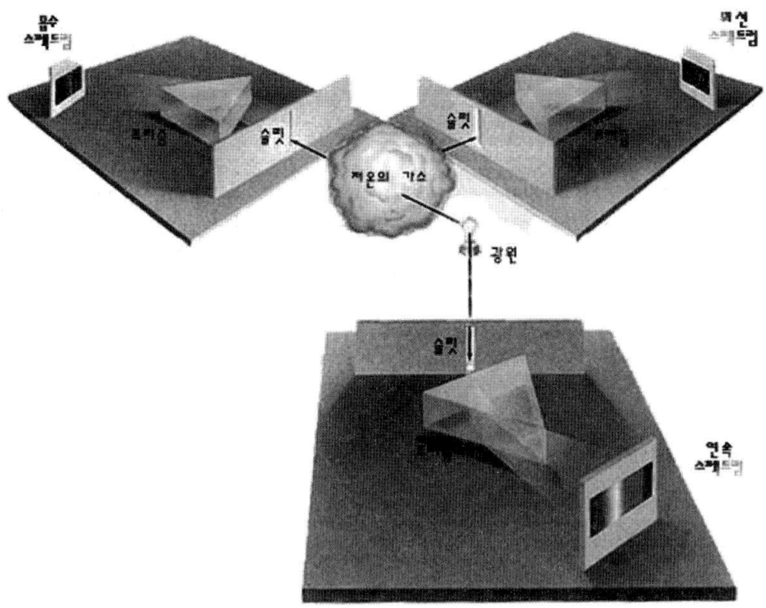

연속, 흡수, 휘선 스펙트럼의 차이

line spectrum)을 보인다. 연속 스펙트럼과 휘선 스펙트럼의 차이는 흡수 스펙트럼(absorption spectrum)으로 관찰된다. 휘선 스펙트럼은 대상 물질마다 고유한 에너지 값을 보여서 물질의 특성 분석에 사용된다.

맥스웰의 등장으로 전기장과 자기장을 하나로 집대성 되면서 빛도 일종의 전자기파이며 둘의 속도가 일치한다고 보았다. 가시광선은 380~780 nm 파장을 지닌 전자기파이며, 780 nm 보다 큰 파장대는 적외선, 라디오파, 마이크로파가 있으며, 380 nm 보다 작은 영역은 자외선, 엑스선, 감마선이 있다. 파장이 길수록 역으로 진동수가 작아지며, 진동수가 작을수록 해당 전자기파는 더 적은 에너지를 지니게 된다. 즉 심장이 빨리 뛰면(진동수가 크다) 한번 뛰는

데 걸리는 시간이 짧아지고(파장이 짧다) 심장 박동을 위해 더 많은 에너지를 필요로 하게 된다. 따라서 적외선 보다는 자외선이 더 큰 진동수를 지니게 되고 더 큰 에너지를 지니게 된다. 이는 해변가에서 물놀이를 하면 살이 타지만, 난로에 불을 쪼이고 있어서 살이 타지 않는 원인이된다. 즉 진동수가 크고 에너지가 많은 자외선은 피부를 태우지만, 반대인 적외선은 그렇지 않다.

뉴턴의 시대는 고전역학에 새로운 변화의 바람이 불기 시작한 때로서 빛에 대한 관심이 가장 컸다고 할 수 있다. 다음 장에서 빛의 여러 가지 성질인 반사, 굴절, 회절 등의 현상과 고전역학의 한계에서 벗어나 현대물리학과 양자역학으로 넘어가는 과정에 관하여 살펴보겠다.

등장인물 살펴보기

앨런 튜링(Alan Turing, 1912~1954)

영국의 수학자, 암호학자, 논리학자이다. 2차 세계대전중 독일군의 암호를 해독하는 장치를 발명하여 애니악 개발에 힌트를 제공하였다. 컴퓨터 과학의 아버지로 불리우며, 매년 컴퓨터 과학에 중요한 업적을 남긴 사람에게 그의 이름을 딴 '튜링상'을 수상하고 있다.

아이작 뉴턴(Isaac Newton, 1642~1727)

영국의 물리학자, 수학자, 천문학자이자 연금술사이다. 케임브리지 대학시절, 흑사병이 돌아 2년간 시골살이를 하게 되었는데 이때 그에게 과학과 철학에 관한 많은 사색의 시간을 할애해 주었다. 뉴턴 스스로도 2년간의 휴학기간을 발견에 있어서 전성기라고 생각하였다.

에드문드 핼리(Edmund Halley, 1656~1742)

영국의 천문학자이다. 1682년 출현한 혜성을 관찰하여, 이 혜성이 1531년과 1607년도에 출현했던 동일한 혜성이고 1705년에 다시 나타날 것이라고 예언했다. 뉴턴의 역학을 이용하여 계산한 결과가 맞아 떨어졌고, 1705년 그 혜성이 나타났다. 이후 핼리 혜성이라고 불리고 있으며, 2062년에 다시 돌아온다.

토마스 쿤(Thomas Kuhn, 1922~1996)

미국의 과학사학자이자 과학철학자이다. 과학사를 정리하는 과정에서 과학의 발전과정에는 혁명적인 패러다임의 변화가 있음을 알게 되었다. 이를 집대성한 책인 '과학혁명의 구조'라는 책을 집필하였으며, 하나의 절대 불변의 진리는 없음을 명확히 하였다.

알베르트 아인슈타인(Albert Einstein, 1879~1955)

독일 태생의 20세기 가장 중요한 물리학자로 양자역학, 통계역학, 우주론 등에 영향을 미쳤다. 1905년 그는 독일의 '물리학연보'에 3편의 중요한 논문(특수상대성 이론, 브라운 운동, 광양자설)을 게재하였다. 이론물리학에 대한 기여 및 광양자설을 제안한 업적으로 노벨 물리학상을 수상하였다.

르네 데카르트(René Descartes, 1596~1650)

프랑스의 대표적인 근세철학자이다. 방법론적 회의를 거쳐 철학의 출발점이 되는 제1원리인 '나는 생각한다, 고로 존재한다'의 명제를 선언하여 근대 이성주의 철학의 정초를 만들었다. 그의 존재론과 인식론에 관한 고민은 뉴턴의 기계적 세계관에 영향을 주게 된다.

프랜시스 베이컨(Francis Bacon, 1561~1626)

영국의 철학자, 정치가이다. 영국 경험론의 근원을 만들었고 데카르트와 함께 근세 철학의 개척자로 알려져있다. 종래의 스콜라적 편견인 우상을 배척하고, 새로운 과학과 기술의 진보에 어울리는 새로운 인식 방법을 제창하였다. 또한 실험에 기초한 귀납법적 연구 방법을 주장하였다.

제임스 맥스웰(James Maxwell, 1831~1879)

스코틀랜드의 이론물리학자, 수리물리학자이다. 패러데이의 전자기장에 관한 이론을 바탕으로 전기와 자기에 관한 기본적인 법칙인 맥스웰 방정식을 만들었다. 또한 파동 방정식을 토대로 전자기파의 존재를 예언하였다. 토성의 고리가 토성의 위성임을 발견하기도 하였다.

베르너 하이젠베르크(Wemer Heisenberg, 1901~1976)

독일의 이론물리학자이다. 코펜하겐대학에서 보어의 지도 아래 원자구조론을 검토하였으며, 불확정성의 원리에 대한 연구로 양자역학의 진보에 큰 공을 세웠다. 행렬역학을 고안하여 양자역학을 해석하였고, 1932년 노벨물리학상을 수상하였다.

막스 플랑크(Max Planck, 1858~1947)

독일의 물리학자이다. 양자역학의 성립에 핵심적인 기여를 하였으며, 1899년 새로운 기본상수인 플랑크 상수를 발견하였다. 1년후에는 열 복사 법칙을 발견하면서 최초로 '양자'라는 개념을 주창하였다. 스위스 아마추어 과학자였던 아인슈타인을 발굴한 사람이기도 하다.

토마스 영(Thomas Young, 1773~1829)

영국의 외과의사, 물리학자, 이집트학자이다. 1801년 빛의 간섭원리를 발견하여 빛의 파동설을 세우는 데 중요한 기여를 하였다. 에너지라는 말의 물리적 의미를 부여하여 영율(Young's modulus)를 만든 장본인이다. 또한 이집트 상형문자를 해석한 초창기 몇 사람 중 한 사람이다.

아리스토텔레스(Aristoteles, BC384~BC322)

고대 그리스의 철학자며 플라톤의 제자이다. 초감각적인 이데아를 존중한 스승에 반하여, 그는 인간에 가까운 인지되는 자연물을 존중하고 이를 지배하는 원인을 인식하는 현실주의 입장을 취했다. 완전한 천상계에서의 천체운동을 설명하기 위해 에테르를 도입하였다.

크리스티앙 호이겐스(Christiaan Huygens, 1629~1695)

네덜란드의 물리학자, 천문학자이다. 빛의 파동설을 제창하고, 광파의 반사, 굴절, 회절을 설명하기 위하여 파가 진행하는 모양을 그림으로 구하는 방법인 '호이겐스 작도법'을 만들었다. 또한 초점길이가 매우 큰 몇 개의 렌즈를 만들어 망원경에 쓰는 무색 대안렌즈를 발명하였다.

앨버트 마이켈슨(Albert Michelson, 1852~1931)

폴란드계 미국인 물리학자이다. 빛의 속도와 에테르에 관한 업적을 남겼다. 몰리와 함께 수행한 에테르 검출 실험은 실패하였지만 그 결과, 움직이는 물체에서 관측한 광속도는 언제나 일정하다는 광속 불변의 법칙을 발견하고 이는 아인슈타인의 특수상대성이론의 기반이 되었다.

에드워드 몰리(Edward Morley, 1838~1923)

미국의 화학자, 물리학자이다. 에테르 탐구를 위해 1887년 마이켈슨과 함께 수행한 마이켈슨–몰리 간섭계 실험으로 유명하다. 또한 대기내 산소함량, 물속에서의 산소와 수소의 농도, 자기장에서의 광속, 열팽창 일 등에 관한 연구도 수행하였다.

아르망 피조(Armand Fizeau, 1819~1896)

프랑스의 물리학자이다. 회전하는 톱니바퀴를 이용하여 광속을 측정하였고, 간섭실험을 통해서 흐르는 물속에서 광속도 측정하였다. 후에 마이켈슨–몰리 실험으로 이어졌다. 그의 업적은 광속측정이 천문학적 방법이 아닌 지상에서 실험실 규모로 이루어졌다는 점에서 획기적이었다.

CHAPTER

02

빛의 세계

외웠는가? 그럼 따라 할 수 있을 것이다.
외우지 않았는가? 그럼 창조 할 수 있을 것이다.

• 알베르트 아인슈타인

빛이 있으라

신이 세상을 창조하면서 '태초에 빛이 있으라(lux in principio)'고 한 말은 우주의 탄생 시점과 관계가 있다. 최초의 빛이 존재하려는 찰나, 즉 빅뱅(Big Bang)이 발생한 순간을 상상해 본다면 우주의 기원을 밝힐 수 있기 때문이다. 과거를 실시간으로 직접 눈으로 볼 수 있는 분야는 바로 천문학이다. 이들 우주 천문학자들은 허블 망원경과 같이 성능 좋은 장비를 이용하여 수십억 광년 거리에서 지구에 도달하는 빛을 관측하여 우리 우주의 나이를 계산하고 있다. 우주의 나이를 유추해 볼 수 있는 것은 광속 불변의 법칙과 우주 어떤 대상보다도 빠른 광자의 속도 때문이다.

우주의 나이가 137억년으로 추정되고 있으므로, 우주의 크기를 137억 광년(관측 가능한 우주)으로 예상할 수 있다. 그러나 137억 광년 바깥에 있는 물체는 어떤 방법으로도 관찰할 수 없으며, 우주의 크기가 420억 광년 이상은 될 것이라고 주장하는 학자들도 있다. 주장이야 어떻건 우주의 끝은 분명히 있지만, 그 끝이 어디 있는지는 알 수 없다.

빅뱅 이후 우주는 광속에 수렴하는 속도로 확장되고 있다. 풍선위에 두 점을 찍어 놓고 바람을 주입하면 두 점은 움직이지 않아도 공간의 팽창으로 빠른 속도로 서로에게서 멀어진다. 이러한 공간의 팽창 내에서 어떤 대상이 광속에 근접하게 움직이면 빛 보다 빠르게 느껴지지만, 그 속도의 상한은 언제나 변하지 않는 광속이 된다. 제자리에서 쏜 빛과 달리는 물체에서 쏜 빛의 속도는 언제나 같고, 다만 시공간(time-space)의 변형만 발생한다.*

뉴턴 역학에 의하면 움직이는 대상은 큰 가속도만큼 속도를 내기위한 힘

(F=ma)을 필요로 한다. 어떤 물체가 광속이라는 속도로 달리기 위해서는 무한에 가까운 힘을 필요로 하지만, 광자는 정지질량이 0으로 질량이 없이도 운동가능하다. 즉 광자는 탄생하는 순간에 광속을 지니게 된다. 그렇다고 질량이 없다고 해서 대상이 없는 것은 아니다. 다만 광자보다빠른 속도를 지니면서도 작은 척도(대상)가 없기에 광자의 크기 측정이 불가능하다. 혹 가능하다더라도 광자를 정지시켜야만 하는데 빛을 관찰하기 위해서는 또 다른 빛을 필요로 하기 때문에 이는 불가능하다.

광자 정지에 관한 연구는 양자컴퓨터 개발 분야에서 활발히 진행 중에 있으나 100만분의 1초정도 빛을 순간적으로 가두는데 그쳤다. 블랙홀은 중력장이 너무 커서 사건의 지평선(event horizon, 블랙홀에서 빠져 나갈 수 있는 경계)을 지나면 어느 것도 빠져 나올 수 없다고 보았다. 광자의 정지를 만들 수 있지 않을까 기대할 수 있다. 블랙홀에서 광자가 탈출하지 못하여 정지할 수 있을 것으로 예상했으나, 스티븐 호킹(Stephen Hawking, 1942~) 박사의 호킹 복사(Hawking radiation) 이론에 의하면 사간의 지평선 표면에서도 에너지가 외부로 복사 될 수 있다. 어떤 대상이 광속에 준하여 움직인다면 시간은 정지하고 길이차원은 0이 되며 질량은 무한히 증가하게 된다. 결론은 양자적 요동으로 인해 빛은 정지시킬 수 없으며, 만약 빛이 정지한다면 더 이상 광자가 아니

---

* 움직이는 물체는 시공간의 4차원 에너지를 공간이동에 사용하므로 시간 차원이 줄어들고, 줄어든 시간은 느리게 진행된다. 따라서 빛의 속도로 움직이는 광자는 시간의 흐름이 없고 늙지 않기 때문에 우주의 크기를 측정할 수 있는 것이다. 멈춰 있는 물체는 공간이동에 에너지를 사용하지 않기에 시간 차원만이 이용되는 늙는 현상이 일어난다(나이가 들수록 시간이 빨리 느껴지는 것도 이러한 현상 때문이 아닌가 싶다). 즉 물체가 공간적으로는 정지해 있더라고 시간 속을 움직이고 있는 셈이다.

고 암흑(無)이 되어 버린다. 빛은 광자의 흐름으로 질량은 없으나 광속으로 달리는 에너지 덩어리(양자)로 보아야만 한다.

태양광

우리는 매일 태양*으로부터 오는 햇살을 받으며 아침을 연다. 아침 햇살은 뉴턴의 프리즘에서처럼 다양한 색을 지닌 광자의 혼합광이다. 태양이 빛을 발하는 근원은 핵융합으로 인한 에너지의 방출에 기인한다. 태양의 핵융합은 수소 연소과정으로, 중소소(D, Deuterium, ^{2}H)와 삼중수소(T, Tritium, ^{3}H)가 만나서 3.5 MeV를 지닌 헬륨(^{4}He)을 형성하고 14.1 MeV의 자유중성자(neutron)을 내보내는 과정으로 종결된다.

이 에너지는 곧 질량을 지닌 움직이는 무엇으로 전환할 수 있으며, 이것이 바로 태양광(광자)이 되는 것이다. 발생되는 태양광은 다양한 진동수를 지닌 전자기파의 혼합으로 구성된다.

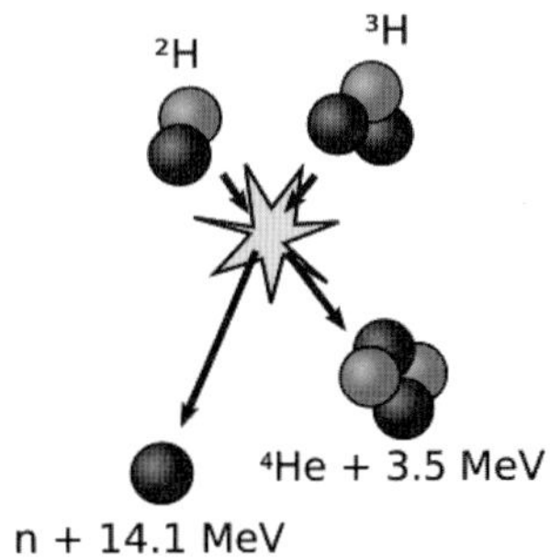

핵융합 과정

* 우리는 밤하늘이 깜깜한 것은 태양이 없기 때문이라고 생각한다. 그러나 무한히 많은 반짝이는 별들이 무한한 우주에 고루 분포해 있고 별들의 평균 밝기가 어디서나 같은데, 왜 그리 밤은 어두운가. 너무 멀리 있어서 빛이 약하다는 것은 성립되지 않는다. 이에 대해 올베르스(Heinrich Olbers, 1758~1840)는 우주가 팽창하기 때문이라고 주장한다. 이를 올베르스의 역설이라고 한다.

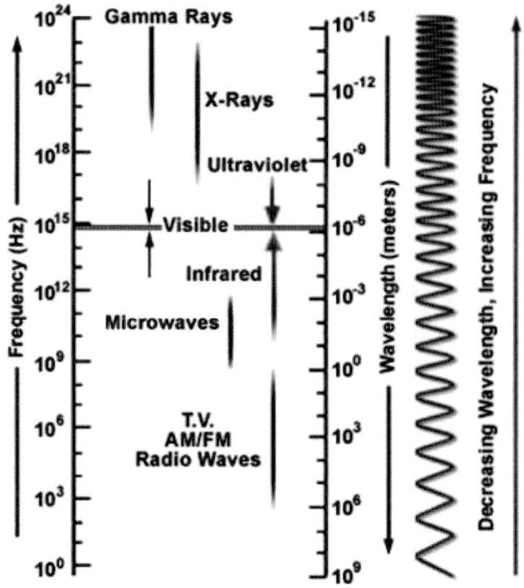

전자기파 스펙트럼

10^8~10^2 eV 수준의 에너지는 감마선과 엑스선이 지니며 원자내 중심 전자의 병진운동(translation)에 영향을 준다. 10~10^3 eV의 자외선(UV, ultraviolet)은 원자와 분자내 전이전자의 병진운동에 영향을 준다. 적외선(1~10^{-3} eV)은 분자 진동(vibration)에 관여하고 마이크로파(10^{-3}~10^{-6} eV)는 분자 회전(rotation)에 영향을 준다. 작은 에너지를 지닌 전자기파(라디오파)일수록 파장이 길어서 건물을 뛰어넘을 수 있으며, 짧은 파장을 지닌 큰 주파수의 전자기파(엑스선)는 세포 및 분자수준에서 영향을 준다. 이러한 차이로 라디오파는 건물이 있는 곳에서도 원거리 수신이 가능하며, 엑스선으로 인체 투과영상을 얻을 수 있다.

백색광(white light)의 스펙트럼은 연속적으로 나타나지만, 태양광의 스펙트럼은 검은 띠를 지닌 흡수 스펙트럼처럼 보인다. 이는 태양광이 지구로 이

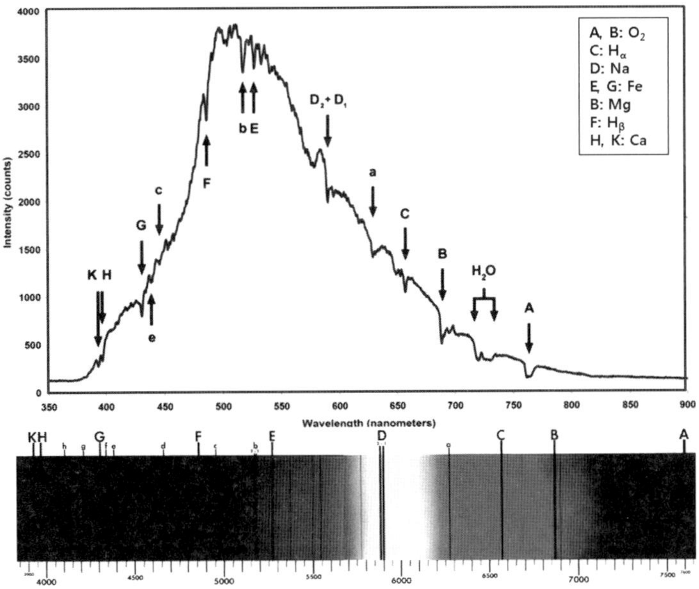

프란운호퍼 선과 태양광의 흡수 스펙트럼

동 중에 다양한 기체와 지구대기에 흡수되면서 발생되는 것으로 특성 기체에 대한 정보를 나타낸다. 독일의 프라운호퍼(Joseph Fraunhofer, 1787~1826)는 태양의 스펙트럼을 더욱 자세히 조사하여 324개의 암선을 관찰하였고, 이를 프라운호퍼 선이라고 칭하였다. 이는 빛의 일부가 태양 표면의 역변층(reversing layer) 중의 여러 원소에 의해 흡수된 것이고, 일부는 지구대기 중의 흡수된 것으로 H, He, Fe, Na, Ca, O_2에 의한 흡수선들이다. 현재까지 수천 개의 암선이 관찰되었고, 프라운호퍼의 분류에서 뚜렷한 암선을 보이는 부분은 영문 대문자로 표시하고 있다. 이를 통해 태양의 대기의 구성 성분을 확인할 수 있게 되었다.

이후 키르히호프(Gustav Kirchhoff, 1824~1887)는 특정한 원소에 따라 고유의 스펙트럼*이 존재하는 것을 확인하였다. 불꽃 반응시 나트륨은 159, 590 nm에서 휘선을 보이며, 리튬은 413, 460, 497, 611, 671 nm 파장에서 휘선 스펙트럼을 보인다. 즉, 어떤 물질이 특정한 온도에서 특정한 파장을 방출하는 능력과 흡수하는 능력이 같다는 키르히호프의 법칙을 알아낸다. 이로부터 프라운호퍼 선은 태양표면의 상대적으로 차가운 기체에서 흡수된 결과라는 것을 알게 되었다.

백색광은 다양한 광원으로 만들어 낼 수 있지만 가장 큰 광원은 태양이다. 형광(fluorescent)이나 텅스텐 램프를 이용한 백열광(incandescent)으로도 백색광을 만들 수 있다. 태양광이 혼합광으로 다양한 파장을 지닌 전자기파라는 것의 이해는 일상에서 관찰되는 여러 현상을 이해하는 데 도움이 된다. 즉 빛의 반사, 굴절, 간섭 등을 이해하면 신기루, 아지랑이, 무지개, 오로라, 오메가 현상 등과 같은 자연현상을 이해할 수 있게 된다.

반사

거울에 비친 내 모습을 볼 수 있는 것은 빛의 반사(reflection) 현상에 의한 것이다. 모든 물체는 빛에 노출되면 표면의 굴곡 정도에 따라서 정반사(specular

---

* 소금 용액에서 얻은 노란색 선들은 프라운호퍼가 얻은 태양 스펙트럼의 암선과 정확하게 일치한다는 사실을 알게 되었고, 이를 통해 태양 주위를 둘러싸고 있는 바깥 대기층에는 나트륨과 그밖의 원소들이 차가운 증기 상태로 존재한다는 것을 알게 되었다. 그 수수께끼의 기체는 마침내 지구에서도 발견되었고, 그 원소는 헬륨이라는 이름을 얻게 되었다.

reflection)이나 난반사(diffuse reflection)를 하게 된다. 거울 같이 매끄러운 표면을 지닌 면은 입사광이 반사의 법칙에 따라 정반사하여 물체를 뚜렷이 볼 수 있게 해준다. 반면 종이에 입사된 빛은 울퉁불퉁한 표면에서 난반사하여 빛이 사방으로 펴져 산란(scattering)하게 된다. 유리는 부분반사면으로 보는 각도에 따라서 투과광*과 반사광을 모두 볼 수 있다.

불투명한 유리는 한쪽 면을 거칠게 가공한 것인데, 이곳에 물을 뿌리거나 투명 테이프를 붙이면 거친 표면이 상쇄되고 빛이 잘 투과하게 되어 난반사 없이 투명하게 된다. 고속도로의 표시선은 유리가루를 혼합한 페인트를 칠한 것으로 야간에 미세한 빛을 받더라도 난반사를 일으켜 운전자로 하여금 다양한 방향에서 표시선을 잘 인식할 수 있게 해준다.

거울반사가 늘 평면에서만 발생하는 것은 아니며 반사면의 곡률에 따라서 상의 왜곡이 발생한다. 숟가락의 볼록한 면으로 얼굴을 바라보면 똑바로 보이지만 오목한 면에서는 뒤집어진 역상을 관찰할 수 있다. 오목거울(concave mirror)은 빛을 모으는 역할을 하여 희미한 빛을 관찰하는 망원경에 사용된다.

정반사와 난반사 비교

---

* 매질, 특히 물속을 투과하는 빛의 깊이는 광의 파장에 따라 달라진다. 적색 계열은 수심 15 m이내에서 흡수되고, 노랑(30 m), 초록(45 m), 보라(50 m)도 수심 50 m 이내에서 흡수된다. 475 nm의 청색광은 90 m까지 투과하여, 깊은 바다는 주로 푸르게 보인다.

볼록거울(convex mirror)은 자동차의 후방관찰거울에 응용되며 멀리 있는 상이 보다 가깝고 작게 보이게 한다. 골목길 교차지점에 볼록거울을 설치하여 멀리서도 차가 오는지 알 수 있도록 만들어준다. 두 거울에 맺힌 상의 차이는 초점이 대상물의 내부에 맺히는 오목거울과 외부에 맺히는 볼록거울의 특성에 따라 변하게 된다.

빛이 거울에서 반사될 때, 일반적으로 입사각과 반사각을 동일하게 그리게 된다. 사실 입사되는 광선은 하나가 아닌 다양한 입사각을 지닌 무수히 많은 빛다발이며 따라서 다양한 경로로 반사한다.

그러나 거울에서 반사될 때 택하는 경로는 주변의 경로에 비하여 소요시간이 가장 짧은 경로를 택하게 된다. 이를 페르마(Pierre de Fermat, 1601~ 1665)의 원리라고 하며, 광로 최단거리, 동일시간 최고거리(최단시간)를 갖는 경로로 입사각과 반사각이 일치하는 각을 택하게 된다. 이로부터 빛의 직진성, 반사의 법칙, 굴절의 법칙 등을 검증할 수 있다. 반사의 법칙은 입사각과 반사각이 같다는 것이고, 굴절의 법칙은 한 매질에서 다른 매질로 빛이 진행할 때 입사각(θ_1)과 굴절각(θ_2)의 $\sin\theta_1/\sin\theta_2$의 비가 일정하다는 것이다.

최단거리를 갖는 경로에 대한 반사의 법칙은 빛의 경로의 미분값(dy/dx)이 0으로 될 때 구할 수 있다. 각각의 입사각과 반사각의 $\sin\theta$ 값이 동일해 지며, 입사각과 반사각이 일치하는 각으로 빛이 반사된다.

페르마의 반사의 법칙

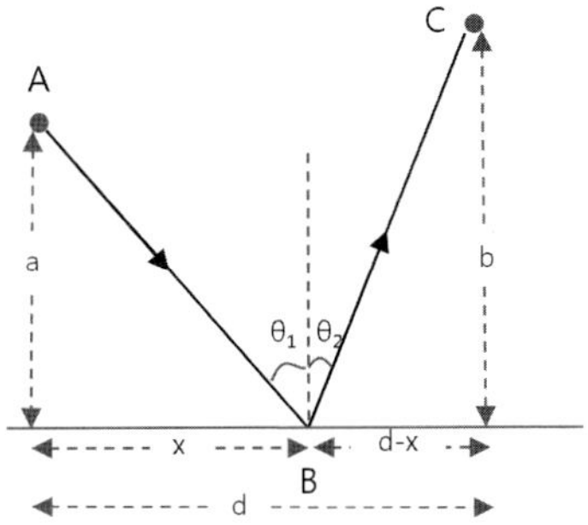

$$y = \overline{AB} + \overline{BC} = \sqrt{a^2 + x^2} + \sqrt{b^2 + (d-x)^2}$$

$$\rightarrow \frac{dy}{dx} = \frac{x}{\sqrt{a^2 + x^2}} + \frac{-(d-x)}{\sqrt{b^2 + (d-x)^2}} = 0$$

$$\sin\theta_1 = \frac{x}{\sqrt{a^2 + x^2}} = \frac{d-x}{\sqrt{b^2 + (d-x)^2}} = \sin\theta_2$$

$$\therefore \theta_1 = \theta_2$$

정반사하는 과정에서 이름이 비슷한 전반사(total reflection)가 일어나는 경우도 있다. 정반사는 빛이 반사되는 양과 상관없이 반사되는 각이 반사의 법칙을 따르는 것이고, 전반사는 반사되는 각에 상관없이 빛이 반사되는 양이 100%인 반사를 말한다. 빛이 굴절률(refractive index)이 큰 물질(물)에서 굴절률이 작은 물질(공기)로 입사할 때 발생하며, 임계각까지는 물 밖으로 빛이 굴절되어 나가지만 그 이상의 각도가 되면 그 경계면에서 빛이 전부 반사하여 굴절광선이 존재하지 않게 된다.

여기서 굴절률은 진공에서의 빛의 속도(c)에 대한 매질내 상대속도의 비(c/v)이다. 부분반사를 일으키는 유리판에서도 전반사가 발생한다. 유리판을 점점 기울이다 보면 반사된 자신의 얼굴이 투과된 외부 이미지와 겹치지만, 더 기울이면 자신의 얼굴만 보이게 된다.

전반사를 일으키는 임계각은 두 매질의 굴절률(n)의 비로서 $\sin\theta_1 = n_2/n_1$

식에서 각도를 계산할 수 있다. 공기(n_2)와 물(n_1)의 굴절률은 각각 1, 1.33으로 물에서 공기(진공)로 빛이 입사하는 경우의 임계각은 48° 정도이며, 유리의 굴절률은 1.52로 임계각은 42°이다. 대상 매질의 굴절률만 알면 두 매질의 경계에서 발생되는 전반사의 임계각을 계산할 수 있다. 전반사는 광통신, 위내시경, 쌍안경 등에 이용되며, 프리즘의 임계각은 45°보다 작으므로 빛의 진행방향을 90° 또는 180°로 바꿀 수 있다.

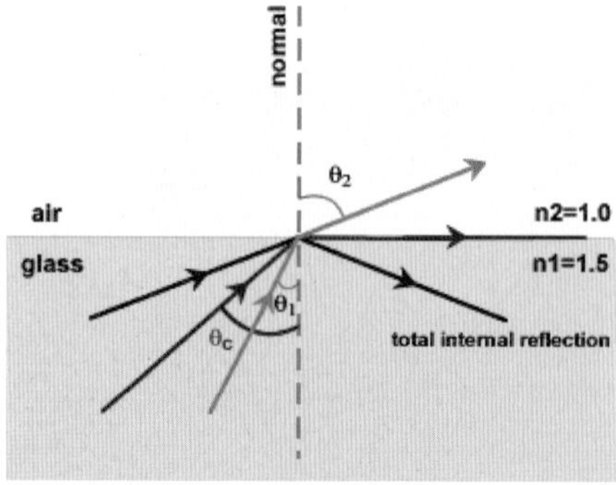

유리–공기 매질에서의 전반사 발생

전반사의 특징을 이용한 사례로 광섬유가 있다. 광통신은 정보를 빛에 실어서 전달하는 것으로 광섬유내부에서 빛의 전반사를 통해 정보 손실을 최소화하여 정보전달의 질을 기존의 통신망 보다 월등히 개선하였다. 광섬유는 보통 실리카 재질의 core(중심부)와 clad(외파부)로 구성되어 있다. Core의 굴절률을 clad 보다 크게 하여 내부 전반사를 유도하며, 입사광의 각이 임계각이상이 되도록 한다. 광섬유는 core의 두께에 따라서 단일모드, 복합모드 등으로 구분되며, 굴절률의 차이로 인해 전달되는 정보의 형상이 달라진다. 초창기에 개발되었던 유리 광섬유는 유연성이 떨어져서 파손의 위험성을 수반하고 있었으나, 최근에는 플라스틱 광섬유(POF, plastic optical fiber)가 개발되어 가공성이 용이해 지고 있다. POF는 core에 아크릴 계의 PMMA(polymethyl methacrylate)와 불소처리 한 F-PMMA를 clad로 사용하고 있다.

결혼 예물로 다이아몬드를 선물하게 되는데, 여기에도 전반사의 개념이 들

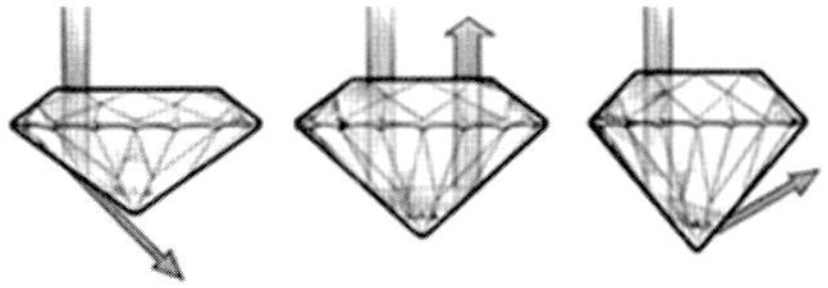

다이아몬드 커팅에 따른 전반사 차이

어간다. 다이아몬드의 수많은 입사면은 전반사가 잘 발생되도록 적절한 각도로 깎아 만든 것으로, 중앙의 입사면(table)으로 입사된 입사광이 상층부(crown)를 지나 반사면(pavilion)을 만나 되반사 하여 반짝거리게 된다. 얇게(35°) 깎아서 반사면이 눕게 되면 빛은 투과해 버리고, 너무 깊게(50°) 깎아도 빛은 제대로 전반사하지 못한다. 다이아몬드와 공기 매질사이의 임계각(43°)에 맞춰 가공했을 때에만 다이아몬드가 제대로 빛을 발하게 된다. 즉 가공하는 사람에 따라 다이아몬드의 화려한 빛도 없어질 수 있다. 다이아몬드의 해석에는 반사뿐만 아니라 굴절이라는 현상도 개입하게 된다.

굴절

빛이 공기와 다른 매질인 물이나 유리, 다이아몬드로 들어가면서 진행 방향이 바뀌는 것을 굴절(refraction)이라고 하며, 매질(굴절률)에 따른 빛의 진행 속도 차이를 보인다. 자연에서도 이런 굴절 현상을 쉽게 관찰할 수 있으며, 신기루, 아지랑이, 반짝이는 별, 얕아 보이는 수영장 등이 굴절로 인한 현상들이다. 이러한 현상을 이용하여 안경, 카메라, 현미경, 망원경 제작을 위한 렌즈를 만든다.

페르마의 굴절의 법칙

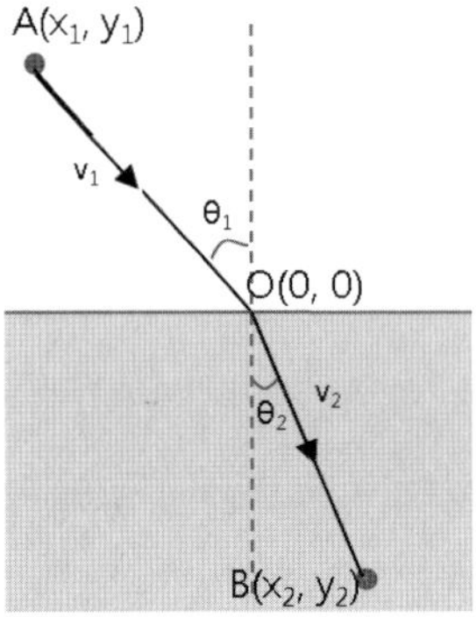

$$t = \frac{\overline{AO}}{v_1} + \frac{\overline{OB}}{v_2} = \frac{\sqrt{x_1^2 + y_1^2}}{v_1} + \frac{\sqrt{x_2^2 + y_2^2}}{v_2}$$

$$\rightarrow \quad \frac{dt}{dx} = \frac{x_1}{v_1\sqrt{x_1^2 + y_1^2}} + \frac{-x_2}{v_2\sqrt{x_2^2 + y_2^2}} = 0$$

$$\frac{\sin\theta_1}{v_1} = \frac{x_1}{v_1\sqrt{x_1^2 + y_1^2}} = \frac{x_2}{v_2\sqrt{x_2^2 + y_2^2}} = \frac{\sin\theta_2}{v_2}$$

$$\therefore \quad \frac{\sin\theta_1}{\sin\theta_2} = \frac{v_2}{v_1} = \textbf{constant}$$

매질에 따른 빛의 진행 속도 차이는 포장도로에서 진흙길로 비스듬히 진입하는 자동차의 진행방향이 꺾이는 현상으로 이해할 수 있다. 같은 속도로 회전하는 바퀴중 오른쪽 바퀴가 진흙길에 먼저 진입하면, 진입한 바퀴는 진흙길에 묻혀 속도가 느려지지만 왼쪽 바퀴는 여전히 빨리 회전하므로 차의 진행방향이 오른쪽으로 휘어진다. 즉 굴절률이 큰 매질 쪽으로 진행 방향이 휘어지게 된다.

두 개의 와인잔을 겹쳐 놓으면 굴절현상을 이용한 멋진 사진 작품도 만들 수 있다. 이는 굴절되는 입사광과 다시 빠져 나가는 굴절광의 조화로 만들 수 있다. 입사광이 60°로 들어온다면

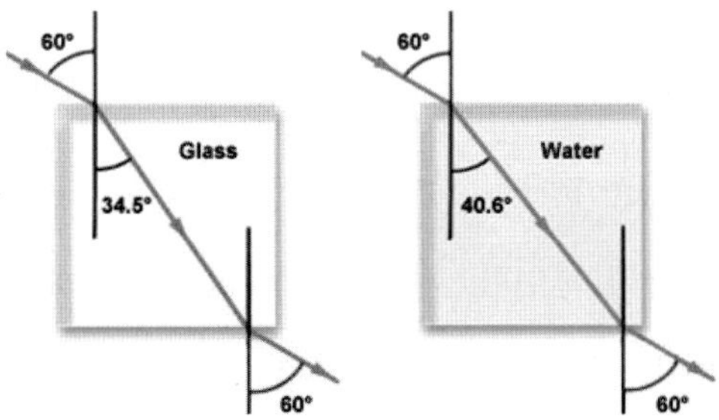

굴절되는 입사광

유리에서는 34.5°, 물에서는 40.6° 정도로 굴절된다. 재굴절되어 나갈 때는 입사각과 동일하게 된다.

굴절을 이용한 작품사진

굴절의 법칙은 최단시간을 소요하는 경로를 따라 빛이 진행한다는 페르마의 원리로 해석할 수 있다. 굴절되는 빛의 이동시간의 최소값(dt/dx)을 0으로 만드는 값을 찾으면, 입사각과 굴절각의 사인값 비율이 일정하고 이는 곧 매질내 속도의 비로 계산된다. 이를 이용하면 매질내 빛의 속도 차이를 계산할 수 있다. 진공에서의 빛의 속도는 30만 km/s이나, 물에서는 23만 km/s, 석영은 21만 km/s이며, 다이아몬드는 40%까지 광속이 감소하여 12만 4천 km/s의 속도를 갖는다. 다이아몬드는 가공하는 각도에 따른 전반사와 매질내 속도감소 현상으로 빛을 더 오래 머무르게 한다.

스넬(Willebrord Snellius, 1580~1626)의 굴절법칙은 두매질의 사인값 비가 두매질의 굴절률의 비로 일정하다는 점에서 페르마의 원리와 상응한다. 굴절률의 비는 상대굴절률로 n_{12}로 표시한다. 스넬의 법칙은 앞선 소개에서 처럼 자동차의 오른쪽 바퀴와 왼쪽 바퀴가 회전한 시간은 포장도로나 진흙길이나 같다는 원리를 이용한다. 즉 매질1에서 임의 길이만큼 이동하는데 걸린 시간은 매질2에서도 동일하게 소요된다. 이를 이용하여 소요시간을 '이동거리/매질내 속도'로 표현하여 관계식을 찾으면 쉽게 스넬의 법칙($n_1 \sin\theta_1 = n_2 \sin\theta_2$)을 구할 수 있다.

스넬의 굴절의 법칙

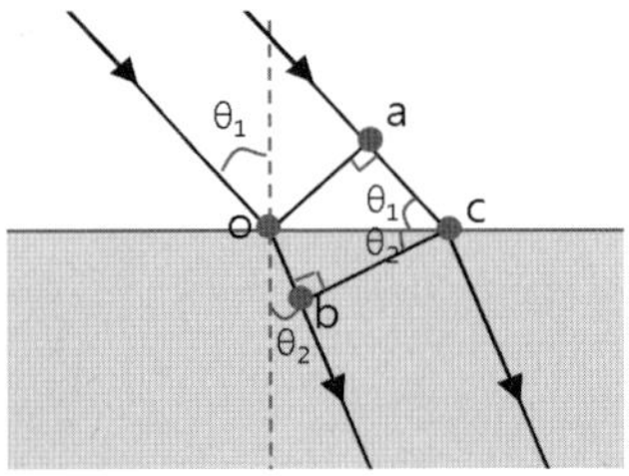

$$time\ \ for\ \ \overline{ac} = time\ \ for\ \ \overline{ob}$$

$$\rightarrow\ \frac{\overline{oc}\times\sin\theta_1}{c/n_1} = \frac{\overline{oc}\times\sin\theta_2}{c/n_2}$$

$$\therefore\ \ n_1\sin\theta_1 = n_2\sin\theta_2$$

동전이 담긴 컵을 바라보면 떠 있는 것처럼 보이는데, 이는 빛의 직진성에 의한 착시현상으로 빛이 굴절된 허상이다. 즉 우리는 빛이 직진한다는 것을 직감적으로 인지하고 있기 때문에 굴절각 위치에 있는 동전이 굴절각과 입사각의 편차만큼 보정되어 떠 있는 것처럼 보인다.*

또 다른 굴절에 의한 착시현상인 신기루(mirage)는 물체가 실제의 위치가 아닌 위치에서 보이는 현상이다. 한여름의 아스팔트나 사막처럼 바닥에 인접한 공기층과 대기층의 기온차이로 인해 발생되는 거짓 영상을 보는 것이다.

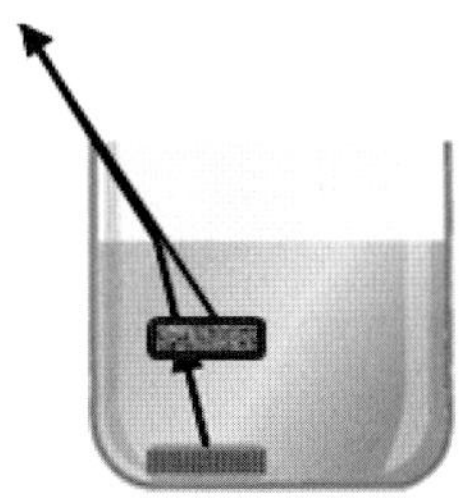
굴절로 인한 착시

차가운 공기층이 따뜻한 공기층보다 공기가 밀집하여 밀도가 큰 상태가 되고, 이 지역을 빛이 통과하면 차가운 공기층이 따뜻한 공기층보다 굴절률이 높은 렌즈

* 이런 착시현상은 수영장에서 익사사고를 부르기도 한다. 깊지 않은 듯이 보이는 수영장이 실제로는 훨씬 깊다는 것을 눈이 아닌 몸으로 알게 되기 때문이다.

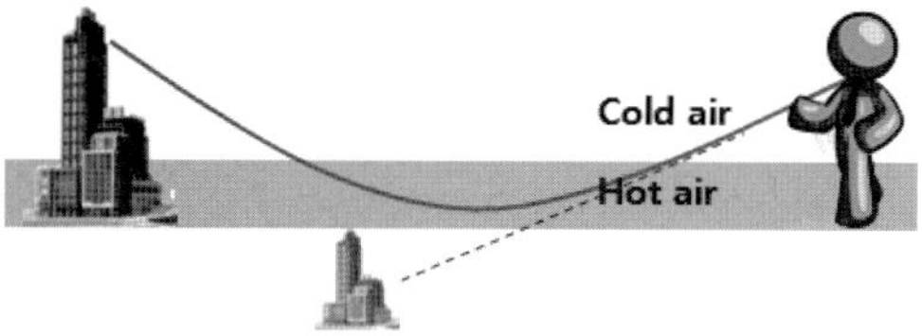

뜨거운 아스팔트위 신기루 현상

효과를 가져오게 된다. 차가운 공기층에서 아스팔트 위 따뜻한 공기층으로 빛이 진입하면서 속도가 빨라지고 굴절되면서 관측자에게는 직진하는 빛에 의한 허상을 보게 된다. 이때 빛의 직진성에 대한 착각으로 인해 먼거리에 있는 물체가 비춰 보이는 것으로, 사막이나 기온차가 심한 지역에서 쉽게 발생한다.

신기루가 발생되는 기상 조건일 경우 빛과 같은 전파는 일반적인 전달 거리보다 먼 거리에서 수신이 가능하게 되는 현상도 일어난다. 이를 신기루효과라고 한다. 이러한 대기굴절 또는 지상굴절현상인 신기루는 세부적으로는 떠오름(looming), 가라앉음(sinking), 땅거울(road mirage, sand mirage) 등으로 구분되며, 사막의 신기루는 땅거울에 해당한다.

유리나 물에 입사한 빛은 굴절률에 따라서 휘어지는 정도의 차이를 보이고, 다시 공기로 나오는 빛은 다시 한 번 굴절을 하게 되어 최초의 입사각으로 나오게 된다. 이 과정에서 매질내 빛의 속도의 감소가 발생하고 비스듬히 바라보이는 물체의 깊이가 왜곡된다. 이러한 굴절 정도가 단순히 매질의 굴절률에만 의존하는 것이 아닌 백색광을 구성하고 있는 개별 단색광들의 파장대에 따라서도 달라지는 것이 관찰되며, 이를 분산(dispersion)이라고 한다.

물의 굴절률은 대략 1.33이지만, 광원이 무엇이냐에 따라서 발색광이 달라지며 측정하는 물의 굴절률(n)도 달라진다. 즉 파장이 하나인 청색광(F-line, 486 nm)의 경우 물의 굴절률이 1.337로 변하며, 적색광(C-line, 656 nm)은 1.331로 측정된다. 이 둘은 수소 램프를 이용하여 만들 수 있으며, 나트륨 램프는 노란색광(D-line, 589 nm)을 보이며 1.333의 굴절률을 나타낸다. 매질내 빛의 분산도는 3가지 단색광 조사시의 굴절률의 편차로 표현된다. 즉, 분산도(v)는 [n(D)-1]/[n(F)-n(C)]이며, 물은 분산도가 55.5이다.

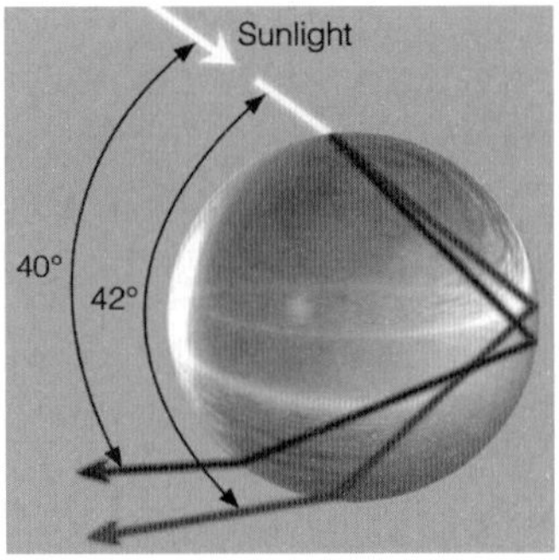

물방울내 빛의 굴절-반사

매질의 굴절률이 클수록 적색광과 청색광의 굴절되는 정도가 커지게 된다. 다이아몬드(n=2.417)에 45°로 입사되는 백색광은 16.6°(청색광)에서 17.0°(적색광)을 보이는 반면, 얼음(n=1.309)은 32.4°(청색광)에서 32.7°(적색광)을 나타낸다. 파장이 짧을수록 더 많이 굴절하며, 이러한 현상은 프리즘에서 무지개색이 관찰되는 이유가 된다.

비온 뒤에 관찰되는 무지개는 파장대에 따른 굴절차이로 인한 현상으로, '굴절-내부반사-굴절'이라는 연속과정을 거치게 된다. 무지개는 태양의 고도가 낮고 한쪽에는 비가오고 다른 쪽에는 햇볕이 들 때 발생한다. 수만 개의 작은 물방울들은 프리즘 역할을 하여 적색에서 보라색까지 파장대에 따른 굴절각의 차이를 보이게 되고, 특정 관찰위치에서 반원형의 무지개를 관찰할 수 있게 된다.

모든 물방울은 빛을 분산시켜 스펙트럼을 만들지만 관찰자에게는 특정각도의 한 가지 빛만 전달된다. 적색은 가장 작게 굴절하여 42°의 각을 보이면서 우리눈에 도달하는 반면 보라색은 40°의 굴절각을 지닌다. 보다 위쪽에 있는 물

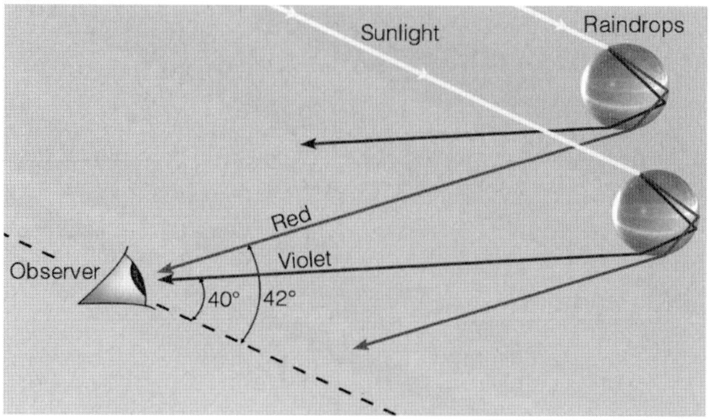

1차 무지개의 굴절현상

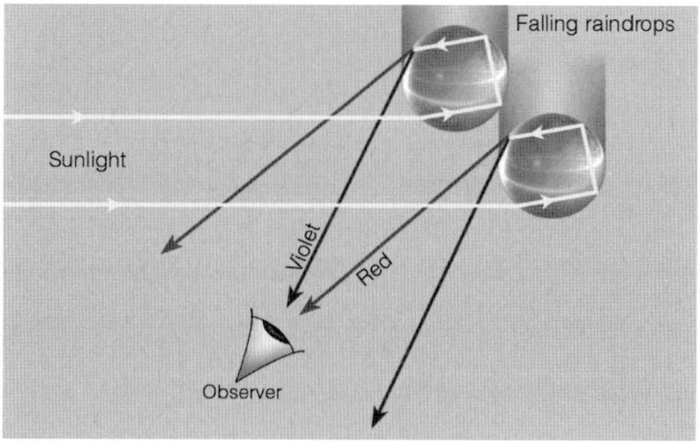

2차 무지개의 굴절현상

방울들이 적색을 굴절-반사-굴절 시키고 아래쪽의 물방울들이 보라색을 내보낸다. 아래쪽의 물방울에서 보라색을 관찰했다면 적색의 빛은 다리 쪽으로 향했을 것이다. 조금만 위치를 바꾸면 방금 전에 봤던 무지개가 아닌 조금씩 다른 무지개를 관찰하게 된다.*

---

* 무지개는 단 하나의 것이 아니라 관찰자의 눈높이, 위치 등의 조합으로 각자 자기만의 무지개를 관찰하는 것이다. 따라서 내가 보는 무지개와 옆의 친구가 바라보는 무지개는

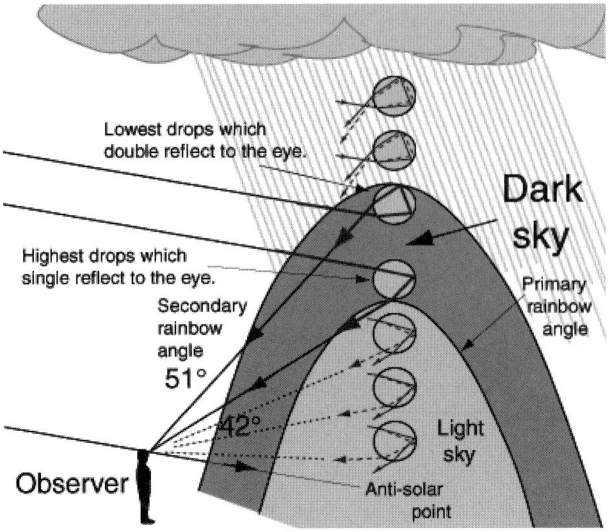

쌍무지개로 인한 흑띠의 형성과정

가끔가다가 쌍무지개가 뜨는 경우가 있다. 이는 2차 무지개로 시반경 51°를 지니며 1차 무지개와는 반대의 색배열(아래에서 위로 빨주노초파남보)을 보이며, 2차 무지개는 1/10 정도의 빛의 세기를 보인다.

1차 무지개의 경우, 우리 눈에 들어오는 무지개색 이외에 굴절되어 온 빛들은 무지개를 형성하는 42°보다 높게 비치게 되고 이는 혼합광을 형성해 밝은 하늘(light sky)을 형성한다. 따라서 무지개 아래는 밝은 시야를 보게 되지만, 2차 무지개에서는 51°보다 낮게 굴절된 빛들이 모여서 2차 무지개 위쪽을 밝게 만든다. 결국 쌍무지개가 뜨면 1차와 2차 무지개 사이는 굴절되는 빛이 모이지 않게 되어 어두운 하늘(dark sky)를 만들게 된다. 이를 알렉산더의 흑띠

서로 다르게 된다.

(Alexander's dark band)라고 부른다.

쌍무지개의 경우, 1차 및 2차 무지개를 형성하는 물방울에서 굴절되어온 사출광의 간섭에 의해 1차 무지개의 안쪽과 2차 무지개의 바깥쪽에 엷은 핑크색이나 녹색의 여분의 띠(supernumerary arc)가 형성된다. 이를 과잉무지개라고 한다. 이외에 반사무지개(reflection rainbow), 안개무지개(fogbow), 수평무지개(horizontal rainbow) 등도 모두 물방울내 입사하는 여러 파장대의 빛들의 굴절과 반사로 인한 자연의 경이로운 현상이다.

구름에 색채가 나타나는 채운(irisation) 현상도 이와 비슷하다. 고도 3 km 정도인 고적운(altocumulus)에서 태양광의 회절로 발생되며, 녹색이나 복숭아색, 무지개색을 보인다. 이 현상은 물방울이 아닌 얼음으로 구성되어 있는 얇은 구름에서 주로 발생한다.

간섭

비눗방울을 만들어 불어보면 방울 표면에 다양한 색들이 보인다. 비눗방울도 다양한두께를 지니고 있기 때문에 입사하는 빛이 공기와 다른 매질을 통과하면서 굴절되어 반사하게 된다. 입사된 빛은 비누막의 바깥 표면에서 180° 위상변화(phase change)가 생기는 반면, 막의 안쪽 표면에서는 공기와 다른 막의 굴절률로 인해 입사광에 대한 내부 반사에서 180° 위상변화를 일으키지 않는다. 이 과정에서 비눗방울 바깥쪽 표면에서 반사된 빛과 비눗방울의 안쪽 표면에서 굴절되어 반사된 빛의 위상차이가 발생한다.

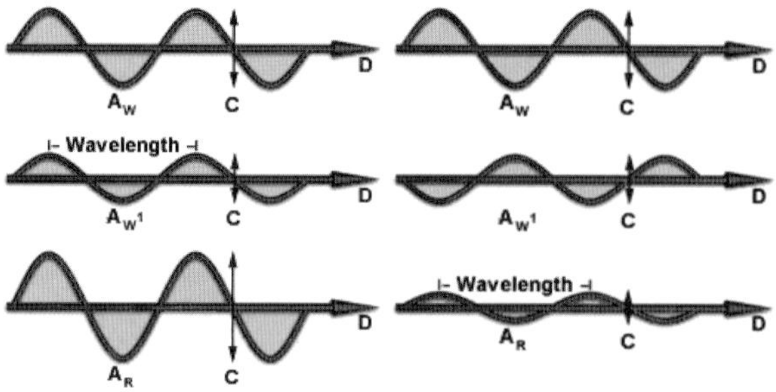

보강간섭과 상쇄간섭에서 진폭(A)의 변화

두 빛의 위상차는 막의 두께와 빛의 파장에 따라 달라지며, 이 과정에서 성질이 다른 두 빛이 서로 방해를 받게 된다. 이를 간섭(interference)라고 하며, 위상차이가 180°가 되면 해당 파장의 진폭이 사라지는 상쇄 또는 소멸간섭(destructive interference)이 발생된다. 동일위상일 경우 파장의 진폭이 증가하는 보강간섭(constructive interference)이 발생한다. 기름이 유출된 바닷가의 얇은 기름막에서도 이러한 현상이 관찰된다.

빛을 파동이라고 했을 때, 각각의 파동이 일정하게 주어진다면 간섭된 결과도 일정하게 유지되어 세기의 분포 모양인 간섭무늬를 형성한다. 이는 파동의 중첩에 의해 형성된다. 진폭이 같은 두 개의 파동이 만나면 두파의 마루와 골이 정확하게 일치하여 합성된다는 것으로 중첩되어 진폭은 2배가 되지만 세기는 4배가 되는 완전보강간섭을 이루게 된다. 만약 서로 반대위상을 지닌 동일파동이 만나면 진폭과 세기가 모두 0이 되는 완전소멸간섭을 만든다. 이는 두 개의 조약돌을 호수에 던져서 생긴 수면파의 간섭 현상과 동일하다.

간섭무늬는 뉴턴 링(Newton's ring)이라는 실험에서도 관찰된다. 평명유리판에 한쪽이 볼록한 렌즈를 겹쳤을 때, 렌즈의 곡률에 따라 공기층의 두께가 달라져 밝고 어두운 동심원이 나타난다. 이 또한 빛의 간섭 현상으로 발생한다.

얇은 막이 아닌 표면의 균일한 형태 때문에 발생하는 구조적 간섭으로 인한 발색 현상도 있다. 보석류인 오팔, 오색찬란한 모르포(Morpho) 나비의 날개나 공작새의 깃털에서 관찰된다.

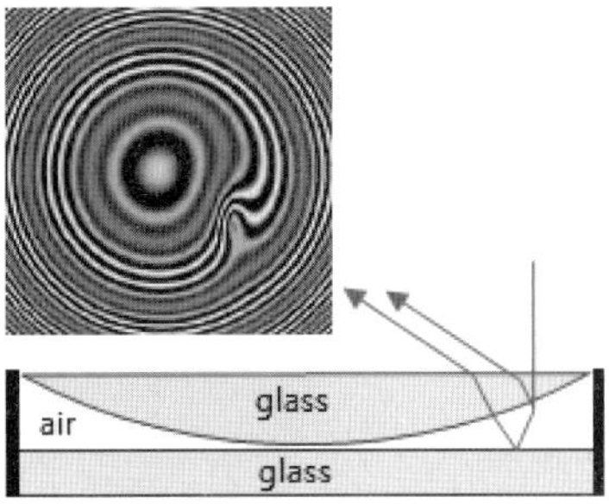

뉴턴 링을 이용한의 간섭 실험

구조적 색상(structural color)은 빛이 균일한 형태를 지닌 구조 내부로 들어와서 서로 간에 중첩되는 과정에서 보강간섭을 일으키는 빛만 발산하는 원리를 가지고 있다. 보는 각도에 따라 달라지는 빛이라고 해서 훈색(iridescence)라고 한다. 이러한 원리를 이용하여 다양한 색을 자연발색하는 광결정 소재를 만들기도 한다.* 간섭에 의한 회절(diffraction)은 파동의 특징으로 빛에서도 나타나며, 이는 파동 특성 설명 부분에서 다루기로 한다.

파동의 결맞음(coherence) 현상도 간섭의 일종으로, 두 개 이상의 파동이 합해질 때 두 파동의 위상에 따라 상쇄와 보강이 일어나는 것을 말한다. 결맞음이 잘 될수록 간섭 현상이 잘 일어난다. 상쇄간섭에 의해 파동이 얼마나 사라지는

모르포 나비 날개의 미세 구조

---

* 일본 테진(Teijin)에서 개발한 모르포텍스(Morphotex)라는 섬유제품은 이런 발색원리를 이용한 것으로 염료를 사용하지 않고도 엷은 무지개색을 발산하게 된다. 일정한 간격으로 61층을 적층시킨 나일론/폴레에스테르 층은 굴절률의 차이를 보이고 이로 인해 굴절광의 위상차가 발생하여 간섭현상이 나타난다.

가를 측정함으로써 결맞음 정도를 파악할 수 있으며, 이러한 성질을 이용하여 입체 정보를 기록할 수 있는 홀로그래피(holography) 제작에 사용한다. 결맞음 현상을 이용한 레이저(LASER, Light Amplification by Stimulated Emission of Radiation)는 복사의 유도 방출과정에 의한 빛의 증폭되는 것으로 단색광을 방출한다. 레이저포인터로 사용되는 He-Ne 레이저와 마트 계산대에서 상품의 바코드를 읽는 데 사용하는 반도체레이저가 일반적이다.

산란

푸른 하늘은 대기속의 기체 분자들에 의한 가시광의 산란(scattering) 효과로 나타난다. 기체 분자들이 가시광선의 파장보다 1/10이하로 훨씬 작기 때문에 레일리(John Rayleigh, 1842~1919) 산란이 발생하며, 산란된 빛은 지상으로

청색광의 산란과 대기내 흡수로 황적색의 노을 발생

전파된다. 광산란의 세기(I)는 파장이 짧을수록 증가($1/\lambda^4$)한다. 따라서 청색

광(450 nm)은 적색광(700 nm)보다 $(700/450)^4$인 5.9배 강하게 산란하게 되며, 이러한 이유로 푸른색의 하늘을 보게 된다.

해너미 때 붉은 노을이 지는 것은 태양의 고도가 낮아져서 원거리에서 청색광이 먼저 산란하여 대기 중에 흡수되어 버리고 근거리까지 오는 적색광이 관찰자 근처에서 산란하게 되어, 붉은색의 노을을 보게 된다. 멀리 있는 산이 가까운 산보다 흐리게 보이는 것도 멀리서 산란되어 오는 빛이 대기 중에 흡수되기 때문에 나타나는 현상이다.

레일리 산란이 0.1~1 nm의 입자(기체 분자)에 의한 것이라면 이보다 더 큰 입자에 의해서도 산란이 발생할 수 있다. 즉 0.01~1 μm 크기를 지닌 에어로젤과 같은 미세입자에 의한 미(Gustav Mie, 1869~1957) 산란이 발생한다. 레일리 산란은 파장에 따른 산란강도가 차이가 나지만 미 산란은 파장에 크게 영향을 받지 않는다. 입자가 클수록 산란강도가 커지며, 스모그 발생시 미세입자들에 의한 황색 산란을 나타내는 이유가 된다. 구름사이의 틈으로 쏟아지는 틈새빛살(crepuscular rays)도 미 산란의 효과이다. 구름이 흰색으로 보이는 것도 산란의 요인으로, 구름내 물방울(10~100 μm)이 커서 발생하는 기하(geometric) 산란에 의한 백색을 보인다.

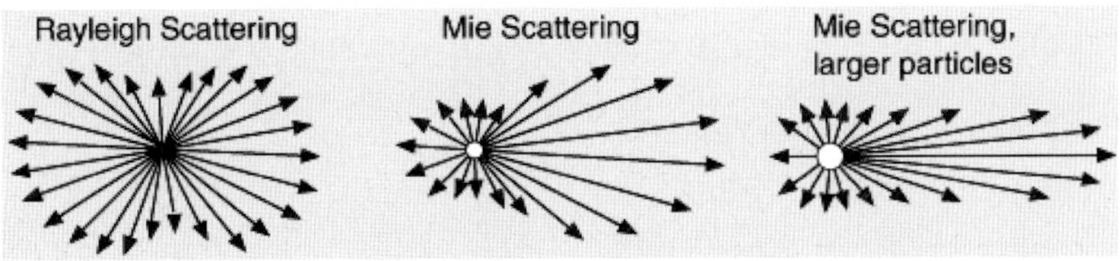

레일리 산란과 미 산란의 차이

편광

전기장과 자기장의 직교로 이루어진 전자기파인 빛은 파동성으로만 설명되는 편광(polarization) 특성을 지니고 있다. 이 현상은 1809년 말뤼스(Étienne Malus, 1775~1812)에 의해 발견되었다. 이는 진행방향에 수직한 임의의 평면에서 전기장의 방향이 일정한 빛을 편광(polarized light)라고 한다. 실제 자연광은 모든 방향의 전기장이 균일하게 포함되어 있어서 편광 되지 않은 빛(unpolarized light)이다. 노트북의 LCD는 두 개의 편광판을 겹쳐두고 전기를 인가하는 여부에 따라 액정(liquid crystal)*의 회전을 통해 편광된 빛의 투과를 조절한다.

쉽게 표현하자면 위아래로 흔든 줄에서 발생된 파는 파동의 방향과 직교하는 필터를 통과하지 못하게 된다. 수면이 반사되어 물밑의 물체를 찍을 수 없을 때, 편광 필터를 사용하면 수면에 반사 되는 편광을 제거할 수 있다. 편광 현미경, 편광 썬글라스도 같은 원리를 이용한 것이다. 젊은이들에게 인기 있는 폴라로이드 카메라도 편광 기능을 이용한 것으로 수면의 광산란를 최소화하여 사진 촬영이 가능하다.

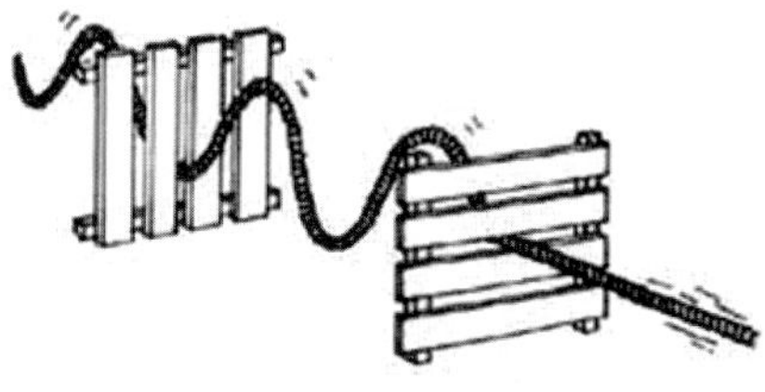

편광 필터의 예시

---

* 액체(liquid)와 결정(crystal)의 중간상태에 있는 물질이다. 이러한 물질은 분자의 배열이 어떤 방향으로는 불규칙적인 액체상태와 같지만 다른 방향에서는 규칙적인 결정상태를 띤다. 전압이나 온도의 변화에 따라 광학적 성질을 나타내기도 한다.

등장인물 살펴보기

하인리치 올베르스(Heinrich Olbers, 1758~1840)

독일의 천문학자이다. 처음에는 의학을 공부했고, 의학 관련된 사업도 했다. 소행성 중에서 두 번째로 큰 Pallas를 발견했다. 6개의 혜성과 2개의 소행성을 발견한 뒤, 혜성 궤도의 요소를 결정하는 방법을 만들었다. 1823년 밤하늘이 왜 그렇게 어두운가에 대한 올베르스 역설을 발표했다.

스티븐 호킹(Stephen Hawking, 1942~)

영국의 우주물리학자이다. 루게릭병(근위축증)에도 불구하고 특이점 정리, 블랙홀 증발, 양자우주론 등 혁명적인 이론을 제시하였다. 그는 블랙홀을 모든 물체가 빨려 들어가서 검게 보이는 것 아닌, 빛보다 빠른 입자를 방출하며 뜨거운 물체처럼 빛을 발한다고 주장하였다. 그의 이론은 증명되지 않아서 노벨상을 받지 못하고 있다.

조셉 프라운호퍼(Joseph Fraunhofer, 1787~1826)

독일의 물리학자이다. 광학기기의 개량으로 광학연구에 큰 업적을 남겼으며, 색지움렌즈 연구 중 태양 스펙스럼 속에서 많은 암선을 발견하였다. 다른 천체의 스펙트럼 연구도 계속하여 스펙트럼 분석학의 기초를 이루었다. 빛의 파장 산출 등의 업적을 이루었다.

구스타브 키르히호프(Gustav Kirchhoff, 1824~1887)

독일의 물리학자이다. 전기회로, 분광학, 흑체복사 등의 분야에 공헌하였다. 1862년 흑체라는 말을 처음 만들어냈으며 물리학, 전기학, 열역학 분야에 기여하였다. 태양의 스펙트럼을 통해 태양의 화학적 조성을 연구하는 과정에서 세슘(Cs)과 루비듐(Rb)을 발견하였다.

피에르 드 페르마(Pierre de Fermat, 1601~1665)

프랑스의 천재 아마추어 수학자이다. 데카르트와 함께 17세기 전반기의 주요 수학자로 불리운다. 페르마의 마지막 정리를 남겨 300년간 미해결 문제로 남아 있다가 1994년에 와일스(Anderew Wiles, 1953~)에 의해 증명되었다. 빛의 최단경로에 관한 페르마의 원리도 발표하였다.

빌러브로어트 스넬리우스(Willebrord Snellius, 1580~1626)

네덜란드의 천문학자, 수학자, 물리학자이다. 아버지의 대를 이어 레이덴 대학 교수로 재직 하였다. 굴절의 법칙을 발견하였으며, 프랑스에서는 데카르트의 법칙 또는 스넬-데카르트 법칙으로 불린다. 또한 삼각 측량 원리를 이용하여 지구의 크기를 측정하였다.

존 레일리(John Rayleigh, 1842~1919)

영국의 물리학자이다. 하늘이 파란이유를 설명하는 레일리 산란에 관한 이론을 정립하였고, 음향학, 탄성파, 색체 등 고전적인 연구와 함께 양자론 이전의 열복사 이론을 세웠다. 아르곤(Ar)을 발견하여 1904년 노벨 물리학상을 수상하였다. 지진의 표면파인 레일리파도 발견하였다.

구스타브 미(Gustav Mie, 1869~1957)

독일의 물리학자이다. 균일한 유전체에 의한 전자기파의 산란에 관한 연구를 통해, 1902년 입자의 광산란인 미 산란이론을 발표하였다. 이는 상대성원리에 중요한 기여를 하게 되었다. 측정단위에도 관심을 가져서 전압, 전류, 쿨롱, 초의 체계(VACS-system)도 완성하였다.

에티엔 말뤼스(Étienne Malus, 1775~1812)

프랑스의 물리학자이다. 나폴레옹의 이집트 원정에 함께 했으며, 광학분야의 큰 기여로 영국의 럼포드 메달을 수상하였다. 호이겐스의 광학 이론을 증명하기 위해 실험을 하다가, 반사에 의한 빛의 편광 현상을 발견하였다. 그의 이름은 과학계에 이바지한 72인으로서 에펠탑 중간에 새겨져 있다.

CHAPTER

03

빛=전자기파

한 번도 실수한 적이 없는 사람은
한 번도 새로운 것에 도전해 본적이 없는 사람이다. • 알베르트 아인슈타인

빛의 무리들

빛으로 인해 발생되는 다양한 자연현상은 반사, 굴절, 산란으로 인한 것으로, 매질상의 입자(기체 분자, 물 분자 등)와 충돌한 빛에 의해서 나타난다. 입자와 충돌하는 빛의 파장에 따라서 굴절되거나, 진행방향의 반대로 반사 또는 방향에 무관하게 산란된다.

빛을 구성하는 빛의 무리들은 전파, 적외선, 가시광선, 자외선, 감마선 등의 빛다발(광선속, light bundle)들이며, 파장의 길이가 모두 다르다. 그러나 파장의 길이와 무관하게 진공에서의 광속은 일정하며, 모든 전자기파의 이론적 속도를 지칭한다. 매질을 통과하면 프리즘 실험에서처럼 파장영역에 따라서 굴절되는 정도가 달라지며, 속도 또한 매질의 굴절률의 증가에 따라 감소하게 된다.

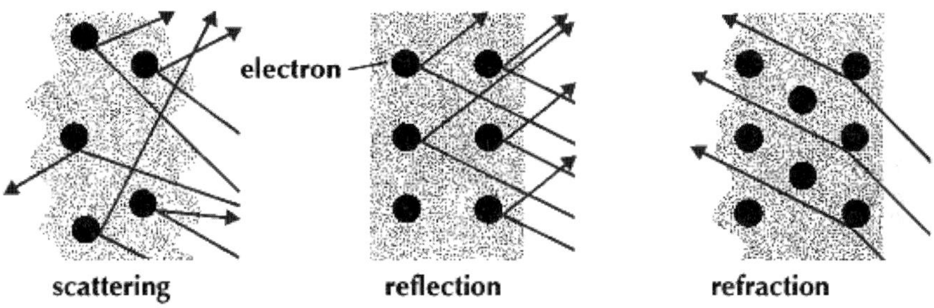

산란, 반사, 굴절 현상의 비교

빛의 속도는 진공중 299,792.458 km/s로 보통 30만 km/s라고 한다. 또는 빛의 속도를 빛이 1 m를 이동하는데 걸리는 시간인 1/299,792,458초를 이용하여 표현한다. 이 속도는 1초에 지구를 7바퀴 반이나 회전할 수 있는 빠르기이며, 빛 보다 빠른 속도는 있을 수 없다.*

광속 측정에 대한 역사는 1607년 갈릴레이(Galileo Galilei, 1564~1642)로부터 시작되었고, 1676년 뢰메르(Ole Rømer, 1644~1710)에 의해 현재 측정된 광속에 근사한 값이 추산되었다. 뢰메르는 목성과 지구 사이 거리의 변화에 따른 목성 위성의 식주기(eclipse cycle)가 어긋나는 현상을 관측하여 광속을 계산하였다.

빛의 속도에 관한 측정은 1847년 피조(Fizeau)에 의해 구체화 되었다. 그는 빠르게 회전하는 톱니바퀴를 통과하여 되돌아오는 빛을 관측하여 광속을 계산하였다. 광속(c)이 너무나 크기 때문에 반사경은 가능한 멀리 설치되어야 했으며, 톱니바퀴와 반사경 사이 거리(L)는 8,633 m나 되었다. 사용한 톱니바

---

* 힘의 전달도 빛의 속도를 이길 수 없다. 중력은 무거운 물체 주변의 공간이 변형되기 때문이라고 아인슈타인은 설명한다. 즉 들고 있는 보자기 위에 볼링공을 올려두면, 중심부분이 움푹 들어가게 되고 주변의 물질들이 중심 쪽으로 빨려 들어가 굴러간다. 만약 태양계에서 어느 순간 태양이 사라진다면, 지구의 공전 궤도는 태양이 사라지는 순간 바로 없어질 것인가? 그렇지 않다. 중력의 부재도 빛 보다 빨리 전달 될 수 없기에, 태양이 사라지더라도 빛이 태양에서 지구에 도달하는 시간 만큼 지구는 몇 분간 공전궤도를 그대로 유지하게 된다. 지구와 태양의 평균거리는 1억 4690만 km(1 AU)로 중력이 사라진 것을 느낄 때 까지는 최소한 8분 16초가 걸린다. 빛 보다 중력 전달이 느리다면 그 시간은 더 길어진다. 일상에서 많이 사용하는 GPS(global positioning system)는 위성과의 교신 과정에서 지구의 중력에 의한 시공간의 왜곡이 발생하고 이를 해결하기 위한 장치가 위성에 장치되어있다.

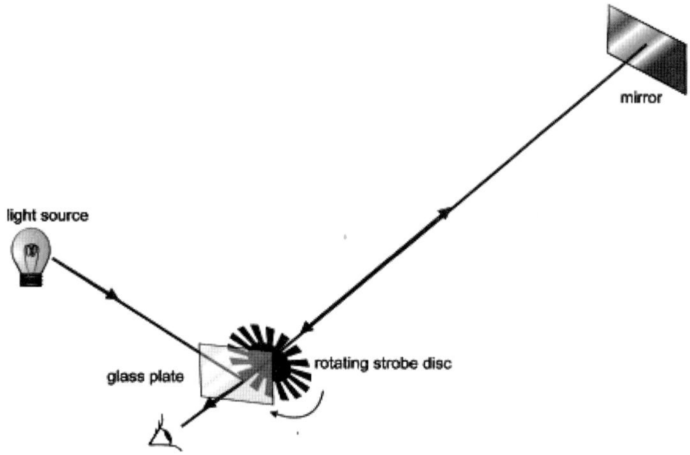

피조의 광속 측정 실험도

퀴의 톱니 수(N)는 720개였고, 1초 동안 회전수(n)는 12.6 sec^{-1}이었다. 빛이 톱니바퀴와 반사경 사이를 왕복한 시간(2L/c)과 톱니바퀴를 통해 출발했던 빛이 다시 톱니바퀴를 통해 관찰자에게 되돌아오는 데 걸리는 시간[1/(2nN)]이 같음을 이용하였다. 2L/c에서 2는 왕복을 표현한 것이고, 1/(2nN)에서 1/2은 톱니바퀴의 톱니를 두 번 통과한 것을 표현한 것이다. 계산해보면 298,356.480 km/s로 오늘날 계산된 광속에 비해 0.5%정도 편차만을 보일뿐, 당시의 기술력으로 거의 정확한 광속을 측정하였다.

1850년 푸코(Jean Foucault, 1819~1868)는 피조의 측정법을 개량하여 톱니바퀴 대신에 거울을 회전시켜, 보다 정밀하게 빛의 속도를 측정하였다. 푸코가 제안한 방법은 물속에서도 광속을 구할 수 있었으며, 공기중의 광속이 물속의 광속보다 빠르다는 것을 입증하였다. 이는 뉴턴의 입자성에 의해 제기되었던 물속에서 광속이 빨라진다는 사실이 부정되면서 빛의 파동설이 강조되는 계기가 되었다. 푸코의 실험법은 에테르를 증명하려고 했던 마이켈슨(Michelson)에게 이어졌다.

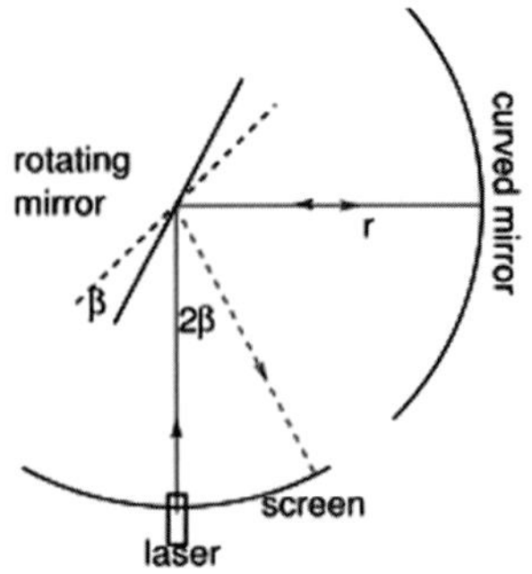

푸코의 광속 측정 장비

이처럼 여러 학자에 의해 광속에 관한 궁금증은 어느 정도 해결되었다. 그렇다면 빛을 전자기파라고 정의하게 된 계기가 무엇이며, 전자기장을 구성하는 전기장과 자기장에 관하여 각각 살펴볼 필요가 있다. 이는 전기장과 자기장의 상호직교성으로 인한 전자기파의 직진성(전파, propagation)과 관련된다. 즉 빛은 전기장으로 생성된 자기장과 자기장으로 생성된 전기장내 상호 유도작용을 통해 직진하게 되고 빛의 속도를 지니게 된다. 다루게 될 전자기학(electromagnetics)은 1820년 전류와 자기현상을 발견한 외르스테드(Hans Oersted, 1777~1851)와 1830년대 패러데이(Michael Faraday, 1791~1867)*의 전자기 유도현상을 바탕으로 맥스웰(Maxwell)에 의해 완성되었다.

---

* 전압의 단위인 볼트는 두 개의 금속 원반을 입 속에 넣어 최초의 안정적인 전지를 개발했던 볼타(Alessandro Volta, 1745~1827)의 이름을 따서 만들었다. 전기력장 연구에 관한 보다 깊이 있는 연구를 주도했던 패러데이의 이름을 사용하는 것이 맞았을 것 같지만, 과학 용어 제정에 실권을 쥐고 있던 19세기 프랑스 관료들의 패러데이에 대한 악감정으로 인해 전압의 단위가 볼트로 정착되었다.

전기장

전자기파는 전기장(electric field)과 자기장(magnetic field)의 혼재된 상태에서 발생되는 횡파이다. 겨울철의 정전기(static electricity)가 바로 전하(charge)의 분포로 인해 발생되는 현상이다. 정전기는 쉽게 말해서 한 물체에서 다른 물체로 이동하지 않고 정지되어 있는 전기를 말한다. 의복과 마찰을 통해 늘 전하가 발생하게 되고 습도가 낮은 겨울철에 주로 정전기가 많이 발생하게 된다.

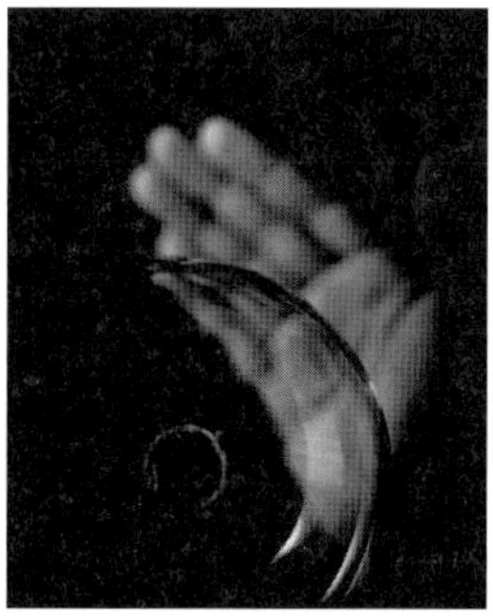

정전기볼

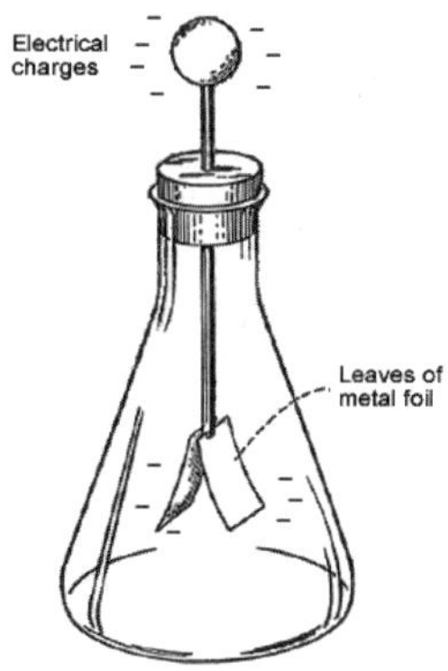

일렉트로스코프

책받침을 머리에 두고 여러번 문지르면 서로 반대 전하를 지니게 되어 머리카락이 책받침에 들러붙는다. 이는 절연체에서 전하의 분극(polarization) 현상으로 나타나는 전하 유도현상이다. 금속에서는 자유전자가 이동하여 전하가 유도된다. 이때 다른 손으로 주변의 쇠를 만지면 전하가 제거되어 몸에 정체된 전하가 빠져나가게 된다. 이러한 접지 과정을 거치면 정전기가 제거되고 더 이상 책받침에 머리가 들러붙지 않게 된다. 이를 이용한 정전기 제거제품들이 개발되고 있다.*

* 이와 반대로 정전기를 이용한 제품으로는 포장용 크린랩이 있다. 랩을 사용하기 위해

정전기는 두 장의 얇은 금속판을 맞대어 놓은 장치인 일렉트로스코프(electroscope)를 이용하여 측정한다. 산업체에서는 분진과 같은 미세입자를 공정상에서 제거하기 위해 전기집진기를 이용하는데, 이때도 전하를 띤 입자가 상호 반대전하를 지닌 전극판에 들러붙게 하여 제거하는 정전기 원리를 이용한다.

정전기력의 세기는 '(+)털가죽-상아-수정-유리-명주-종이-에보나이트(-)'라는 순서를 지닌다. 전하의 단위는 쿨롱(C, Charles de Coulomb, 1736~1806)으로 표시하고, 전자의 전하는 -1.6×10^{-19} C을 보인다. 양성자의 전하는 전자와 반대부호를 지니며 마찰전기는 10^{-6} C을 지니고 번개는 10 C 정도이다. 따라서 1 C은 매우 큰 전하임을 할 수 있다.

정전기를 발생하는 전기장은 공간상에 전하가 존재할 때, 그 전하에 의해 생기는 공간상 각 지점의 전위(electric potential)의 기울기(V/m)를 말한다. 등전위면의 모든 점은 전위차가 0이며, 전기력선과 등전위선은 직교한다. 일반적으로는 공간상의 한 점의 전기장의 크기($E=F/q_o$)는 그 지점에 단위전하(+1 C)를 놓았을 때 그 전하가 받는 힘(F)으로 정의하며, V/m와 같은 단위인 N/C을 지닌다. 전기장의 세기는 발생원이 무엇이냐에 따라서 상당한 차이를 보인다. 형광등은 10 N/C의 세기를 보이는 반면, 번개 치는 날의 대기 중은

PVC(polyvinyl chloride) 비닐을 펼칠 때 발생된 정전기는 절연체의 포장을 쉽게 해준다. 그러나 냉면그릇과 같은 금속으로된 전도체의 포장시에는 비닐에 전하가 일부 이동하여 정전기가 손실된다. 또한 먼지털이도 정전기 유도로 만든 것이며, 복사기의 토너도 이를 활용한 것이다. 시중에서 정전기볼(static elctricity ball)이라는 과학장치를 쉽게 구할 수 있어서, 발생된 정전기가 볼위에 올린 손가락 쪽으로 움직이는 현상을 관찰할 수 있다.

10,000 N/C 정도를 보이며 복사기는 그보다 10배 큰 전기장을 보인다. 전기력은 중력*과 같이 서로 접촉하지 않고도 작용하는 비접촉력이다. 질량에 의해 중력이 이라는 중력장이 존재하듯이 전하라는 존재로 인해 전기력장이 존재하게 된다. 따라서 모든 전하의 주위에는 전기장이 존재하게 되며, 크기와 방향을 지니게 된다.

두 전하 사이에 작용하는 힘은 쿨롱의 법칙($F=kq_1q_2/r^2$)에 의존하는데, 전하의 크기(q_1, q_2)의 곱에 비례하고 전하사이의 거리(r)의 제곱에 반비례한다. 이는 쿨롱이 비틀림 저울(torsion balance)을 이용한 실험을 통해 얻은 결과이다.

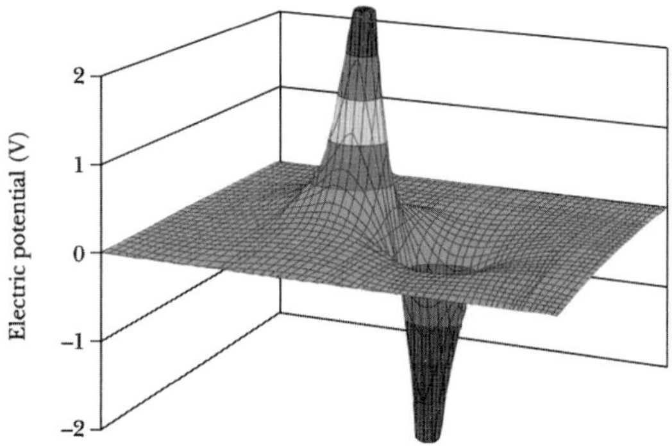

양전하와 음전하의 대칭 전위

---

* 잔잔한 호수에 돌멩이를 던지면 동심원의 수면파가 사방으로 퍼진다. 시공간의 흔들림이 파동의 형태로 전파되는 것을 중력파(gravitational wave)라고 하며, 이를 발견한다면 '질량 주변의 시공간은 휘어져 있다'는 일반상대성이론을 증명하게 된다. 레이저 간섭계를 이용한 중력파 관측 장비로는 L자 모양의 LIGO(Laser Interferometer Gravitational-wave Observatory, 미국)가 있지만, 아직 중력파 관측은 실패했다. 지구 대기권 밖에 레이저 간섭 장치를 설치하려는 LISA(Laser Interferometer Space Antenna)연구도 현재 계획 중이다.

놀랍게도 이 법칙은 만유인력의 법칙($F=Gm_1m_2/r^2$)과 동일한 형태를 지니며, 추후 보게 될 자기력에 관한 법칙도 동일한 형태를 지닌다. 대전되어 전하를 지니면 공간상에 향수가 퍼져나가듯이 중심 전하로부터 멀어질수록 그 에너지의 세기는 급격히 감소하게 되어 거리의 제곱에 반비례하게 된다. 이때 두 전하 사이에 존재하는 공간의 에너지 전달율을 유전율(dielectric constant, ε)이라고 한다. 여기서 k는 1/(4πε)로 8.98×10^9 Nm^2/C^2이다.

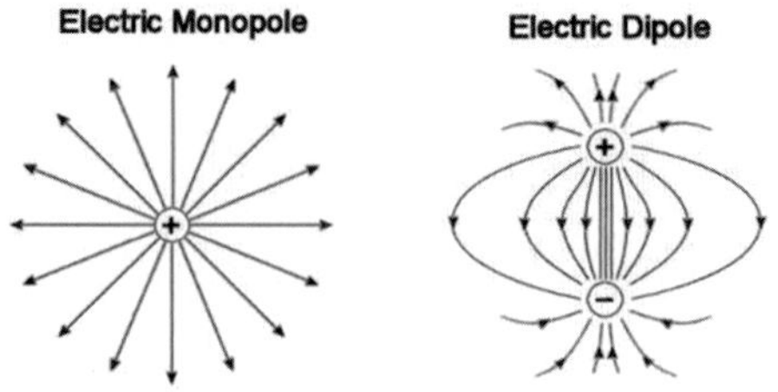

점전하와 쌍 전하의 전기력선

전기력선은 공간내의 각 지점에서 전기장을 알아보기 쉽게 나타낸 것으로 연속된 곡선 형태로 나타낸다. 전기력선의 접선방향이 그 점점에서의 전기장의 방향을 가리키고, 높은 전위에서 낮은 전위쪽으로 향하게 된다. 양전하(+)만 있을 때는 전하들로부터 발생된 전기력선은 무한히 먼 바깥으로 향하게 된다. 두 개의 전하가 존재하면 양-음의 전하 크기에 따라 인력형이나 척력형으로 바뀌며 전기력선의 밀도(단위면적당 통과한 전기력선의 수)와 대칭여부가 변하게 된다. 특히 표면 전하밀도는 전기장을 발생하는 곡률반지름이 작은 지점에서 가장 높게 나타난다. 양전하로 도전된 전하주변에 전하가 0인 입자가 있다면 양전하에 의한 유도전하가 발생하여 해당입자의 표면은 새로운 전하분포를 지니게 되고 분극현상이 발생한다.

자기장

자기장은 자기력이 미치는 공간으로, 일상생활에서 나침반을 이용한 방위를 찾을 때도 지구자기장내 원거리힘인 자기력이 작용한다. 자석을 이루는 원자 내 전자의 자전운동과 궤도운동이 이러한 자기장을 만든다. 대부분의 물질은 원자내 전자가 서로 쌍을 이루면서 반대 방향으로 자전하기 때문에 자기장들이 완전히 상쇄하고 자석의 성질을 띠지 않는다. 철(^{26}Fe), 코발트(^{27}Co), 니켈(^{28}Ni)은 서로 상쇄될 쌍이 없는 전자(unpaired electron)가 존재하여 자성을 갖는다. 주로 d와 f궤도의 전자가 쌍을 이루지 않고 있는 전이금속, 란탄족에서 발생된다.

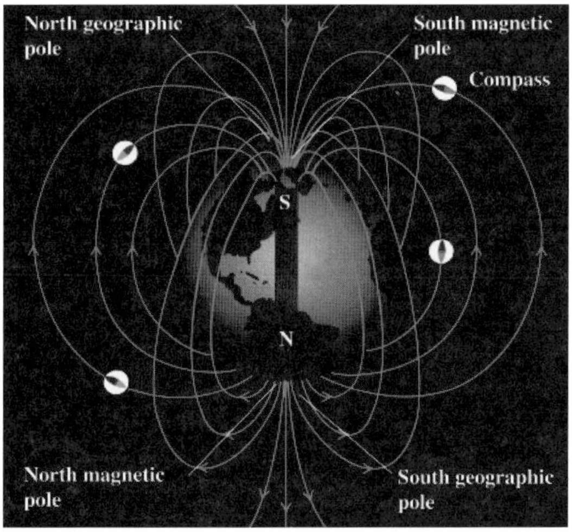

지구자기장

철로 된 대부분의 물체는 어느 정도 자화되어 있으며 지구의 자기*에 의해 N극과 S극이 유도(magnetic induction)된다. 이것이 나침반의 원리이며, 나침반에 쓰여 있는 N극과 S극은 지구의 N극이 아닌 북쪽을 가리키게 설계되어 있다. 즉 엄밀히 말해서 북극을 향하는 극(north-seeking pole)이며, 지구의 북극은 S극이 된다. 나침반외에도 일상에서 자기력은 다양한 방면에 활용된다. 자성을 띄는 입자를 배열하여 정보를 기록할 수 있고, 신용카드, 하드디스크, 종이 주차권 등에 사용한다.

다른 원거리 힘과 동일하게 두 개의 자하(m_1, m_2)사이에는 쿨롱의 법칙($F=km_1m_2/r^2$)이 적용된다. 자기량의 단위는 웨버(Wb, Wilhelm Weber, 1804~1891)로 표현한다. 자기장의 세기(자계강도)는 전기장과 동일하게 자기장 중의 어느 점에 단위점 자하(+1 Wb)를 놓고 이 자하(magnetic charge, 전기장의 전하에 대응되는 용어)에 작용하는 자력의 방향을 그 점에서의 자기장의 방향으로 하고 자력의 크기를 그 점에서의 자기장의 크기로 한다.

전기력선과 마찬가지로 자기장 안의 임의의 점에서 자기력이 작용하는 방향은 하나뿐이고, 따라서 N극에서 나온 자기력선은 반드시 S극으로 끝난다. 자기장이 발생되는 극(pole)의 위치는 눈으로 볼 수 없지만, 자성입자가 포함된 특수 필름(magnetic viewing paper)을 이용하여 볼 수 있다. 자기력선이

* 지구자기장의 발생원인에 대해서는 의견이 분분하다. 가장 유력한 주장으로는 다이나모 이론(dynamo theory)가 있다. 지구 외핵의 유체운동이 외부 자기장의 영향을 받아 유도전류를 형성하고 이 유도전류는 지구 회전축을 따라 자기장을 만든다는 것이다. 영화 '코어'에서 지구의 핵(코어)이 자전을 멈추면서 자기장이 사라지고 갑작스런 재난이 닥친다는 설정은 다이나모 이론을 염두해 둔 것이다.

필름과 수직이면 어두워지는 성질을 이용한 것이다.

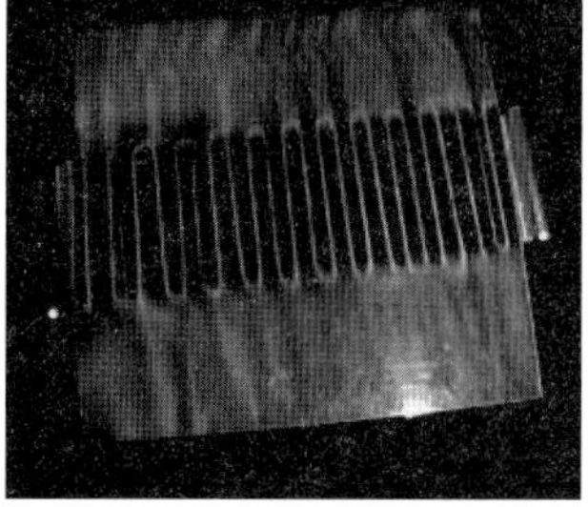

자기장 관찰용 필름

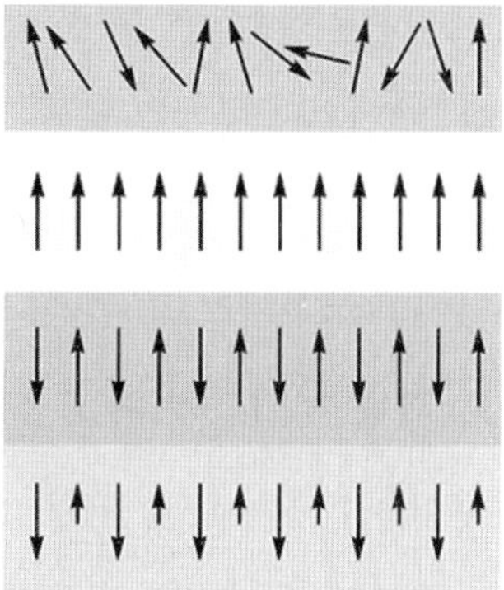

상자성, 강자성, 반강자성,
페리자성(맨 아래)의 스핀배열

자성은 크게 몇 가지로 구분된다. 전자 스핀이 쌍을 이루지 못하여 전자가 무작위로 배열되어 외부자기장이 존재시에만 약하게 자화되어 자성을 갖는 상자성(paramagentism, 알루미늄, 백금, 주석, 이리듐, 공기, 액체산소 등)이 그 첫째이며, 외부자기장을 제거하면 자성을 잃게 된다. 반면 스핀이 모두 정렬되어 있어서 외부자기장에 의해 자화가 된 다음 자기장을 제거해도 자화를 잃지 않는 영구 자기 모멘트를 지니는 강자성(ferromagnetism, 철, 니켈, 코발트 등)이 있다. 외부자기장에 의해 반대 방향으로 자화되는 것을 반자성(diamagnetism)*이라고 하고, 수소, 물, 수정, 납, 구리, 아연, 비스무트, 탄소 등이 이해 해당되고, 강자성체가 자석에 끌리는데 반해서 반자성체는 자석에 의해 밀리는 척력을 발휘한다. 스핀이 서로 반대방향으로 배열하여 자기 모멘트가 0인 반강자성(antiferromagnetism)으로 구분된다. 또한 스핀의 배열이 반강자성과 유사하나, 서로 반대방향의 스핀들의 크기가 달라서 전체 자기

* 물은 반자성체로, 상당 부분 물로 이루어진 생명체인 동물(특히 작은 생물)은 강한 자기장을 이용하여 공중부양 시킬 수 있다.

모멘트가 0이 아닌 강자성과 유사하게 행동하는 자철석(magnetite), 크롬철석(chromite), 자류철석(pyrrhotite)과 같은 페리자성(ferrimagnetism)도 있다.

자기력을 유지할 수 있는 특성인 자화율(magnetic susceptibility, X=M/H)은 자화(magnetization, M)과 자기장(magnetic field, H)의 비로 나타낸다. 상자성체는 온도 상승에 따라서 자화율이 감소하는 반면, 강자성체는 특정온도인 퀴리(Maria Curie, 1867~1834) 온도(T_C, Currie temperature)에 도달하거나 초과하면 열운동에 의한 자기 모멘트의 불규칙 배열로 인해 상자성체로 변한다. 반면 반강자성은 특정 온도까지 자화율이 증가하다가 더 높은 닐 온도(T_N, Néel temperature)*에 이르러서야 상자성체로 변한다.

이러한 자기력은 초전도체, MRI, 금속탐지기, 스피커 등에 이용한다. 초전도체 위에 자석을 가만히 두면 허공에 뜬 상태를 유지하는데 이를 마이스너(Walther Meissner, 1882~1974) 효과라고 한다. 자석이 초전도체 내부에 거울 영상(원래의 자석과 거울에 비친 자석이 서로 같은 극끼리 마주보고 있어서 서

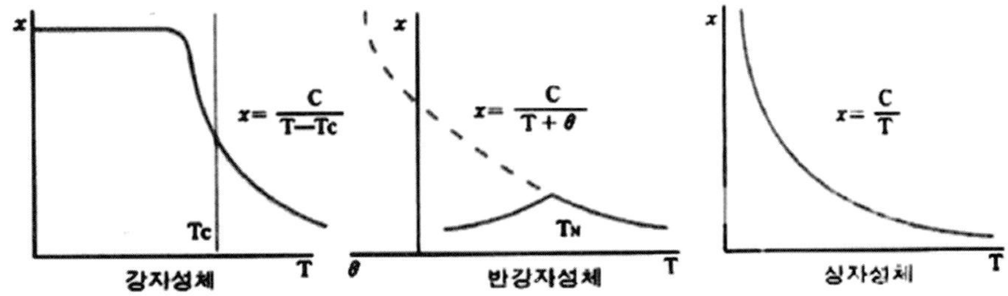

자성체별 온도 상승에 따른 자화율의 변화

* 닐 온도는 반강자성 물질이 온도가 높아지면 열진동 때문에 원자 배열이 무너지게 되어 상자성과 비슷한 성질을 보이게 되는 한계 온도를 말한다. 퀴리 온도는 강자성체가 외부의 자화력에 의해 더 이상 자화되지 않는 온도 및 강자성체가 잔류자기를 잃어버리는

초전도체 특성인 마이스너 효과

로 밀쳐내는 것 같은 현상)을 만드는 것과 같은 효과를 나타낸다. 자기장은 자석의 내부를 통과하지만 초전도체의 내부는 통과하지 못하여, 초전도체가 자기장을 밀어내게 된다.

또한 지구자기장으로 오로라 현상도 설명가능하다. 지구자기 N극(지표 남극)에서 출발한 자기력선은 지구자기 S극(지표 북극)으로 모이게 되어, 태양풍으로부터 지구를 보호하는 지구자기장을 형성한다. 태양풍이 강할 때는 고속 입자들이 자기장을 타고 들어와 위성 고장을 야기하기도 하며, 이때 대전입자(플라즈마*)가 지구자기장에 이끌려 북극의 대기로 진입하면서 공기분자와 반응하여 빛을 형성하는 것이 바로 오로라(aurora)이다.

온도로 대부분의 금속은 약 649~871℃를 보인다. 닐 온도 : antiferromagnetic/ferrimagnetic → paramagnetic, 퀴리 온도 : ferromagnetic → paramagnetic

* 초고온에서 음전하를 지닌 전자와 양전하를 지닌 이온으로 분리된 기체 상태를 말한다. 제4의 물질 상태이기도 하며, 전기적 방법에 의해 플라즈마를 생성한 다음 자기장을 이용하여 플라즈마 상태를 유지한다. 우주를 구성하는 물질의 99%가 플라즈마 상태라고 추정된다. 초고온 핵융합에 이용되기도 하며, 형광등, 수은등, 네온사인, PDP 등이 이를 활용한 것이다.

전기장과 자기장의 통일

자석이 쇠를 끌어당기는 것이나 나침판이 북쪽을 가리키는 것은 자기적인 현상으로 움직이는 전하(자하)가 개입되어 있다. 전하가 움직이지 않더라도 나타나는 전기적인 현상과는 달리 전하(자하)가 움직일 때만 나타나는 자기적인 현상은 일견 서로 관련성이 없어 보인다.

또한 전기는 +, −으로 분리가 가능하나 자기는 N, S 분리가 안 된다. 유사한 점은 원거리 작용력으로 쿨롱의 법칙을 모두 따른다는 점이다. 이처럼 자기학은 전기학과 독립적으로 발전하여 왔으며 둘 사이의 연관은 단지 전기력이나 자기력의 힘이 전하(자하)에 의한다는 것 외에는 없는 듯이 보였다. 둘 사이의 관련성이 밝혀지기 시작한 것은 1873년 맥스웰(Maxwell)에 의한 통일장이론이고, 완전히 규명된 것은 1905년 아인슈타인(Einstein)의 특수상대성 이론* 에 의해서이다.

둘의 유사성은 전자기 유도현상(electromagnetic induction)을 통해서 관찰

---

* 특수상대성 이론에 의하면, 빛의 속도가 누구에게나 동일하려면 시간과 공간에 변형이 가해질 수밖에 없다. 쌍둥이 역설(twine paradox)처럼 관측자의 이동속도가 빠르면 시간 팽창(time dilation)이 발생하여 우주선내의 형제의 시간 흐름이 느려진다. 로렌츠(Hendrik Lorentz, 1853~1928)가 예언 했듯이 굉장히 빨리 달리는 물체는 길이방향의 로렌츠 수축(contraction)이 발생한다. 아인슈타인은 이 수축현상이 시간의 연장과 함께 시공간의 근본적인 성질이라고 간파하고 특수상대성 이론을 공식화했다. 빛의 속도로 우주로켓이 이동한다면, 로켓 안의 시간은 정지하고 몸체도 사라지면서 질량은 무한대가 된다. 길이가 0이면서 질량이 무한대인 것은 없으므로, 사실상 빛 보다 빠른 대상은 없다. 또한, 광속의 몇 분의 1 정도로 달릴 때 로렌츠 수축이 발생한다.

되었다. 외르스테드(Oersted)가 1820년에 자침을 전류가 흐르는 도선과 평행하게 놓았을 때, 자침이 움직여 도선과 직각을 이루는 현상을 발견하게 된다. 같은 해 프랑스의 앙페르(Andr-Marie Ampere, 1775~1836)가 전류가 흐르는 도선은 가까이 있는 다른 도선에 자기 효과를 일으킨다는 사실을 발견한다. 즉 두 전선에 같은 방향의 전류를 흐르면 도선 사이에 인력이 작용하고 반대로 흐르면 척력이 작용하였다. 이로서 전기는 자기를 형성할 수 있음을 실험적으로 증명하게 되었다.

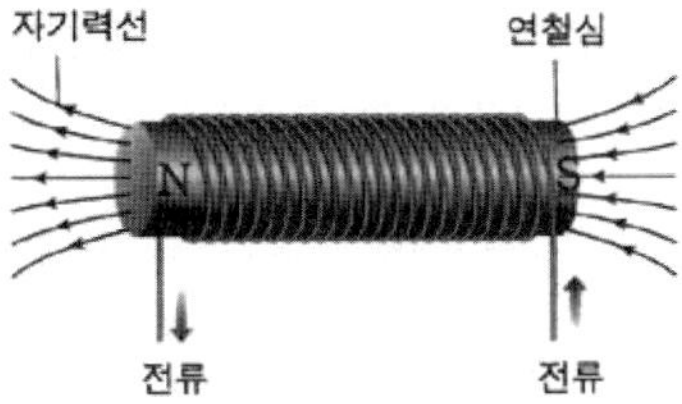

자기장에 의한 유도전류 형성

10여년 후 페러데이가 도선을 감은 코일 속에 자석을 넣었다 뺐다 하면 도선에 전류가 흐른다는 것을 발견하여 자기장으로부터 전기장이 만들어짐을 밝혔다. 즉 자기장의 변화가 유도 전류를 발생시킨다는 것을 발견하였다. 이에 1864년 맥스웰(Maxwell)은 전기장과 자기장을 합하여 전자기의 파동방정식을 발표하여 전자기파의 존재를 예측하였다.

전자기 유도에 의한 자기장의 변화가 전류를 흐르게 하는 기전력(유도 전압)을 발생시키고 이때 흐르는 전류가 유도전류가 된다. 유도전류는 자석의 움직이는 속도, 코일의 감은 횟수 등에 영향을 받는다. 전자기 유도현상은 전기모터나 발전기 등의 전기구동기의 바탕이 되며, 무선 충전기(wireless charger)의 원리가 된다. 교통카드도 전자기유도 현상을 이용한 것으로, 외부에서 제공된 무선주파에 의해

LS전선에서 개발한 무접점 충전기

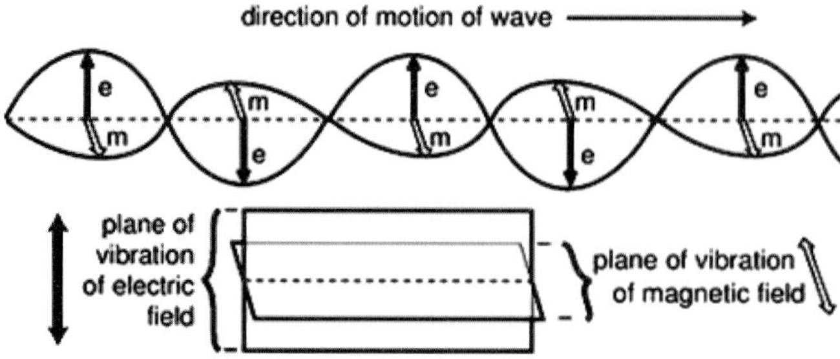

전기파와 자기파의 상호유도를 통한 전자기파의 직진성

교통카드 가장자리에 감긴 코일로 미량의 구동전류를 발생시킨다.

자기장에 의한 유도된 전류는 오른손법칙을 따라 흐르고, 전류가 흐르는 코일 주위에서는 왼손법칙에 따라 자기장이 형성된다.* 즉 자기장에 의해 형성된 유도전류는 또다시 새로운 자기장을 유도하게 되고, 두 가지 장은 서로 직교하며 진행방향에 수직하게 된다. 두 힘의 장이 연속적으로 상호 유도를 하면 전자기파는 직진하게 된다. 빛은 전자기파의 일부이므로, 따라서 이러한 전자기 유도현상으로 인해 빛은 직진하게 된다.

맥스웰(Maxwell)에 의하면 자기장과 전기장을 만들었던 원천인 전하나 전류가 없어지더라도 하나의 변화가 다른 하나를 유발시켜서 스스로 생명력을 가지게 되어 공간상을 전파하는 파동이 될 수 있다고 보았다. 빛의 파동성이 영(Young)에 의해 주장되던 시점에서, 맥스웰의 업적은 고전물리학에서의 빛의 파동성을 확정짓는 계기를 마련하였다.

---

* 플레밍(John Fleming, 1849~1945)의 왼손, 오른손 법칙이라고 한다. 페니실린을 발견으로 유명한 영국의 세균학자인 플레밍(Alexander Fleming, 1881~1955)과는 다른 사람이다.

전자기파는 일상생활에서 가시광선 등 다양한 형태로 함께 하고 있으며, 인공적으로 만들어 낼 수 있다. 1865년 전자기파 이론을 통해 눈에 보이지 않는 광파(light wave, 좁은 의미로 파동성을 지닌 가시광선)의 존재를 예측했던 헤르츠(Heinrich Hertz, 1857~ 1894)는 1887년 그가 고안한 실험 장치를 통해 관찰하였다. 헤르츠는

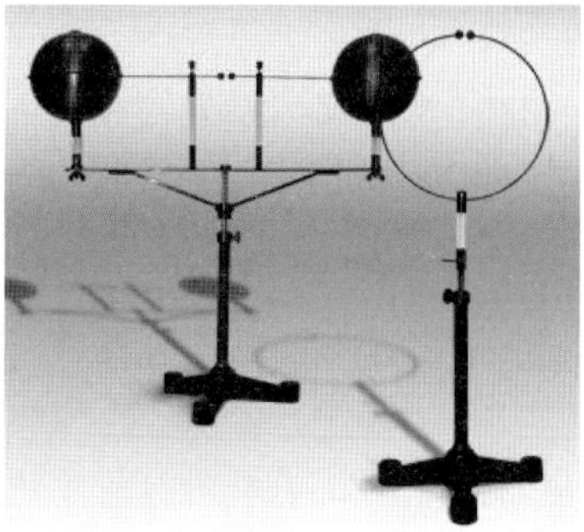

헤르츠의 인공전자기파 발생장치

놋쇠로 만든 둥근 전극사이에 고전압을 걸어 외부에 떨어져 있는 안테나(원형 도선)에 있는 전극에 방전을 발생시키는 실험을 하였다. 이 실험을 통해 최초로 인공전자기파도 만들 수 있음을 보였다. 또한 맥스웰이 이론적으로 예언한 전자기파의 존재에 관한 실험적인 검증이었다. 인공전자기파도 빛에서 발생되는 반사, 굴절, 간섭 등의 파동의 성질이 동일하게 발생된다.

전자기파의 전기장과 자기장의 직교성으로 인해 편광(polarization) 현상이

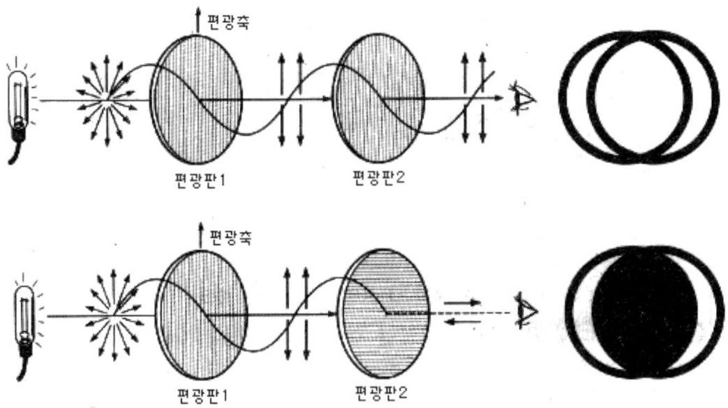

편광판을 이용한 편광발생

나타난다. 앞장에서도 설명했듯이 편광은 전자기파가 진행할 때 파를 구성하는 전기장과 자기장이 특정한 방향으로 진동하는 현상을 말한다. 일반적으로 전자기파는 모든 방향으로 진동하는 빛이 혼합된 상태이지만, 특정한 광학필터를 사용하면 편광된 빛을 얻을 수 있다. 이러한 원리로 만들어진 편광 선글라스를 쓰게 되면, 수면에 반사되는 빛을 필터 시켜 반사광이 없는 빛이 눈에 들어오게 되고 반짝거리는 수면의 반사 없이 수면 밑을 관찰할 수 있게 한다.

생활 속의 전자기파

일상에서 발생되는 전자기파의 종류는 무한하다. 태양이나 전등과 같은 발광체에서는 가시광선이 발생되며, 뜨겁게 달궈진 돌에서는 적외선이 발생된다. 원적외선이 방출되는 돌은 노란색의 빛을 발한다. 온도와 색에 관하여 살펴보면, 모든 물체는 해당 온도에 상응하는 양의 전자기파를 방출하며 이는 열복사에 해당한다. 별이나 태양의 온도를 측정하는 원리도 이를 바탕으로 한다. 적

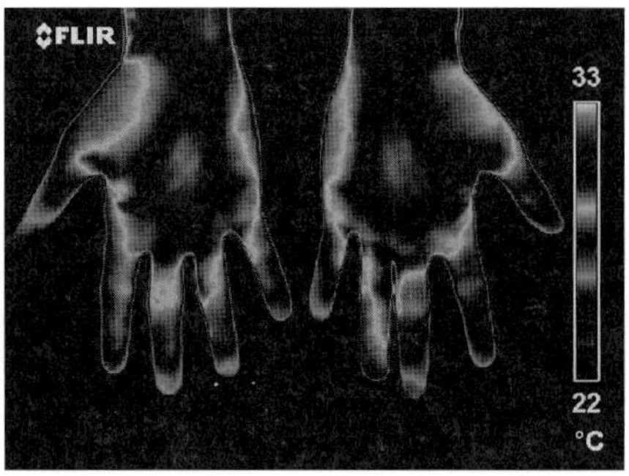

온도에 따른 전자기파 방출 영상

외선영상(infrared thermography)을 통해 신체의 온도 분포를 검출하는 것도 온도에 따른 전자기파 방출을 이용하는 것이다. 이는 의학 분야에서 신체의 온도편차를 확인하거나 장비의 특정분야의 온도집중으로 인한 폭발현상도 예측할 수 있게 해준다.

온도가 상승할수록 분자내의 자유에너지의 증가로 인해 내부에너지가 증가하게 되며 빛으로 열에너지를 방출한다. 즉 고온일수록 짧은 파장대를 지닌 전자기파가 방출된다. 적색은 600℃,* 오렌지색은 800℃, 노랑색은 1000℃, 흰색은 1300℃를 나타낸다. 열복사를 방출하는 대상이 더 높은 온도가 되면 적외선, 가시광선을 넘어서 자외선, x-선 등이 방출된다.

그러나 특이하게도 자외선에서 x-선으로 열복사에 의한 파장 감소는 전자기파 세기의 증가가 없이 오히려 감소하는 경향을 보이게 된다. 이는 양자역학의 중요한 시발점이 되어 기존의 고전물리학을 뒤엎는 흑체복사(black-body

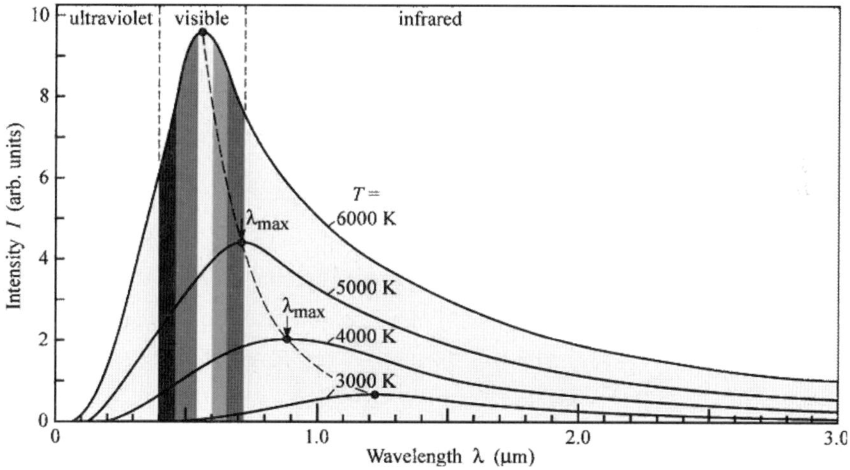

물체 온도에 따른 열복사(전자기파)

radiation) 문제를 야기 시킨다.

이온성 금속 용액을 태웠을 때도 성분에 따라서 고유의 색깔, 즉 가시광선 영역의 전자기파를 방출한다. 이는 불꽃반응 실험이라고 하며, 휘선 스펙트럼이 발생하는 원인과 동일하다. 폭죽이 터질 때 다양한 빛깔을 보이는 것도 고온의 물질에 포함된 원자가 그 종류에 따라 여기된 전자의 원자궤도 정도의 차이로 다양한 전자기파를 방출하게 되는 것이다.

백색광의 전자기파를 발생하는 형광등*의 발광 원리도 전자의 여기과정에서 발생되는 에너지의 방출이라고 할 수 있다. 전극에서 제공된 전자는 형광등 내 수은원자를 자극시켜 수은 원자내 전자를 들뜬상태(excitation state)로 만들고 자외선을 방출한다. 방출된 자외선은 형광등 유리에 코팅된 형광 도료를 자극하여 백색광을 만들게 된다.** 수은 원자내 전자는 자외선을 방출함과 동시에 일부 열손실이 발생하여 형광등을 뜨겁게 만든다. 이와 같은 과정을 통해 흡수한 전자기파보다 낮은 에너지의 전자기파를 방출하는 현상을 일으킨다.

---

* 섭씨, 화씨의 온도에서 씨가 영어 'C'가 아니라 한자의 '氏'라는 사실을 얼마나 알고 있을까. 화씨(華氏)는 패런하이트(Gabriel Fahrenheit, 1686~1736)의 중국어 음역인 화륜해특(華倫海特)에서 왔고, 섭씨(攝氏)는 셀시우스(Anders Celcius, 1701~1744)의 음역인 섭이수사(攝爾修斯)에서 왔다.

* 백열(incandescent)등은 진공의 유리구 안에 들어있는 가는 금속선에 전기 저항이 가해져서 열과 빛을 발생하는 것으로 온도복사라는 물리현상을 이용한다. 금속 중에서 가장 높은 녹는점(3400℃)을 보이는 텅스텐이 사용된다. 방전(electric discharge)등은 두 개의 금속 전극사이 전위차를 이용하여 전자의 방전 현상을 유발한다. 방전을 형광 물질에 조사하여 그 형광을 이용하는 각종 형광등도 방전등의 한 종류이다.

* 전원이 꺼진 형광등 주변에 자외선 램프를 켜서 가까이 가져가면 형광등에 불이 들어오는 것을 관찰할 수 있다. 이 또한 형광등 내부에서 발생한 자외선 효과와 동일하다.

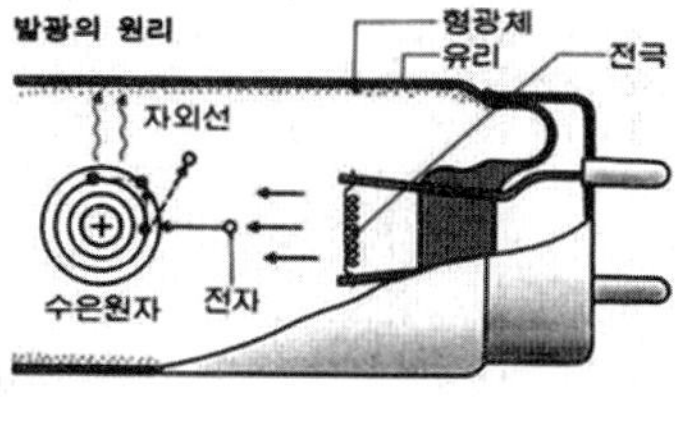

형광등의 발광원리

오로라 또한 태양풍의 입자(전자)가 지구자기에 의해 극지방으로 이동하는 과정에서 대기중 기체(산소, 질소 등)와 충돌하는 과정에서 발광하는 현상이다. X-선 이상은 산소와 질소에 의해 흡수되며, UV는 오존에 의해 흡수된다. 가시광선은 투과하나 적외선(IR, infrared)은 물이나 이산화탄소에 의해 흡수 또는 산란된다. 반면 IR보다 큰 파장을 지닌 전파는 60~500 km 상공의 전리층에서 일부는 반사하고 일부는 투과하면서 오로라* 를 형성한다. 오로라의 색이 주로 빨강, 초록을 보이는 것은 산소와 충돌 했을 때 발생하고, 질소와 충돌시에는 분홍색의 오로라가 형성된다.

* 극지방에서 발생한다고 알려져 있지만, 실제로는 위도 60~80도 지역에서 넓게 나타나고 이를 오로라대(aurora oval)라고 한다.

등장인물 살펴보기

갈릴레오 갈릴레이(Galileo Galilei, 1564~1642)

이탈리아 출신의 철학자, 물리학자, 천문학자이다. 그는 과학 혁명의 주도자로서 추앙받고 있다. 망원경 개량, 운동법칙 확립 등의 업적이 있으며, 코페르니쿠스 이론을 옹호하여 태양계의 중심이 지구가 아닌 태양임을 믿었다. 그의 신조는 교황청을 비롯한 종교계와 대립되었다.

올레 뢰메르(Ole Rømer, 1644~1710)

덴마크의 천문학자이다. 목성 위성의 식을 관측하여 광속도의 유한성과 광속이 음속의 60만배 정도라는 수치를 처음으로 계산하였다. 파리에 유학하며, 관상대의 관측원으로 있으면서 천체의 위치측정에 종사하였다. 자오환과 적도의를 발명하였으며, 코펜하겐 시장을 역임하였다.

장 푸코(Jean Foucault, 1819~1868)

프랑스의 물리학자이다. 공기속과 물속에서의 광속 측정 방법을 고안하여 공기속의 광속이 더 빠르다는 결과를 얻어 빛의 파동설을 뒷받침하게 되었다. 1851년에는 푸코의 진자를 고안하여 지구의 자전을 실험적으로 증명하였고, 1852년에는 자이로스코프를 발명하였다.

한스 외르세테드(Hans Oersted, 1777~1851)

덴마크의 물리학자, 화학자이다. 전류가 흐르는 전선주변에 자침을 두면 자침의 방향이 도선과 수직을 이루는 현상으로부터 전기와 자기 사이의 관계를 찾아냈다. 전기에 의한 자기의 발견은 학생들에게 강의를 준비하는 중에 발견하였다.

마이클 패러데이(Michael Faraday, 1791~1867)

영국의 물리학자, 화학자이다. 전자기학과 전기화학 분야에 큰 기여를 하였다. 그는 직류 전류를 퍼뜨리는 도체의 자기장에 대해 연구하였다. 전자기유도 뿐 아니라 반자성 현상과 전기 분해를 발견했다. 또한 벤젠과 부틸렌을 발견하였으며, 벤졸을 분리하는 등 화학자로도 활동하였다.

알레산드로 볼타(Alessandro Volta, 1745~1827)

이탈리아의 물리학자이다. 처음에는 문학에 깊은 관심이 있었으나, 18세기경부터 정전기학을 연구했다. 1799년에 구리와 아연판을 가지고 볼타 전지를 개발하였다. 이 발명은 안정적인 전류를 발생하게 해준 최초의 전지였다. 1801년 나폴레옹 앞에서 전기실험을 했고, 훈장과 백작 호칭도 받았다.

샤를 드 쿨롱(Charles de Coulomb, 1736~1806)

프랑스의 물리학자이다. 정전기력의 크기를 나타낸 쿨롱의 법칙을 발견하였으며, 전하량의 크기를 나타내는 쿨롱(C)은 그의 이름을 딴 것이다. 또한 금속선의 탄성과 비틀림을 연구하던 중 정밀한 비틀림 저울을 고안하여, 전하 사이의 인력 및 척력을 측정하였다.

빌헬름 베버(Wilhelm Weber, 1804~1891)

독일의 물리학자이다. 전자기학의 개척자 중 한 사람이다. 산재되어 있던 전자기현상에 관한 여러 법칙을 통일하고 기초방정식의 확립 하였다. 이를 통해 원격작용에 입각한 역학적 관점에서 '베버의 법칙'을 도출하였다. 자기력선속의 단위 명칭인 웨버(Wb)는 그의 이름을 딴 것이다. 또한 최초로 중력파 관측을 시도했다.

마리 퀴리(Maria Curie, 1867~1934)

폴란드의 화학자이다. 여성최초의 노벨상 수상자로서, 방사능(라듐) 분야의 연구로 1903년 남편 피에르 퀴리와 공동으로 노벨 물리학상을 수상하였다. 또한 1911년 노벨 화학상을 수상하였다. 그녀의 공적을 기리기 위해 방사능 단위에 퀴리라는 이름을 쓰며, 화학원소 ^{96}Cm도 있다.

루이스 닐(Louis Né디, 1904~2000)

프랑스의 물리학자이다. 고체의 자기 특성에 관한 선구적인 연구로 1970년에 노벨 물리학상을 수상하였다. 그의 연구는 컴퓨터 메모리 장치의 성능 개선에 활용되었고, 퀴리 온도와 상반되는 반강자성 물질의 자성을 잃어버리는 닐 온도를 발견하였다.

월터 마이스너(Walther Meissner, 1882~1974)

독일의 물리학자이다. 플랑크에게 박사를 받았으며, 액화 헬륨화 장치를 만들었고, 1933년에 마이스너 효과라는 초전도체에서 발생하는 현상을 발견했다. 1934년 뮌헨 공대 교수가 되었다. 현재는 저온 물리를 연구하는 월터 마이스너 연구소가 그의 뒤를 잇고 있다.

헨드릭 로렌츠(Hendrik Lerentz, 1853~1928)

독일의 물리학자이다. 제만효과를 이론적으로 증명하여 제만과 함께 노벨 물리학상을 받았다. 또한 양자역학의 변환공식(transformation)을 유도하기도 하였다. 제만효과에 관한 이론적 증명은 로렌츠 힘을 이용한 것으로 그의 이름을 따서 로렌츠 공식이라고 불리운다.

앙드레 마리 앙페르(Andr-Marie Ampere, 1775~1836)

프랑스의 물리학자이다. 12세에 이미 수학에 정통한 천재였으며, 체계적이지는 않지만 번득이는 영감에 의존한 연구를 많이 진행하였다. 외르스테드의 발견을 전해듣고 전기와 자기 사이의 관계를 확립하기 시작한 뒤 1주만에 새로운 현상에 대한 이론을 정립하여 발표하였다.

존 플레밍(John Fleming, 1849-1945)

영국의 전기공학자이다. 전자기학 연구에서 전류, 자기장, 도체 운동의 3방향에 관한 법칙(플레밍의 법칙)으로 유명하다. 1883년 에디슨이 우연히 발견한 에디슨 효과에서 힌트를 얻어 '진동 밸브'라고 하는 2극 진공관을 발명하였다. 에디슨 전등회사와 마르코니 무선전신회사의 고문직을 맡았었다.

알렉산더 플레밍(Alexander Fleming, 1881~1955)

영국의 미생물학자이다. 1922년 1차 세계대전 중 군의 관으로 있으면서 세균을 죽이는 리소자임을 발견했다. 1928년 포도상구균 배양기에 발생한 푸른곰팡이 주위의 무균 상태라는 사실을 확인하고 더욱 연구하여 페니실린의 발견하였다. 이 업적으로 노벨생리 · 의학상을 수상하였다.

하인리히 헤르츠(Heinrich Hertz, 1857~1894)

독일의 물리학자이다. 주파수의 단위인 헤르츠(Hz)는 그의 전자기파 존재 실험을 기리며 붙인 용어이다. 그의 업적은 무선통신을 발명하게 되는 기초가 되며, 아인슈타인이 설명하게 되는 광전효과를 처음 발견한 사람이기도 하다.

가브리엘 패런하이트(Gabriel Fahrenheit, 1686~1736)

독일의 물리학자이다. 초초의 실용적이고 정밀성을 갖춘 온도계를 만들었다. 처음에는 알코올을 사용했고, 1720년에 수은 온도계를 제작하였다. 소금물의 어느점을 0℉(−17.8℃), 얼음의 녹는점을 32℉, 인간의 체온을 96℉(35.6℃)로 설정하여 화씨 온도의 기준을 잡았다. 과냉각 현상도 최초로 관찰했다.

앤더스 셀시우스(Anders Celsius, 1701~1744)

스웨덴의 천문학자, 물리학자이다. 오로라 관측에 많은 시간을 보냈으며, 물의 어느점과 끓는점 사이를 100℃로 나누는 섭씨 온도 눈금을 제창했다. 초기에는 물의 어느점을 100℃로 끓는점을 0℃로 하였는데, 이는 음의 수가 싫어서 그랬다고 한다. 사후에 현재와 같이 바뀌었다.

CHAPTER

04

파동성 입증

진리는 혼동에서 보다는 과실로부터 더 쉽게 나타난다. • 프란시스 베이컨

파동이란

파동은 시간과 공간으로 주어지는 한 점에서 정의되는 물리량 f(t,x)가 주기적으로 변하면서 공간상으로 전파되는 것을 말한다. 그 예로는 지진파, 수면파, 음파 등이 있으며 모두 매질을 필요로 한다. 즉 지각, 물, 공기 등을 매질로 하여 퍼지는 파동은 해당 분자들을 진동시켜 원거리 전파를 가능하게 한다. 북이나 현의 진동을 통해 발생되는 음파는 해당 물리량인 기체의 압력이 변하는 것이고, 평형위치에 대한 수면의 높낮이 변위는 수면파가 된다. 진공중에서 기체분자가 없기 때문에 소리가 전달되지 않는 이유도 매질을 필요로 하기 때문이다.*

물방울로 인한 수면파의 형성

파의 진행방향과 진동방향이 평행할 때는 종파(음파, 지진파의 P파), 수직일 때는 횡파(현의 진동, 수면파, 지진파의 S파, 전자기파)로 정의한다. 종파는 매질 입자 간격이 빽빽한 부분과 성긴 부분이 나타나면서 전파되기에 소밀파라고 하며, 횡파**는 매질 입자의 높낮이가 변화로 전파되므로 고저파라고도 한다. 종파(P파)는 횡파(S파)보

* 우주영화를 보면 우주선이 폭발하면서 엄청나게 큰 소리가 난다. 우주내 기체 성분이 극히 적기 때문에 폭발과 함께 나는 소리는 모두 거짓이라고 할 수 있다.

* 수면파가 일고 있는 호수위에 떠 있는 배가 제자리에서 그저 오르락내리락 하게 보이는 이유도 파의 진행방향과 진동방향이 수직인 횡파의 특성에 기인한다.

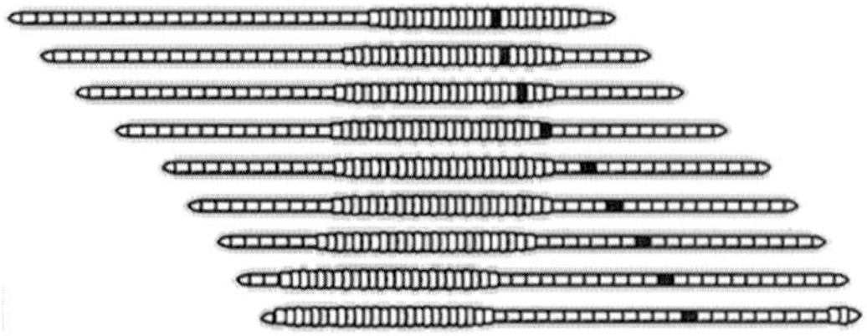

지렁이의 움직임에서 관찰되는 파동 특성

다 이동거리가 짧으며 지진이 났을 때 지표면을 더 작게 흔들게 되므로 피해 정도는 횡파가 더 심하게 된다.

지렁이가 기어가는 모양에서도 일정한 패턴을 확인할 수 있으며, 지렁이의 몸을 압축했다가 펼치는 과정에서 펄스가 작용한다. 이 또한 매질인 몸체를 이용한 파동 패턴을 가진 움직임이라고 할 수 있다.

그렇다면 빛은 파동인지를 생각해 볼 필요가 있다. 전자기파라는 관점에서 빛도 파동이라고 할 수 있겠으나, 진공에서도 빛이 전파된다. 이는 매질을 필요로 한다는 파동의 전파 원리에 위배되므로 파동이라고 하기에도 현재까지는 명확하지가 않다. 일단 파동의 일반적인 특성을 살펴보고 전자기파의 일종인 빛을 파동으로 간주할 수 있는지 파악하고자 한다.

파동의 중첩

파동은 매질의 진동 방향으로는 진폭(A)과 파동의 진행 방향의 1주기인 파장(λ)의 특성 값으로 표현하며, 양의 최대 진폭을 마루, 음의 최저 진폭을 골이라고 표현한다.

2차원 파동인 수면파는 호수에 돌을 던졌을 때 발생하는 구면파와 그 원형파가 멀리 퍼져 나갔을 때 마루나 골의 모양이 직선이 되는 평면파로 구분할 수 있다. 구면파는 중심에서 멀어질수록 파의 높이가 줄어들고, 시간이 지나면 물의 마찰로 인한 에너지의 발산으로 다시 고요한 호수의 모습으로 되돌아간다. 평면파의 단면은 1차원 파동인 줄(string)의 파동과 동일한 형상을 지닌다. 음파는 사방으로 퍼지는 3차원 파동이라고 할 수 있다.

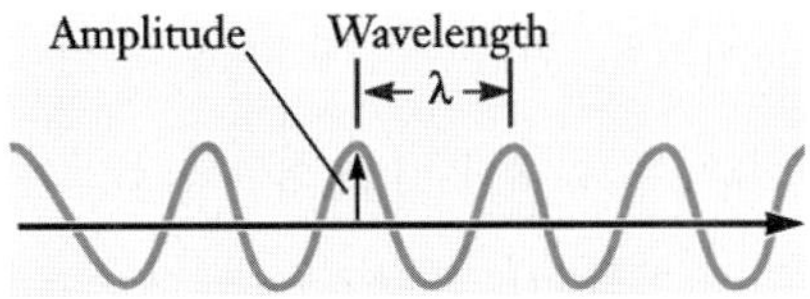

파동의 일반적인 개형

사방으로 소리가 전파될 때, 만약 파원이 움직이거나 관찰자가 움직인다면 진동수와 파장이 바뀌는 도플러(Christian Doppler, 1803~1853) 효과가 발생한다. 소리와 같이 매개체를 통해 움직이는 파동에서는 관찰자와 파동원의 매개체에 대한 상대속도에 따라 효과가 변한다. 빛이나 특수 상대성이론에서의 중력과 같이 매개체가 필요 없는 파동은 관찰자와 파동원의 상대속도만이 도플러 효과를 작용한다.

예를 들자면, 멈춰있는 기차가 내는 소음은 일정하지만 빠르게 움직이는 기차의 소음은 앞쪽에 있는 관찰자에게 보다 크고(higher pitch) 강하게(shorter wavelength) 들리게 된다. 초음속 비행기나 발사체에 의해 발생되는 충격파(sonic boom)인 폭발음도 도플러 효과로서, 소리의 전파속도보다 비행체의 속도가 빠른 순간인 마하(Mach 1)을 넘어설 때 이러한 현상이 발생한다. 박쥐가 사냥감을 찾는 것이나 주행속도계로 차에서 반사되어 나오는 빛의 주파수를 측정하여 차량의 속도를 측정하는 것도 도플러 효과를 이용한 것이다. 우리 은하가 팽창하는 것도 이 효과를 이용하여 설명된다.

파동의 전파과정과 다른 파동과의 중첩, 파의 진행에 따른 장애물 등으로 인해 회절(에돌이), 간섭 또는 맥놀이(beat) 등과 같은 물리적인 현상을 만들어 낸다. 수면파가 진행하다가 장애물을 만나면 수편파의 가장자리 파면이 휘게 되는데 이를 회절(diffraction)이라고 한다. 아파트에서 옆집 사람의 이야기를 들을 수 있는 이유도 음파가 벽의 좁은 틈을 통해 퍼져 나와 전달되는 회절현상으로 설명된다.

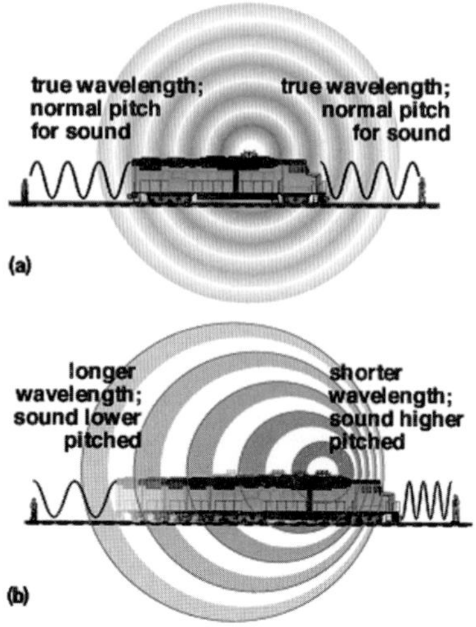

고정체 (a)와 이동체 (b)의 도플러 효과

파장이 짧은 극초단파를 사용하는 TV는 회절이 잘 안되어 건물에 가리면 수신 상태가 나빠지는 반면, 파장이 긴 중파인 라디오파는 원거리 수신이 우수하다. 회절은 음파에서만 볼 수 있는 것이 아니라, 좁은 틈을 지나는 수면파에서도 관찰할 수 있다. 홀로그래피식의 입체영상 디스플레이도 빛의 회절과 간섭 현상을 이용한 것이다. 입자상 물질내의 격자 간격 또는 결정성 확인시에 XRD라는 장비를 이용하는데, x-선의 회절현상을 이용한다. CD에 새겨진 수많은 홈이 회절격자(diffraction grating)와 같은 역할을 하여 무지개 빛깔이 나타나는 것도 회절현상이다. 또한 그림자의 분명한 경계선을 어디라고 얘기할 수 없는 것도 빛의 회절현상 때문이다.

파동의 중첩(superposition)은 두 개의 파동이 만나게 되면 겹쳐지는 지점에서는 두 파가 혼합하여 서로 교란되는 듯이 보이지만, 그 지점을 통과하게 되면 원래의 모습을 그대로 유지하면서 진행 방향으로 나아가게 되는 현상에서 비롯된다. 방파제에 부딪혀서 반사되어 나오는 파도와 방파제로 다가가는 파도는 서로 빠져나가고 원래의 파형을 유지하는 것도 이러한 중첩의 원리이다. 즉 파동이 만족하는 파동방정식의 물리적인 해가 무수히 많은데 이의 적절한 조합도 해가 된다는 중첩의 원리가 성립된다.

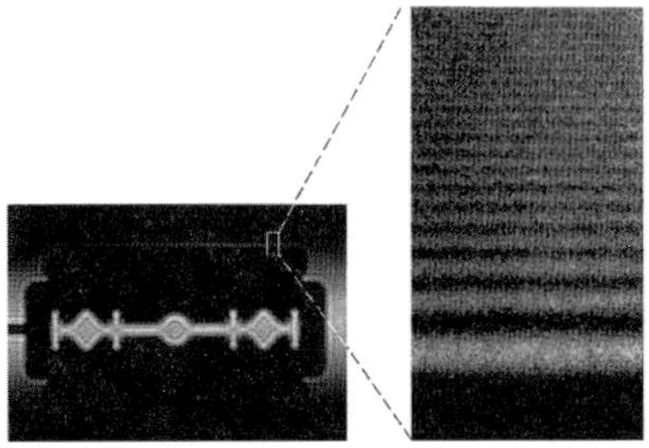

영상 이미지의 회절현상

중첩을 통해서 파동의 보강과 상쇄가 일어나고 이는 곧 보강/상쇄 간섭(constructive/destructive interference)을 일으킨다. 위상이 같은 두 파동이 만나면 진폭은 두 파동의 진폭의 합이 되며(보강 간섭), 위상이 반대이면 진폭은 두 파동의 차(상쇄간섭)가 된다. 중첩의 결과는 파동의 에너지가 변하는 것처럼 보일 뿐, 각 파동의 에너지는 그대로 유지된다. 즉 파동의 중첩은 곧 파동의 독립성을 보장한다.

그러나 파동의 진폭이 너무 커지면, 즉 스프링을 너무 잡아 늘이면 탄성을 잃어버리고 후크(Robert Hookes, 1635~1703)의 법칙(F=kx)을 만족시키지

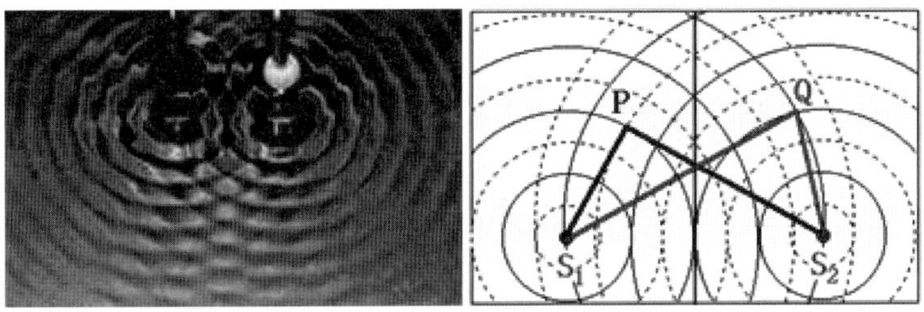

두개의 수면파의 중첩으로 인한 보강/상쇄 간섭

못하게 되는 상태에서는, 매질의 본성이 변하기 때문에 중첩의 선형성을 잃어버린다.

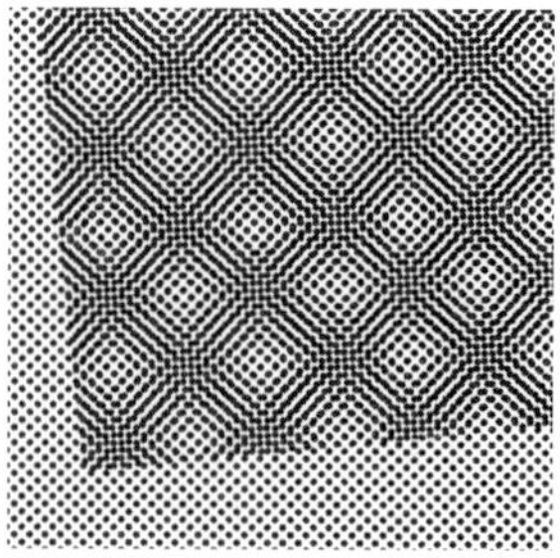

모아레 패턴의 예

잔잔한 호수에 돌멩이 두 개를 던졌을 때 발생되는 두 개의 수면파의 중첩과정에서 보강과 상쇄 간섭을 쉽게 관찰할 수 있다. 두 파원의 경로차가 짝수배일 때는 보강 간섭(마루-마루, 골-골)이 발생하고 홀수배이면 상쇄간섭(마루-골)이 일어나서 파면의 밝고 어두움의 차이가 발생한다. 즉, 그림에서처럼 $|S_1Q-S_2Q|=(2m)\lambda/2$이면 보강이며, $|S_1P-S_2P|=(2m+1)\lambda/2$이면 상쇄 간섭이 된다. 진폭이 같은 두 파동이라면 진폭이 2배(세기는 4배)가 되는 완전보강간섭이나, 파동이 중첩되는 순간 사라지는 완전상쇄간섭도 발생한다.

파동의 간섭은 모아레(Moiré, 동프랑스 Rhône 지역의 마을 이름) 패턴과 같은 특이한 현상도 만들어 낸다. TV에서 줄무늬 셔츠를 입은 사람의 모습을 관찰할 때 간섭된 무지개 같은 선이 생기는 현상도 바로 간섭 때문이다. 문양이 새겨진 두 개의 투명 OHP 필름을 겹쳤을 때 이러한 현상을 쉽게 관찰할 수 있다. 모아레 패턴은 물체의 굴곡 등을 3차원 이미지화 시킬 때 사용할 수 있다.

파동의 중첩으로 인해 나타나는 또 다른 현상은 서로 엇비슷한 진동수의 소리가 겹쳐서 들릴 때, 주기적으로 소리가 커졌다 작아졌다하는 맥놀이 현상(beating)이다. 에밀레종을 타종할 때 그 소리가 멀리 나아갈 수 있는 것도 이러한 맥놀이 현상 때문이다. 또한 악기 조율시에도 이러한 맥놀이 현상을 이용한다. 앞에서 설명한 모아레 현상은 사실 시각적으로 표현된 맥놀이 현상이라고 할 수 있다.

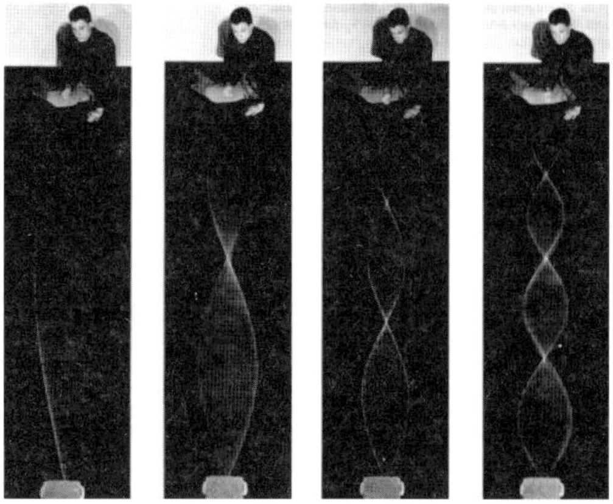

노드수 증가에 따른 정상파의 형태 변화

줄을 이용한 파동 형성시에는 정상파(standing wave)*가 발생하는 데, 줄을 따라 진행하던 파동이 벽에 부딪혀서 반사되어 나오는 과정에서 줄의 위치에 따라 진동하는 부분과 진동하지 않는 부분을 형성하게 된다. 이는 파장이 같은 두 파동이 중첩되어 공간에 머무르는 것 같은 현상을 보이게 된다.

서로 마주보고 다가오는 두 개의 파동이 동일한 진동수라면 [Asin(kx±ωt)], 두 파동의 중첩으로 발생되는 파동은 [2Asin(kx)][cos(ωt)]가 되어 진동수(ω)는 동일하되 진폭이 2Asin(kx)로 변하게 된다. 모래를 뿌린 판을 스피커위에 올려두고 특정 주파수를 맞추면 일정한 패턴이 나오는 원리도 정상파의 형성

---

* 정상파는 전자레인지(microwave)를 이용한 요리에도 적용된다. 전자레인지에서 발생한 마이크로파는 장치의 내부 벽에 반사되기 때문에 음파와 동일하게 정상파를 만든다. 이 과정에서 파동들의 중첩으로 보강과 상쇄가 발생하여, 온도 편차가 발생하게 된다. 이러한 정상파의 생성을 막기 위해서 유리로 된 요리판을 회전시킨다. 전자레인지는 마이크로파가 밖으로 새어나오는 것을 방지하기 위해 전도성 플라스틱(금속 막이나 그물로 되어 있음)으로 창을 만들어 두었다.

에 기인한다.

북처럼 테두리에 의해 파동이 갇혀 있는 경우도 정상파를 형성하게 되고 이때는 특히 공명(resonance) 현상이 발생한다. 바닷가에서 소라를 귓가에 대고 있으면 어떤 소리가 들리는 것도 주변의 바람이 소리와 공명하여 나타나는 현상이다. 미국 워싱턴 주에서 발생하였던 현수교(1940년, Tacoma Narrows Bridge)의 파괴에서와 같이, 해당 물체가 지닌 고유진동수와 주변의 소리가 만들어낸 공명진동수의 결합은 물리적 파괴로 초래할 수 있다. 소프라노의 고성을 이용한 유리잔의 파괴 실험도 이러한 현상의 결과이다.

파동의 전파를 시간과 공간적 위치에 대하여 규정하고 이를 편미분 방정식으로 나타낸 것이 파동방정식(wave equation)이다. 기타와 같은 현의 진동에서는 파동방정식이 x축 방향만을 고려한 1차원 파동방정식으로 단순화되며, 이때 속도 v는 음속(300 m/s)이 된다. 파동의 모든 정보는 파동량의 공간과 시간의 함수로 완벽하게 기술되며, 파동함수의 차원은 함수가 표현하고자 하는 파동량의 물리적인 차원과 동일하다. 즉, 수면파나 현의 파동은 길이의 차원을 가지고, 음파는 음압파동으로 보면 압력, 소밀파동으로 보면 밀도, 변위파동으로 보면 길이의 차원을 갖는다.

단일슬릿의 회절

파동의 회절은 앞서도 살펴봤듯이 파동의 진행방향에 장애물을 만났을 때 파면이 휘어지는 현상을 말한다. 일정 파장의 수면파가 단일슬릿(single slit)을 이용한 회절에서는 슬릿을 빠져나간 파면은 무수히 많은 구면파를 형성하게 된다. 슬릿의 폭이 좁을수록, 파장이 클수록 회절의 세기는 커진다. 스피커의 경우 대체로 세로로 길게 생긴 이유도 좌우로 퍼지는 소리의 특성을 이용한 것으로, 좌우로는 회절이 잘 일어나도록 좁게 만들고 위아래로는 길게 만들어 회절이 잘 일어나지 않도록 한 것이다.

빛을 이용한 슬릿실험에서도 회절현상이 동일하게 발생된다는 점에서 빛을 파동으로 볼 수도 있다. 빛을 슬릿에 조사할 때, 빛의 파장이 슬릿의 크기 정도가 될 때 회절 현상이 두드러지게 나타난다.* 빛은 슬릿을 지나면서 수면파와 동일하게 회절이 나타나지만 무수히 많은 새로운 구면파가 서로 간섭하게 되어 명암이 있는 회절 무늬가 나타나게 된다. 나타난 회절 무늬의 간격이 넓을수록 회절이 잘 일어난 것으로 간주할 수 있으며, 슬릿과 스크린의 거리가 멀

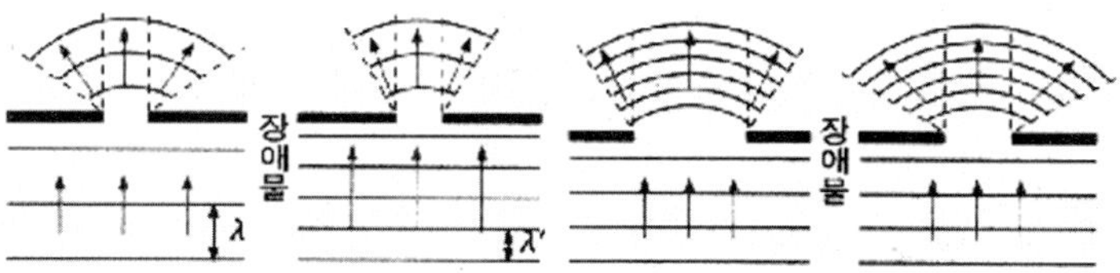

슬릿의 폭과 파장에 따른 회절 정도

---

* 유리면을 라이타 불로 달궈 검댕을 만들고 면도칼로 미세한 선을 그으면 슬릿을 만들 수 있다. 이 슬릿에 레이저를 비추면 회절 무늬를 얻을 수 있다. 적색광의 레이저는 녹

수록 빛의 강도가 셀수록 회절이 잘 나타난다.

그렇다면 빛 또한 파동이기에 회절을 하고 담장 너머의 사람에게 소리가 회절 되어 전달되듯이 빛도 담장을 넘어가야 하지 않을까 생각할 수 있다. 그러나 빛의 파장이 너무 짧기 때문에 회절이 잘 발생되지는 않는다.

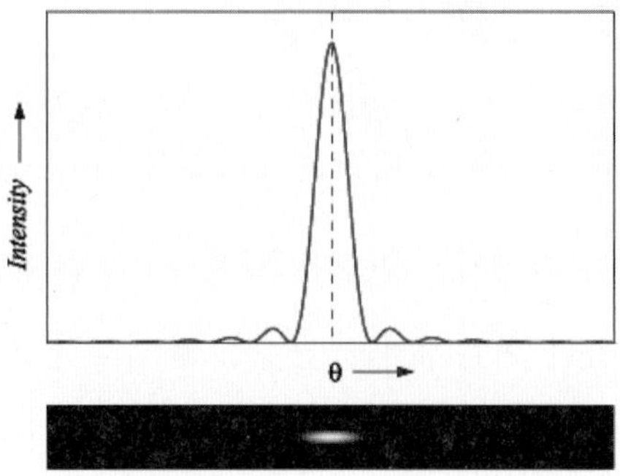

단일슬릿을 통과한 빛의 회절현상

단일슬릿에서의 프라운호퍼 회절 지점

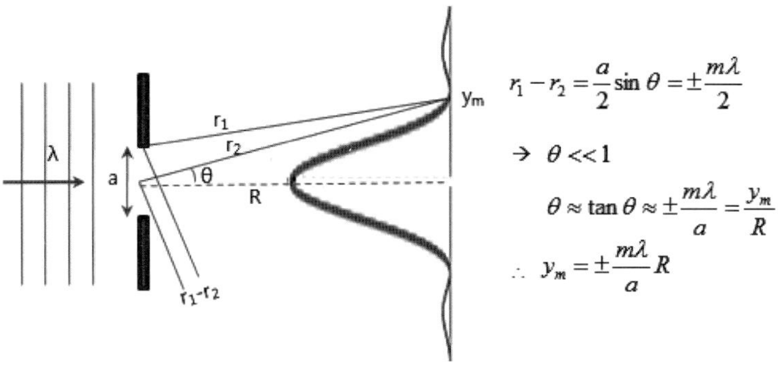

$$r_1 - r_2 = \frac{a}{2}\sin\theta = \pm\frac{m\lambda}{2}$$

$\rightarrow \theta << 1$

$$\theta \approx \tan\theta \approx \pm\frac{m\lambda}{a} = \frac{y_m}{R}$$

$$\therefore\ y_m = \pm\frac{m\lambda}{a}R$$

색광의 레이저보다 파장이 길기 때문에 회절이 더 잘 일어나고 더 넓게 퍼지게 된다. 또한 눈 가까이에서 두 손가락을 아주 가깝게 하여 직선 광원을 바라보면 손가락 사이에 줄무늬 형태의 회절선들이 나타나는 것도 단일슬릿 회절과 동일한 결과이다.

빛의 회절은 스크린과 슬릿간의 거리에 따라서 프라운호퍼(Fraunhoffer) 회절과 프레넬(Augustin Fresnel, 1788~1827) 회절로 구분된다. 프라운호퍼 회절은 원거리 회절로 스크린이 장애물로부터 충분히 떨어져 있는 경우로, 모든 광선을 평행광선으로 간주했을 때 발생하며 회절무늬는 거리에 상관없이 동일하게 된다. 반면 근거리에서 발생되는 프레넬 회절은 거리에 따라 회절무늬가 달라지는 특징이 있다.

단일슬릿에서 프라운호퍼 회절이 발생되는 조건은 다음과 같이 계산할 수 있다. 슬릿의 가장자리와 중심에서 진행하는 빛의 경로차(r_1-r_2)는 $(a/2)\sin\theta$가 되며 이때 소멸간섭이 발생하는 파장은 $\pm m(\lambda/2)$가 된다. 이때 θ가 보통 1보다 상당히 작기 때문에 결국, 어둡게 나오는 부분은 중심으로부터 $\pm mR(\lambda/a)$인 지점이 된다. 첫 번째 어두운 무늬가 나타나는 위치는 λ/a에 의해 슬릿 폭이 작을수록, 파장이 클수록 중심에서 멀어진다. 즉 밝은 무늬의 폭이 커진다.

호이겐스 원리

단일슬릿이나 회절격자를 통과하는 빛이 스크린에 줄무늬를 형성하는 것을 호이겐스(Christiaan Huygens, 1629~1695)는 파면(wave front)상에서 발생되는 새로운 구면파의 간섭으로 해석하였다. 파면은 파동의 마루를 이어준 곡선 또는 곡면으로, 파면이 시간에 따라 그 다음 파면을 형성하는 원리를 이용하여 빛을 파동으로 보고 빛의 굴절 현상과 반사의 법칙을 호이겐스 원리로 설명하였다. 즉, 파면의 각 지점들이 구면파를 발생시키는 파원이 되고, 무수히

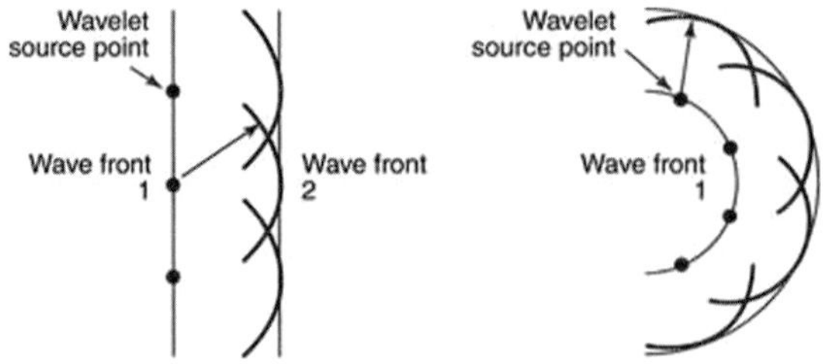

호이겐스 원리에 의한 평면파와 구면파의 전파

많은 구면파가 겹쳐서 만드는 그 포락선이 다음 파면을 형성한다는 것이다.

호이겐스의 작도법에 의하면 구면파의 반사와 평면파의 반사, 굴절 현상을 쉽게 이해할 수 있다. 구면파가 평면에서 반사할 때는 파원의 대칭점에서 나온 파와 같이 진행하게 된다. 평면파의 반사는 입사각(θ_1)의 파면 AA'의 한 끝 A'가 B'에 이르렀을 때 파면 BB'로 반사되는 것으로 설명되며, 이때 ⊿BAB'는 ⊿A'B'A와 동일하고 입사각과 반사각(θ_2) 또한 일치한다. 제2의 매질로 진행하는 파(굴절파)는 두 매질 내에서의 파의 속도가 달라지고 파면 BB'가 AA' 파면에 대해 평행하지 않고 일정 기울기를 지니게 되고, 이때 굴절로 인한 속도 차이를 $A'B'/AB=v_1/v_2=\sin\theta_1/\sin\theta_2$로 설명한다.

호이겐스 원리는 임의 모양의 파면에서 그 다음 파면이 어떻게 형성될지를 예측하는 좋은 방법이긴 하지만, 개별 점 파원에 대해서는 해석이 어렵다. 즉,

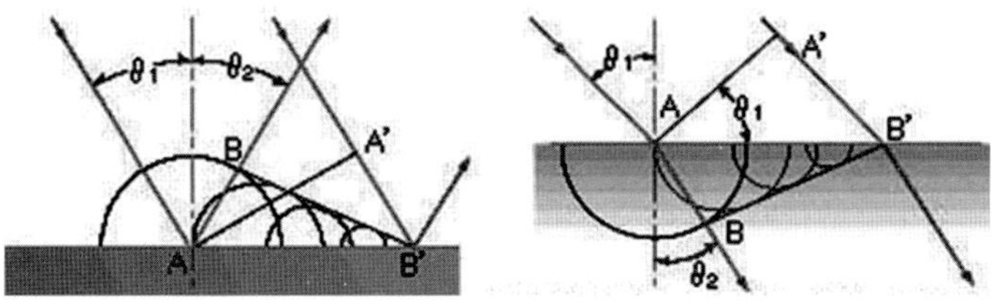

호이겐스 작도법에 의한 평면파의 반사와 굴절

개별 점 파원은 사방으로 동일한 세기의 파동을 만들므로 파면의 진행방향에 반대되는 방향의 파동도 생겨야 하나 파동의 진행방향의 반대로는 파면이 전파되지 않는다는 것이다.

수정된 호이겐스 원리에 의한 구면파 전파

프레넬과 키르히호프(Kirchhoff)는 호이겐스 원리를 보완하여, 호이겐스-프레넬-키르히호프 원리를 제안하여 파는 그 진행방향으로 가장 강한 파를 만든다는 결론을 내렸다. 이는 파면의 진행방향과 이루는 각도에 따라 파의 세기가 달라진다는 것으로, 파면이 형성하는 개별 점 파원은 구면파를 만들어 내기는 하지만 파의 진행방향으로 가장 강하고 반대 방향으로는 진폭이 0인 파동을 만든다는 것이다. 이때 전파되는 파동의 세기는 $(1+\cos\theta)/2$로 표현한다.

이중슬릿 실험

단일슬릿을 통과한 빛은 스크린의 가운데 부분(single Gaussian)에서 세기가 가장 크게 나오며, 이는 파동으로 해석하여 잘 설명할 수 있었다. 그러나 빛을 입자라고 생각한다면, 즉 총알을 단일슬릿에 통과 시키더라도 파동일 때와 유사한 결과가 나오게 된다. 즉 단일슬릿 실험으로는 빛이 파동이라고 하기에는 명확하지가 않았다.

이런 모호한 상황에서 영(Young)은 이중슬릿 실험을 통한 빛의 간섭현상을 증거로 하여 빛이 파동이라는 사실을 보다 확고히 하였다. 빛의 간섭현상은 입자성을 주장하던 뉴턴에 의해 원무늬(Newton's ring) 관찰에서 일찍이 발견되었다. 이후 맥스웰에 의해 빛은 전자기파이고 곧 빛이 파동이 된다는 것을 집대성하였다. 영의 실험을 거치고, 흑체복사 문제가 등장하기 전까지는 빛은 곧 파동이라는 것이 정설이 되었다.

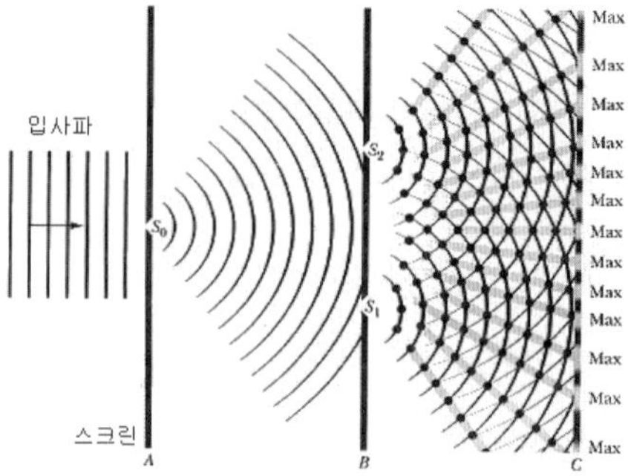

영의 이중슬릿 실험

이중슬릿에서의 간섭무늬 발생 해석

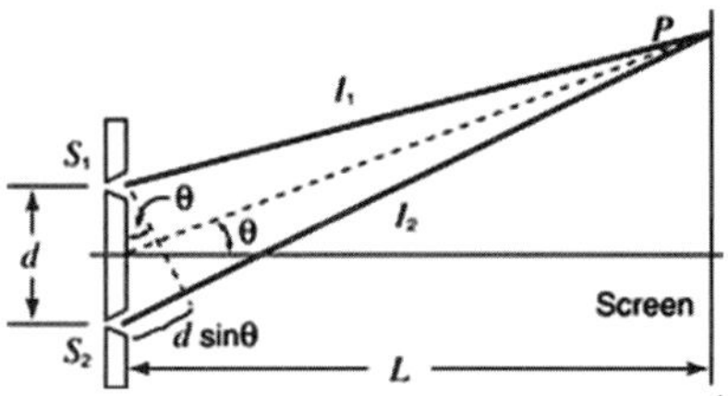

Constructive interference (max)

→ $d\sin\theta = n\lambda$

$y_{\max} = \dfrac{n\lambda D}{d}$

Destructive interference (min) → $d\sin\theta = \left(n+\dfrac{1}{2}\right)\lambda$ $y_{\max} = \dfrac{(n+1/2)\lambda D}{d}$

첫 번째 스크린의 작은 구멍에서 회절 된 빛이 두 번째 스크린의 이중슬릿을 동시에 통과하면서 또다시 회절 된 빛끼리 중첩하게 된다. 이때 보강간섭과 상쇄간섭이 발생하게 되어 밝고 어두운 띠 모양의 간섭무늬가 중심을 대칭으로 나타나게 된다. 이는 수면파를 이용한 결과와 일치하는 것으로 빛이 파동이라는 확실한 증거가 된다. 두 개의 구멍에서 회절된 빛은 경로차($l_1-l_2=d\sin\theta$)가 발생하게 되고 이 값이 파장의 정수배($n\lambda$)가 되면 보강간섭이 되어 밝은 무늬가 나타난다.

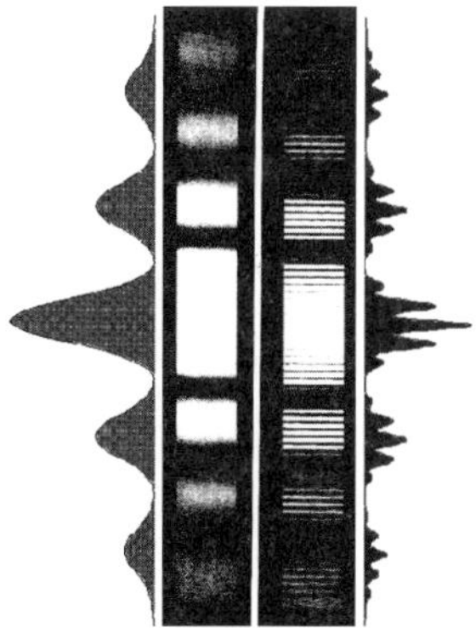

단일/다중슬릿 간섭 비교

광원의 파장이 작을수록 줄무늬가 더욱 선명하게 나타난다. 슬릿을 지나면서 빛은 더 이상 직진하지 않고 부분적으로 굴절하게 된다. 광자의 수직 방향으로의 속도는 0이지만, 슬릿을 통과한 후에는 0이 아니라 슬릿의 크기에 따라 꽤 큰 값이 될 수 있다.

단일슬릿을 통과한 빛에서는 형성된 개개의 띠 내부는 연속적인 형상을 보이지만 다중슬릿을 통과한 빛은 개개의 밝은 띠 내에 또 다른 무늬가 나타나는 것을 확인할 수 있다. 이는 슬릿의 개수가 증가할수록 늘어나지만, 간섭무늬의 큰 테두리는 단일슬릿을 통과한 가우시안 분포내에 배열된다. 이중슬릿에 서로 다른 광원을 노출 시킨다면, 두 광원의 파장차이에 따른 새로운 간섭이 발생하여 가우시안 분포는 중심에서 벗어나거나 아닌면 간섭이 발생되지 않을 수도 있다.

두 슬릿을 통과한 총알이라면 스크린에 맞은 총알의 분포는 단일슬릿을 통과한 총알의 단일분포의 단순합처럼 나타난다. 즉 스크린의 중앙이 아닌 슬릿 위치에서 밝은 띠가 나타나게 된다. 반면 파동은 중심에서 가장 밝은 띠가 나타난다. 이는 간섭의 존재여부를 나타내는 것으로 입자는 상호 간섭하지 않기

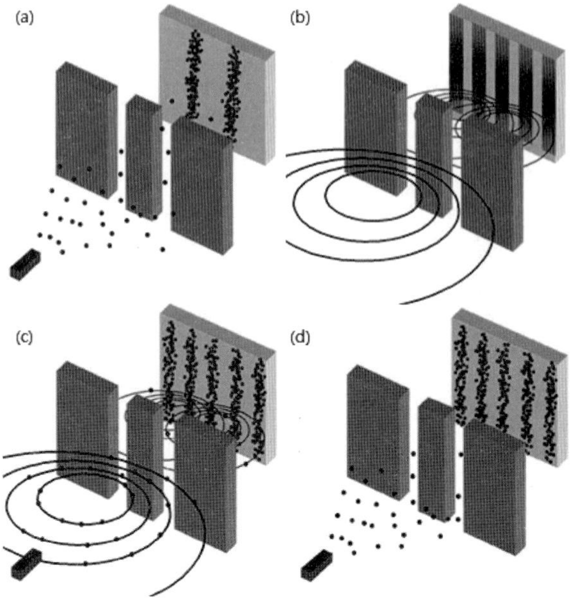

(a) 입자, (b) 파동, (c) 빛, (d) 전자를 이용한 이중슬릿실험

에 구멍을 가장 잘 통과할 수 있는 위치에서 입자의 분포가 많이 나타나는 것이다. 플러렌(fulleren, C_{60})*이라는 탄소로 이루어진 나노입자를 빠른 속도로 가속시켜 이중슬릿에 통과시키면 입자성이 사라지고 파동이 통과한 결과처럼 간섭무늬가 발생한다.

전자(electron)는 일반적으로 입자로 생각되지만, 이중슬릿 결과는 파동의

* 탄소원자가 축구공 모양처럼 5각형과 6각형으로 연결된 분자 구조를 지닌 물질을 말한다. 플러렌이라는 명칭은 이와 같은 모양의 돔을 설계한 미국의 건축가 풀러(Buckminster Fuller, 1894~1983)의 이름에서 유래한 것으로 버키 볼(Bucky ball)이라는 별칭도 있다. 이것 역시 그의 이름을 따온 것이다. 기름에 녹는 성질을 이용하여 정전기 제거, 잡음 필터로 사용된다.

슬릿결과와 동일하게 나타난다. 즉 입자라고 하더라도 충분히 빠른 속도로 이중슬릿을 통과하게 되면 파동과 같은 간섭현상이 나타난다는 것이다. 빛은 영의 실험에서 파동의 특성으로 명명되는 듯 했지만, 광자라는 관점에서 본다면 속도가 충분히 빠른 광자라는 입자가 발생시키는 파동일 수도 있는 것이다. 이는 곧 빛의 이중성(wave-particle duality)을 또다시 상기시킨다.

이중슬릿 결과에 대해 미국의 물리학자 파인만(Richard Feynman, 1918~1988)은 사고실험을 통해 해석하였다. 전자가 파동이기에 양쪽의 슬릿을 통과하여 간섭을 만드는 것 같아 보이지만, 파인만은 이를 쉽게 수긍하지 않았다. 사고실험에서 전자가 어느 슬릿을 통과하는지를 측정하기 위해 슬릿판자 뒷면에 관측기를 설치했다. 이 관측기는 빛을 방출하고 있고 전자가 통과하면 전자와 빛이 충돌하여 빛이 착란하고 그것으로 전자의 위치를 알 수 있다고 생각했다. 이 사고 실험으로 전자는 어느 쪽이건 한쪽의 슬릿밖에 통과하지 않을 것이라고 생각하였고, 간섭 무늬도 나타나지 않을 것이라고 생각했다. 전자가 어느 슬릿을 통과하는지 보려고 광자를 이용하는 순간(관측)에 전자파가 수축되기 때문에 파동의 성질을 잃어 간섭 무늬가 나타나지 않는다. 사고실험은 전자를 보고 있을 때는 간섭이 일어나지 않지만, 보고 있지 않으면 파동의 특성이 나타난다는 것이다.

등장인물 살펴보기

크리스티앙 도플러(Christian Doppler, 1803~1853)

오스트리아의 물리학자이다. 1842년 파동의 근원과 관측자의 상대운동이 가져오는 효과인 도플러 효과를 처음 지적하였다. 빛에 관해서도 도플러 현상이 발생하는데, 이를 이용해 우주 팽창 속도를 계산할 수 있다. 망원경, 광학거리계의 개량에도 일조하였다.

로버트 후쿠(Robert Hookes, 1635~1703)

영국의 화학자, 물리학자, 천문학자이다. 영국 왕립학회 회장을 역임했으며, 옥스퍼드대학 기하학과 교수를 지냈다. 그의 이름을 딴 탄성법칙으로 유명하며, 식물의 세포구조를 발견하여 현미경의 아버지로도 기억되고 있다. 연소와 호흡에 관하여 연소설을 주장하였다.

어거스틴 프레넬(Augustin Fresnel, 1788~1827)

프랑스의 물리학자이다. 수학적 해석을 활용하여 빛의 직진, 그림자의 존재, 빛의 반사, 굴절 등을 설명하여 빛의 파동설 확립에 기여하였다. 또한 1820년에는 편광 실험을 통해 빛이 횡파라는 결론을 내리기도 하였다. 광학쪽의 기여로 프레넬렌즈도 개발하였다.

크리스티앙 호이겐스(Christiaan Huygens, 1629~1695)

네덜란드의 물리학자, 천문학자이다. 빛의 파동설을 수립하는데 있어 호이겐스 원리를 확립하였다. 또한 토성의 고리를 발견하였고, 탄성체의 충돌문제, 진자운동을 연구하여 운동량-에너지 보존법칙을 전개하여 역학의 기초를 세우는 데 공헌하였다.

벅민스터 플러(Buckminster Fuller, 1894~1983)

미국의 건축가이다. 건축 디자인과 관련된 수많은 창작활동을 하였고, 특히 지오데식 돔(geodesic dome) 구조물을 건축한 것으로 유명하다. 탄소 분자인 C60이 이 구조물과 유사하여 그의 이름을 따서 플러렌이라고 명명하였다. 그는 2대 두뇌 집단인 멘사(Mensa)의 2대 회장(1974~1983)을 역임하였다.

리처드 파인만(Richard Feynman, 1918~1988)

미국의 물리학자이다. 양자전기역학(QED)의 재규격화로 1965년 노벨 물리학상을 받았다. 그는 기발한 사고와 행동으로 널리 알려져 있으며, 맨해튼 프로젝트*의 일원으로도 활동하였다. 파인만 도표를 고안하여 양자역학을 개념적으로 이해하기 쉽도록 하였다.

---

* 원자폭탄을 처음 만들었던 프로젝트로 역사상 첫 번째로 돈이 많이 들어갔다. 두 번째는 현재 진행 중인 국제우주정거장 건설 프로젝트이고, 세 번째는 핵융합반응을 이용한 인류의 에너지 문제를 해결하기 위한 국제핵융합 실험로(ITER, International Thermonuclear Experimental Reactor) 건설 프로젝트이다. 여기에는 우리나라도 참여하고 있다.

CHAPTER

05

CM 실패-흑체복사

자신이 그 이론을 이해한다면,
그 이론을 대중들에게 이해시킬 수 있어야 한다.

• 리차드 파인만

고전물리학의 실패

고전역학(CM, classical mechanics) 또는 고전물리학은 시대적으로 구분하면 19세기 말까지 발전되어온 물리학이라 하겠으나, 넓은 의미로는 일반적으로 변하지 않는 기본적인 진리를 담고 있는 물리학이라고 할 수 있다. 20세기 이전에는 뉴턴 역학, 맥스웰의 전자기학이면 모든 자연현상을 설명할 수 있을 것이라고 생각했다. 20세기 들어서면서 상대성 이론과 양자론이 등장하여, 고전물리학의 오류를 수정할 수 있게 되었다.

과학사로 볼 때, 양자역학 관점에서 고전물리학의 오류를 처음으로 논하게 된 계기는 전자기파의 열복사(thermal radiation) 현상에 관한 설명이 어렵다는 것이었다. 양자론이라는 새로운 화두를 꺼내게 된 것은 플랑크(Planck)의 등장으로 시작되었다.

열이 전달되는 방식은 물체간의 직접 접촉에 의한 전도(conduction), 공기를 매개로 한 대류(convection)와 같은 열진동이 있고, 열원에서 전자기파를 내보

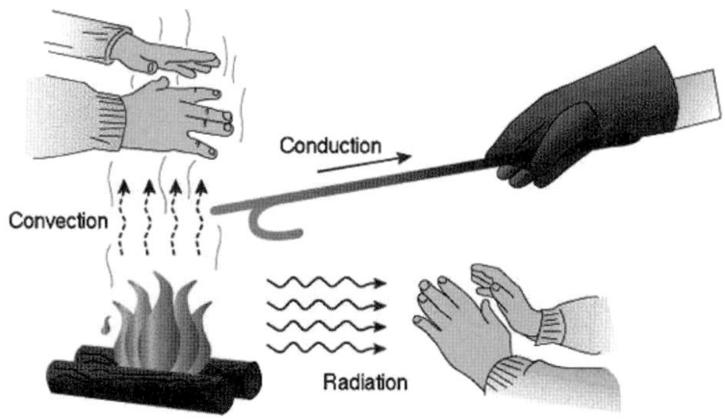

열의 전도, 대류, 복사 현상

내 대상체가 이를 흡수하는 복사 방식이 있다. 열복사는 매개물질이 없는 진공에서도 가능하며, 지구가 태양으로부터 열에너지를 얻는 것도 열복사의 대표적인 예이다. 어두운 밤에도 별을 관찰할 수 있는 것은 별이 방출하는 가시광영역의 전자기파를 인식하는 것이다. 우리의 눈이 적외선이나 자외선까지 볼 수 있는 능력이 있다면 가시광이 존재하지 않는 밤에도 온도차에 의한 형상화를 인식 할 수 있다는 것이다.

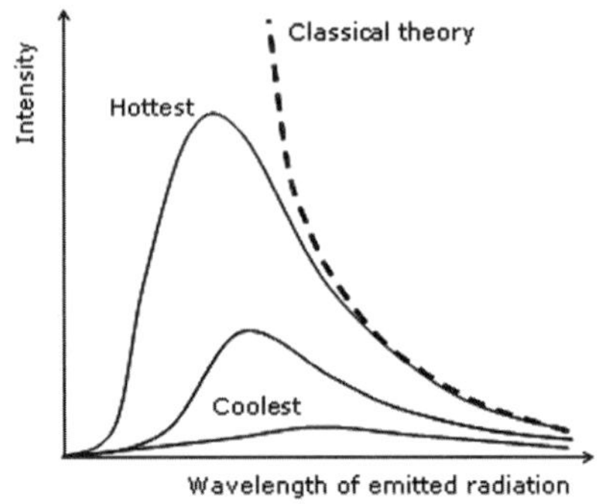

열복사 파장에 따른 강도

뜨겁게 달궈진 쇠가 붉게 빛나는 것도 가열된 물체에서 적색의 전자기파가 방출되기 때문이다. 즉 물체에서 방출되는 전자기파의 종류를 알면 대상체의 온도를 예측할 수 있게 된다. 붉은 빛은 비교적 저온이고, 물체가 고온이 됨에 따라 푸른빛을 띠게 된다. 즉 고온일수록 짧은 파장의 전자기파가 방출된다. 온도가 더 높아지면 가시광을 넘어서서 UV, x-선도 방출된다.

태양과 같은 고온(6000K)의 대상에서는 가시광이 주로 나타나며, 지구는 적외선이 열복사파로 형성된다. 우주는 2.7K*의 온도를 지니므로 배경 복사

---

* 1964년 미국 벨연구소의 펜지아스(Arno Penzias, 1933~)와 윌슨(Robert Wilson, 1936~)은 은하계로부터 방출되는 라디오파를 측정하였고, 모든 잡음을 제거하려고 노력해도 특정 길이의 파장이 하늘의 어느 방향, 시간, 계절에 무관하게 항상 측정된다는 것을 알게 되었다. 이때부터 우주의 모든 공간에 가득 차 있는 7.35 cm 정도의 전파를 우주배경복사라고 하며, 이는 2.7K의 온도를 지닌 물체에서 방출되는 열복사파의 세기 분포와 동일하다. 흑체복사 이론에 의하면 절대온도 0K 이상의 모든 물체는 온도에 따

파로는 전파(microwave)와 원적외선(far infrared)이 방출된다.

그렇다면 거꾸로 열복사로 x-선이 방출되는 물체를 바라보는 것이 인체에 아무런 영향을 안 줄 것인가라는 의문을 갖게 된다. 즉, 수십만도 이상의 물체에서 방출되는 x-선에 노출되는 순간 타 죽을지도 모른다는 것이다. 그러나 이러한 일은 실제로는 발생되지 않는다는 것을 고전물리학으로는 해석하기 어렵다. 빛을 파동만으로 본다면 당연히 파장이 짧을수록 물체에서 방출되는 전자기파의 에너지 밀도는 높아지지만, 실제 관측결과에서는 파장감소에 따라 에너지 밀도가 계속 증가하는 것이 아닌 것으로 나타났다. 따라서 다행스럽게도 태양을 맨눈으로 보더라도 우린 불타 죽지 않으며, 밤하늘의 별빛도 아름답게 감상할 수 있는 것이다.

이러한 전자기파 복사 현상을 빛의 파동성으로 설명하기 어렵듯이 이외에도 고체의 열용량(heat capacity), 광전효과(photoelectric effect), 수소의 휘선스펙트럼, 컴프턴 효과(Compton effect), 고체의 전자회절(electron diffraction)에 대해서도 파동설과 고전물리학으로 설명하기엔 오류가 많았다.

이에 에너지의 양자화(단위화)와 빛의 입자성을 이용하여 이러한 현상을 해석하려는 노력이 시작도었다.

른 특정 파장대를 방출한다. 따라서 해당 온도가 우주의 평균 온도가 된다. 태양과 같은 별은 극히 뜨겁지만, 별과 별 사이는 워낙 멀어서 평균적인 우주의 온도가 낮은 것이다. 라디오의 주파수를 맞출 때 지지직 거리는 스노우 노이즈(snow noise)가 발생한다. 그 소리의 1%는 바로 우주배경복사파이며, 이는 바로 빅뱅의 메아리고 할 수 있다. 그리고 빅뱅이후 우주가 점점 더 팽창하고 있기 때문에 우주의 온도는 점점 더 내려가게 될 것이다. 1989년 미항공우주국은 COBE 위성을 이용하여 우주배경복사가 2.735 K임을 확인하였다.

흑체복사

반지에 사용된 Pt black

물체의 색깔을 구별할 수 있는 것은 물체의 색깔에 해당하는 파장만 반사하고 나머지는 흡수하기 때문이다. 만일 물체가 빛을 계속 흡수하기만 한다면 물체의 에너지가 올라가서 뜨거워질 것이다. 따라서 동일한 온도를 유지하는 물체는 흡수한 빛만큼 복사파를 방출하게 된다.

흑체(black body)는 자신에게 입사되는 전자기파를 100% 흡수하고 반사율이 0인 가상의 물체이다. 달리 얘기하면, 단위 면적당 주어진 온도에 대하여 파장이 낼 수 있는 최대 에너지를 방사하는 이상적인 방사체이다. 모든 빛을 흡수한다는 가정에서 검은 물체라는 뜻의 이름을 붙였으며, 흑체의 개념은 키르히호프가 처음 사용하였다. 실제로는 완전한 흑체는 존재하지 않지만 백금흑(Pt black)과 같이 흑체와 비슷한 물체는 많다.

흑체의 벽과 열평형 상태에 있는 전자기파의 상태를 흑체복사 또는 공동복사(cavity radiation)이라고 한다. 흑체에서 나오는 복사는 벽의 물질, 공동의 모양, 크기에 무관하고 오직 온도만의 함수가 된다. 이를 키리히호프 복사 법칙이라고 한다. 따라서 흑체는 고온용 온도계의 눈금보정이나 복사의 법칙을 증명하는 데 이용한다.

복사를 투과시키지 않는 벽으로 둘러싸인 물체를 일정한 온도로 유지시키고 외부에서 오는 열복사를 완전히 흡수하는 흑체와 같은 상태를 만든 다음 작은 구멍(공동, cavity)을 만들어 두면, 외부에서 흡수한 열복사에 의해 수많은 전자기파가 발생하게 된다. 이때 방출되는 복사선을 측정하면 복사체의 온도를 알 수 있게 된다.

사실 흑체복사와 공동복사와는 동일한 것이 아니지만 거의 유사한 것으로 간주한다. 공동복사는 속이 넓은 물체의 입구 부분을 아주 작게 하여 일단 공동으로 들어간 빛은 다시 나올 가능성이 작아지게 되어 내부에서 빛이 모두 흡수된다고 가정한다. 이때 흑체가 지닌 100% 흡수와 같은 현상이 공동복사에서도 나타나기에 흑체복사와 동일하게 본다. 따라서 이 흑체를 가열하면 공동 속에서 가열 온도에 따라 해당하는 전자기파가 빛으로 나오게 되고, 이때 프리즘을 이용한 색분리를 하면 해당온도를 예측할 수 있게 된다.*

1886년 랭글리(Samuel Langley, 1834~1906)는 적외선의 강도를 잴 수 있는 볼로미터(bolometer)를 개발하여, 흑체 구리에서 발생하는 빛의 세기와 태양에서 발생하는 에너지를 비교하여 흑체 복사에 관한 정량적인 결과를 얻었다. 이 실험을 통해 적외선 영역의 정량적인 흑체복사 법칙을 발전시키는 데 기여하였다. 볼로미터는 복사를 받으면 온도가 높아지고 전기저항이 변하는 성질

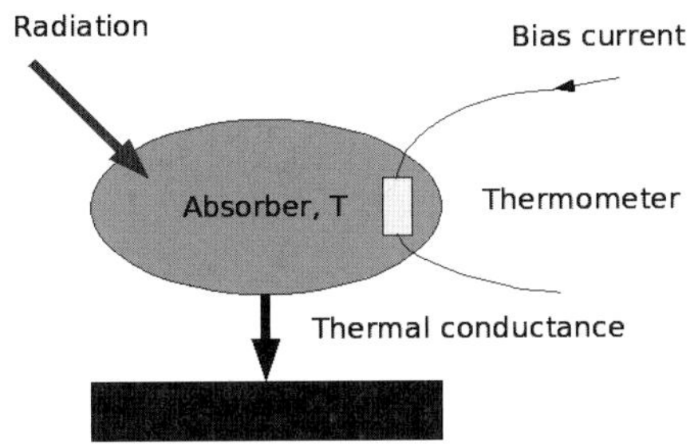

일반적인 볼로미터의 구성

* 18세기 후반의 도기 제조업자들은 가마 속의 온도를 공동복사시 발생되는 온도를 이용하여 가마 속의 온도를 짐작했다.

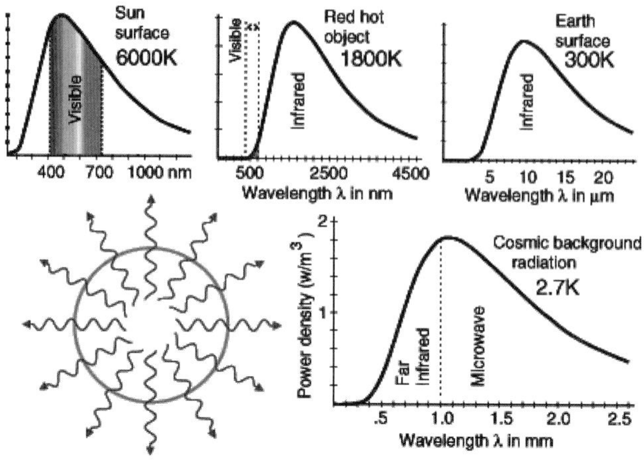

열복사 대상의 온도에 따른 다양한 복사파 형태

의 금속이나 반도체를 검출체로 하여 복사선의 측정에 쓰이는 저항온도계라고 할 수 있다.

뜨겁게 달궈진 물체가 빛을 방출하는 것을 연소로 인한 것으로 생각할 수도 있으나, 이는 연소가 일어나지 않는 물체(금속)를 달궜을 때도 동일한 현상이 나타나는 것으로 물체 자체가 발생하는 복사에너지임을 확인할 수 있다. 고온의 태양에서는 적외선, 가시광선, 자외선 등 다양한 파장의 전자기파가 복사된다. 반면 뜨겁게 달궈진 물체는 주로 붉은색의 근적외선(near infrared)을 복사하기에 붉게 보인다. 지구 표면은 가시광선의 열복사가 없기에 단지 흡수된 가시광을 반사할 뿐 열복사는 적외선 영역에서만 발생한다. 즉 온도가 올라가면 스펙트럼은 강해지며, 피크 파장은 짧아진다.

물체에 따라서 스펙트럼의 분포 차이는 있지만 그 물체의 파장에 대한 흡수율과 비례하게 빛을 발산한다. 또한 모든 물체가 가지고 있는 스펙트럼은 흡수율 100%인 흑체의 스펙트럼을 상한선으로 한다. 푸른 별은 7000K, 백색 별은 5300K, 붉은 별은 4000K 정도가 된다는 것도 흑체복사의 원리로 해석하였다.

물리학자들은 흑체복사의 결과를 고전물리학으로 해석하여 크게 3가지 법칙을 도출하였다. 스테판(Josef Stefan, 1835~1893)-볼츠만*(Ludwig Boltzmann, 1844~1906)의 법칙, 빈(Wihelm Wien, 1864~1928)의 변위법칙, 레일리-진(James Jeans, 1877~1946)의 법칙이다. 간략히 말하면, 스테판-볼츠만의 법칙은 복사되는 에너지가 온도의 4승에 비례한다는 것이고, 해당온도의 최대파장과 해당온도의 곱이 거의 일정하다는 것이 빈의 변위법칙이다. 레일리-진의 법칙으로는 상태밀도와 파동의 에너지의 곱이 복사에너지임을 나타낸다.

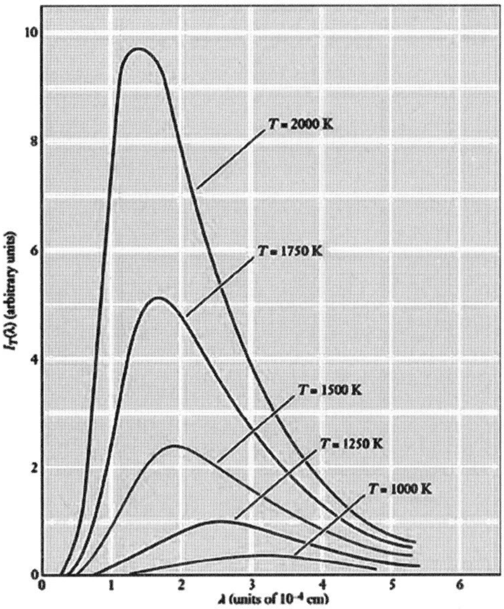

온도에 따른 흑체복사파의 강도 변화

---

* 열역학의 아버지로 불리는 볼츠만은 원자론을 주장하면서 수많은 학자들에게 비난과 멸시를 받았다고 한다. 이 때문인지는 확실치는 않지만, 1906년에 스스로 생을 마감했다.

스테판-볼츠만의 법칙

단위시간, 단위면적당 흑체가 복사하는 에너지는 절대온도 T^4에 비례한다. 스테판이 이론적으로 제안하고 볼츠만이 실험적으로 증명한 식이다. 적색이상(red hot object)의 온도를 지닌 흑체의 단위면적당 복사에너지는 $P/A=\varepsilon\sigma T^4$이 되고, σ는 스테판–볼츠만 상수인 5.6704×10^{-8} W/m^2K^4이다. 흑체와 비흑체의 복사 세기의 비인 복사율(ε, emissivity)은 흑체와 같은 완전복사체는 1이 되지만, 대부분의 물질(gray body)은 0과 1 사이의 값을 지닌다. 스테판은 그의 법칙을 이용하여 태양 표면의 온도를 결정하였다. 일반적으로 주변(T_c)으로 복사시에는 복사에너지 손실이 생기고 이를 반영하여, $P=\varepsilon\sigma(T^4 - T_c^4)$로 표현된다.

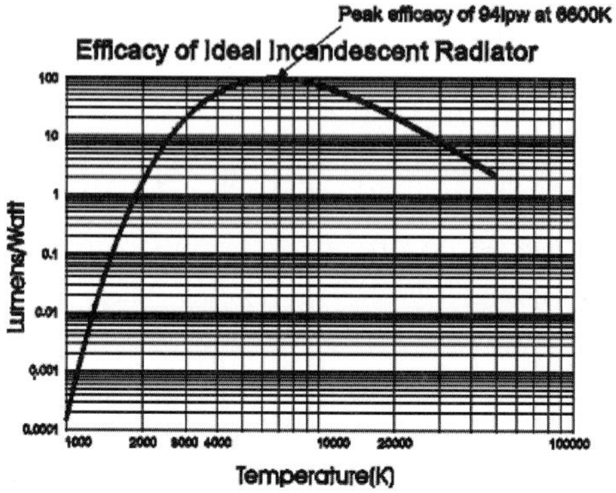

스테판–볼츠만의 법칙을 만족하는 이상 복사체의 온도에 따른 복사에너지

빈의 변위법칙

흑체복사에서 설명되는 빈의 변위(displacement)의 법칙은 해당온도의 최대파장(λ_{max})과 해당온도의 곱이 거의 일정하다는 것이다. 또는 최대파장은 그 흑체의 절대온도에 반비례한다. 즉 절대온도가 증가함에 따라 임의 물질에서

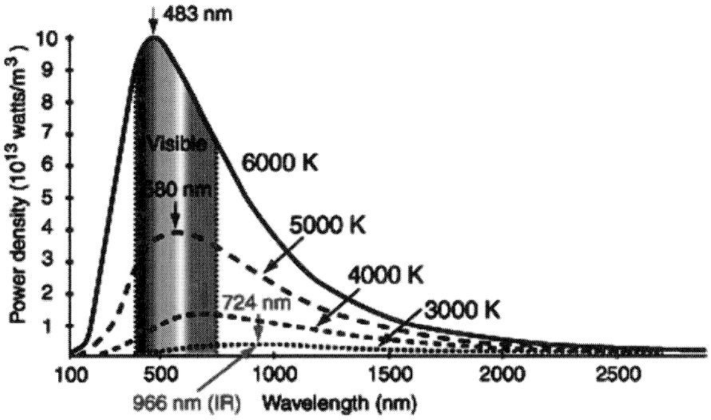

빈의 변위법칙에 따른 해당온도별 최대파장

방사되는 에너지의 최대값이 더 짧은 파장 대역으로 이동한다.

표면온도가 높은 태양의 복사 에너지 파장은 짧고 지구의 복사에너지는 길다. 이를 수식으로 나타내면 $\lambda_{max}T$는 상수가 되며, 그 값은 2.898×10^{-3} mK이다. 고온의 별 온도 측정시 용이하다. 임의의 별이 483 nm에서 최대피크를 보인다면, 변위법칙을 이용하여 6000K 정도의 온도를 지닌다는 것을 예측할 수 있다. 바로 태양의 스펙트럼과 같고 이를 이용하여 태양의 온도를 6000K 정도라고 말할 수 있게 된다.

상태밀도와 에너지균등 원리

흑체복사 모사를 위해 도입한 공동복사는 실험값을 설명하기 위해 공동내 파동 개념을 도입하게 된다. 즉 짧은 파장일수록 공동내 정상파가 다양하게 발생하고, 정상파의 발생빈도는 상태밀도(ρ, density of state)로 나타낸다. 이때

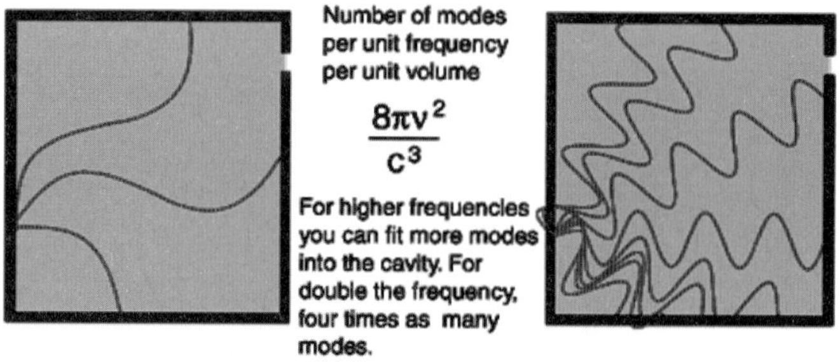

공동내 정상파의 파장길이에 따른 상태밀도의 차이

상태밀도는 파장이 짧을수록, 진동수가 길수록 공간내 존재하는 파동수(n_s, mode)는 증가하게 된다. 공간내 정상파의 모드 수는 3차원 파동방정식으로부터 유도할 수 있다.

3차원 파동방정식의 일반해를 통해 공동내 벽에서는 파동의 진폭이 0인 정상파만을 고려하려 모드값(n)을 구하면, $2L/\lambda$가 된다. 공동내 모드의 개수는 3차원 공간내에서 중심으로부터 거리를 n으로 보고, 3차원중 양의 영역(1/8)과 전자기파의 직교성을 고려한 2배를 곱하면 전체모드수(N)은 $8\pi L^3/3\lambda^3$이 된다. 이를 공동의 부피(L^3)와 단위파장으로 나누어 정의하면 상태밀도는 $\rho(\lambda)$인 $8\pi/\lambda^4$이 된다. 이를 진동수($\lambda=c/\nu$)로 바꾸면, $\rho(\nu)$로 표현되는 상태밀도는 $8\pi\nu^2/c^3$이 된다.

상태밀도 계산

3D wave function
$$\frac{\partial^2 E}{\partial x^2}+\frac{\partial^2 E}{\partial y^2}+\frac{\partial^2 E}{\partial z^2}=\frac{1}{c^2}\frac{\partial^2 E}{\partial t^2}$$

→ General solution
$$E=E_0\sin\frac{n_1\pi x}{L}\sin\frac{n_2\pi y}{L}\sin\frac{n_3\pi z}{L}\sin\frac{2\pi ct}{\lambda}$$

→ Mode in cavity
$$\left[\frac{n_1\pi}{L}\right]^2+\left[\frac{n_2\pi}{L}\right]^2+\left[\frac{n_3\pi}{L}\right]^2=\left[\frac{2\pi}{\lambda}\right]^2 \qquad n_1^2+n_2^2+n_3^2=\frac{4L^2}{\lambda^2}$$

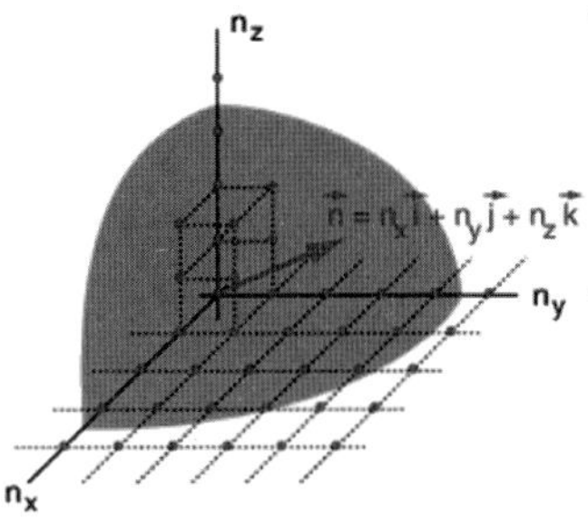

→ Number of mode: positive volume

$$\text{"volume" of } n\text{'s}=\frac{4\pi}{3}\left(n_1^2+n_2^2+n_3^2\right)^{3/2}$$

$$\text{Number of modes}=N=\frac{\pi}{3}\left(n_1^2+n_2^2+n_3^2\right)^{3/2}=\frac{8\pi L^3}{3\lambda^3}$$

→ Number of mode per wavelength = density of state

$$\frac{dN}{d\lambda}=\frac{d}{d\lambda}\left[\frac{8\pi L^3}{3\lambda^3}\right]=-\frac{8\pi L^3}{\lambda^4}$$

$$\frac{\text{Number of modes per unit wavelength}}{\text{Cavity volume}}=-\frac{1}{L^3}\frac{dN}{d\lambda}=\frac{8\pi}{\lambda^4}$$

상태밀도에 수반되는 또 다른 변수는 평균에너지이다. 즉 발생된 다양한 모드에 따른 개별 평균에너지가 고려되어야 전체 복사에너지를 계산할 수 있다. 평균에너지는 에너지 균등분배(equipartition of energy)를 이용하여 설명한다. 열적 평형상태에 있는 계에서 각각 독립된 에너지 상태에 평균적으로 동일한 양의 에너지가 부여되어 있다는 통계 물리학의 법칙이다.

볼츠만 분포를 이용한 평균 에너지 계산

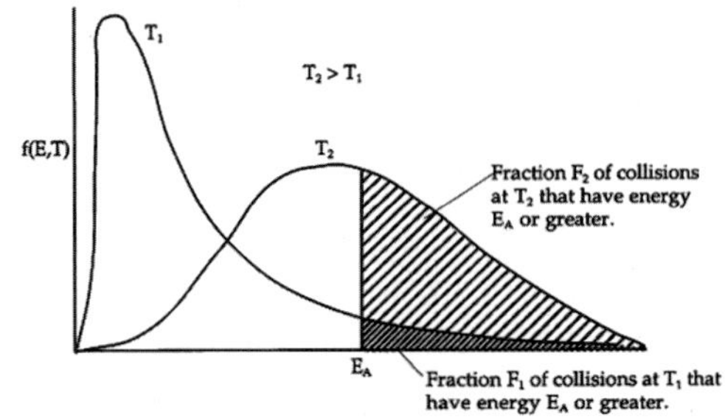

Probability at E → $f(E)=\frac{1}{kT}e^{-E/kT}$

Average energy → $< E >=\int Ef(E)dE=\frac{1}{kT}\int_0^\infty Ee^{-EkT}dE$

$$=\frac{E}{kT}\left(kTe^{-E/kT}\right)\Big|_0^\infty+\frac{1}{kT}\int_0^\infty kTe^{-E/kT}dE$$

$$=-kT\int_0^\infty e^{-E/kT}d\left(\frac{-E}{kT}\right)=-kTe^{-E/kT}\Big|_0^\infty=kT$$

이는 맥스웰과 볼츠만의 연구에 기초를 둔 것으로, 절대온도에서 어떤 입자계가 평형 상태에 있으면 각 자유도에 대하여 1/2kT의 평균에너지를 갖는다. 이는 자유도와 관련된 것으로 자유도가 증가할수록(모드수가 증가할수록) 갖는 평균에너지가 커진다. 기체의 병진운동(translation)은 3차원 공간좌표를 갖기 때문에 3/2kT의 평균에너지를 지닌다. 여기서 k[*]는 볼츠만 상수인 1.381×10^{-23} J/K이다.

* 아보가드로수 $N_A(6.02\times10^{23})$를 곱한 kN_A는 기체상수 R(8.314 J/molK)과 같다.

맥스웰-볼츠만 분포법칙(distribution law)에 의하면, 특정 온도에서 기체 분자의 다양한 분자속도에 대한 확률분포를 계산할 수 있고 이를 이용하여 해당 모드의 평균에너지(⟨E⟩)를 계산할 수 있다. 볼츠만의 에너지 균등분배원리에 바탕으로 한 모드당 에너지는 kT가 된다. 이는 빛을 파동, 특히 정상파로 간주하고 계산한 상태밀도에 해당하는 평균에너지이다. 여기서 E는 전자기파로 추후에 플랑크상수를 고려한 hν가 된다.

레일리-진의 법칙

상태밀도와 평균에너지를 이용하여, 즉 철저히 고전물리학을 이용하여 흑체복사를 해석하면 공간상의 흑체복사에너지(spatial energy)는 모드가 존재할 상태밀도와 해당 모드가 지닐 평균에너지의 곱으로 표현된다. 이는 각각 파장과 진동수로 표현한 것이 레일리-진의 법칙이 된다.

복사파장이 감소할수록 또는 진동수가 증가할수록 에너지의 강도가 증가함을 알 수 있다. 그렇다면 파장이 극히 작아지면, 즉 진동수가 커진다면 해당 물체에서 나오는 열복사를 감당하지 못하여 태양조차도 바라보지 못하게 된다. 즉 자외선 파탄(UV catastrophe) 현상이 나타난다.

$$E(\lambda) = \frac{dU}{d\lambda} = \rho(\lambda) < E >= \frac{dn_s}{d\lambda} < E >= \frac{8\pi}{\lambda^4} kT$$

$$E(\nu) = \frac{dU}{d\nu} = \rho(\nu) < E >= \frac{dn_s}{d\nu} < E >= \frac{8\pi\nu^2}{c^3} kT$$

레일리–진의 법칙

자외선 파탄현상

레일리-진에 의한 열복사 에너지 해석은 단지 작은 주파수 영역과 긴 파장대에서만 적용 가능한 법칙이 된다. 파장이 더 짧아지거나 주파수가 커진다면 레일리-진에 의한 열복사에너지는 무한히 증가하는 수학적 발산이 일어난다. 이러한 판탄현상을 고전물리학적 해석의 한계로 설명된다.

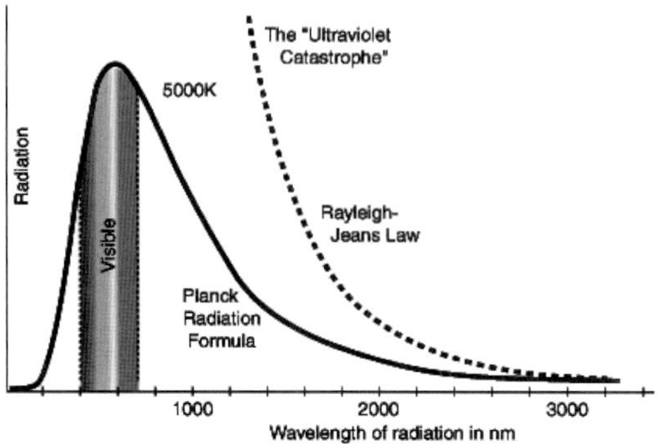

레일리-진의 법칙에 의한 UV 파탄현상

상태밀도 해석은 어느 정도 정확했다고 볼 수 있으나, 볼츠만의 에너지 균등분배 원리에 의한 평균에너지 해석 자체에 문제점이 있었다. 즉 고전물리학에서는 진동수에 따라서 파의 밀집도가 다르다는 점을 간과하였다. 파장이 짧고 주파수가 큰 영역은 동일한 공간상에서 밀집도가 높고 에너지가 클 수밖에 없다.

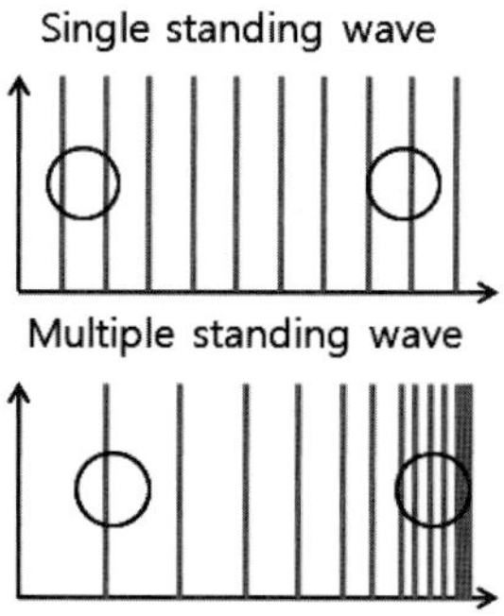

파동의 밀집도에 따른 에너지의 밀집도 차이

레일리-진 식은 파장의 분포가 넓은 큰 파장영역에서 잘 맞는 이유도 밀집도가 에너지 균등분배에 영향을 안주는 영역이었기 때문에 잘 맞았던 것이고, 파장이 밀집된 고에너지 영역에서는 당연히 잘 맞지 않게 된다. 따라서 수정된 평균에너지는 균등분배가 아닌 밀집 정도가 고려된 값이 되고, 이는 에너지분포와 유사하게 지수함수($e^{-f(T)}$)에 의존하게 된다. 이를 통해 자외선 파탄현상 억제되고, 전 파장영역에서 복사에너지가 잘 맞게 된다.

빈의 해석

자외선 파탄현상을 억제한 것은 빈에 의한 것이었다. 빈의 식(Wien's formula)은 기존의 상태밀도에 수정된 평균에너지를 곱한 값으로, 낮은 파장, 높은 주파수 영역도 고려된 결과로 흑체의 열복사 결과를 어느 정도 근사시켰다고 볼 수 있다. 평균에너지를 고려한 복사에너지는 다음과 같이 수정된다.

$$\langle E \rangle = \frac{k\beta\nu}{e^{\frac{\beta\nu}{T}}}, \quad \frac{du}{d\lambda} = \left(\frac{8\pi}{\lambda^4}\right)\left(\frac{k\beta c}{\lambda e^{\frac{\beta c}{\lambda T}}}\right), \quad \frac{du}{d\nu} = \left(\frac{8\pi\nu^2}{c^3}\right)\left(\frac{k\beta\nu}{e^{\frac{\beta\nu}{T}}}\right)$$

수정된 평균에너지에 따른 빈의 공식

이 식에서 β는 빈의 상수이며, 볼츠만 상수를 곱한 kβ는 추후 플랑크 상수(h) 값인 6.63×10^{-34} Js가 된다. 실측치와 비교해 보면, 레일리-진의 법칙에 비하여 큰 주파수와 짧은 파장에서도 상당히 잘 맞고 있다.

그러나 약간의 오차를 가지고 있음을 알 수 있다. 파동의 밀집도를 고려한 수정된 평균에너지를 사용하였다고 하더라도, 이 또한 고전물리학의 한계를 넘지는 못했다는 증거가 되어 버렸다. 이를 해결한 사람이 바로 플랑크이다.

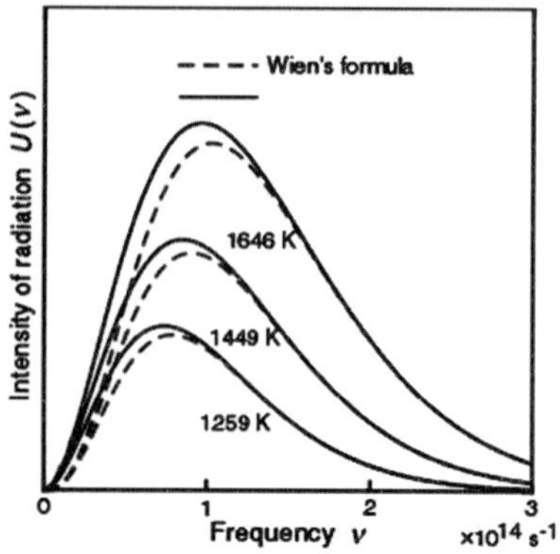

빈의 공식을 이용한 복사에너지 근사

플랑크의 해석

플랑크*는 실험값으로 얻은 흑체 복사 에너지를 단순히 데이터 회귀분석(regression analysis)를 통해 관계식을 도출하였다. 독립적인 연구이긴 하였으나, 결과적으로는 빈의 공식에 약간의 변형을 거친 형태인 평균에너지의 분포항에 -1을 추가한 형태가 되었다. 실험치와 당연히 완벽하게 일치하는 공식을 유도했지만 초반에는 어떠한 물리적인 의미도 갖지 않았었다.

단순히 수학적으로만 본다면, 플랑크의 수식은 아주 큰 파장과 아주 작은 파장별로 접근 시키면 모두 레일리-진의 식과 빈의 식으로 수렴한다. 즉, 작은 파장에서는 플랑크 식내 지수함수가 빈의 공식에 있는 분모와 동일하게

$$\langle E \rangle = \frac{k\beta\nu}{e^{\frac{\beta\nu}{T}}} \longrightarrow \langle E \rangle = \frac{k\beta\nu}{e^{\frac{\beta\nu}{T}} - 1}$$

$$U_\lambda = \frac{du}{d\lambda} = \left(\frac{8\pi}{\lambda^4}\right)\left(\frac{hc}{\lambda e^{\frac{hc}{\lambda kT}} - 1}\right) = \frac{8\pi hc}{\lambda^5}\frac{1}{e^{hc/\lambda kT} - 1}$$

$$U_\nu = \frac{du}{d\nu} = \left(\frac{8\pi\nu^2}{c^3}\right)\left(\frac{h\nu}{e^{\frac{h\nu}{kT}} - 1}\right) = \frac{8\pi h\nu^3}{c^3}\frac{1}{e^{h\nu/kT} - 1}$$

플랑크의 흑체복사 식

* 플랑크는 사실 양자론의 출발점에 있어서 가장 중요한 인물이긴 하지만 전적으로 고전 물리학에 갇혀 있었던 인물로 자신이 발견한 양자화된 에너지 상태를 믿고 싶어 하지 않았다.

변형된다. 또한 큰 파장에서는 주파수가 커져서 플랑크 식의 분모는 테일러(Brook Taylor, 1685~1731) 급수(series) 전개를 통해 분모항에서 지수가 사라지게 되어 결국 레일리-진의 식으로 변형된다.

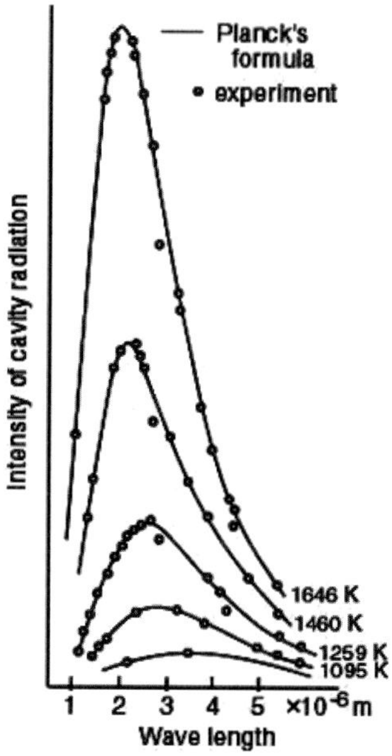

플랑크의 곡선 회귀

따라서 플랑크의 복사에너지 관계식이 전 영역의 파장에 관하여 모두 설명 가능한 식이 된다. 또한 플랑크 식의 최대값($dU/d\lambda=0$)을 구하면, 빈의 변위의 법칙을 설명하는 식($\lambda_{max}T=0.0029$ mK)이 유도된다.

이러한 훌륭한 관계식이 아무런 물리적 의미를 제시하지 못한다는 것에 실망한 플랑크는 며칠에 걸쳐서 수식의 의미를 찾고자 노력하였다. 이에 플랑크는 과감한 발상의 전환을 하게 되고, 자신이 믿고 있던 고전물리학의 개념에 위배되는 에너지의 양자화를 선언한다. 즉 고전물리학 관점에서 보면 에너지는 연속적이며 프리즘을 통과한 무지개 또한 연속적이지만, 에너지를 불연속이고 나눌 수 있는 기본 단위체인 양자(quantum)로 보자는 것이었다. 여기서 양자 단위체의 비례상수를 플랑크 상수(h)로 설정하였다.

플랑크 식의 변형

If large ν → Wien's formula

- $e^{h\nu/kT}-1 \approx e^{h\nu/kT}$ $\quad \frac{du}{d\nu}=\left(\frac{8\pi\nu^2}{c^3}\right)\left(\frac{h\nu}{e^{h\nu/kT}-1}\right)\approx\left(\frac{8\pi\nu^2}{c^3}\right)\left(\frac{h\nu}{e^{h\nu/kT}}\right)$

If small ν → Rayleigh-Jeans formula

- $e^{h\nu/kT}-1 \approx 1+\frac{h\nu}{kT}-1=\frac{h\nu}{kT}$

$$\frac{du}{d\nu}=\left(\frac{8\pi\nu^2}{c^3}\right)\left(\frac{h\nu}{e^{h\nu/kT}-1}\right)\approx\left(\frac{8\pi\nu^2}{c^3}\right)\left(\frac{h\nu}{h\nu/kT}\right)=\left(\frac{8\pi\nu^2}{c^3}\right)kT$$

에너지 양자 가설

플랑크는 연속적인 에너지를 가래떡을 토막 내듯이 일정한 크기로 잘라서 단편화시킨 에너지 양자가설(quantum hypothesis)을 제안한다. 물질에 의한 열복사의 방출 또는 흡수는 연속적으로 일어나는 것이 아니라 단위 에너지, 즉 이미 정해진 불연속 에너지(hν)의 정수배로 일어난다는 것이다. 이는 고전물리학을 정면으로 대치하는 가설로 플랑크는 그의 열복사 공식을 만족시키기 위해 무리한 가정을 제안하게 된 것이다.

첫 번째 가정은 진동자(전자 등)의 에너지는 특정의 불연속 값(E=nhν)을 갖는다는 것으로, 각 진동자는 식에 의해 불연속 값만을 가지므로 에너지가 양자화 되었음을 의미한다. 두 번째 가정은 진동자는 한 상태에서 다른 상태로 전

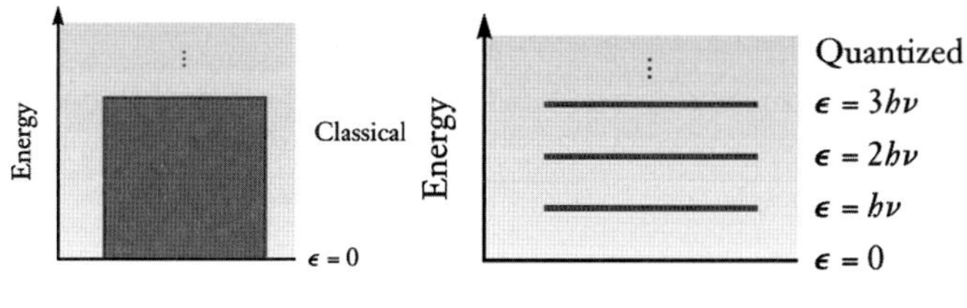

연속과 불연속(양자화) 에너지 분포

이할 때만 에너지를 흡수하거나 방출하며, 이때도 흡수/방출되는 에너지는 양자화 된 hν이다. 따라서 플랑크 이론의 중심의 에너지 상태의 양자화(quantization)이다. 이는 추후 아인슈타인의 광양자설과 보어(Niels Bohr, 1885~1962)의 원자모형의 기본원리가 된다. 이처럼 사실 양자역학은 가설을 바탕으로 시작된 학문으로 가설을 실험으로 증명하고, 실험적인 현상을 가설로 제안하는 과정에서 번창한 학문이다.

플랑크 양자설의 통계역학적 해석

Probability → $\frac{E}{f(E)} \Big| \frac{0}{f(0)} \; \frac{h\nu}{f(h\nu)} \; \frac{2h\nu}{f(2h\nu)} \; \frac{3h\nu}{f(3h\nu)}$

Maxwell-Boltzmann distribution function

$$f(E) = \frac{1}{kT} e^{-E/kT} = \frac{x}{kT}$$

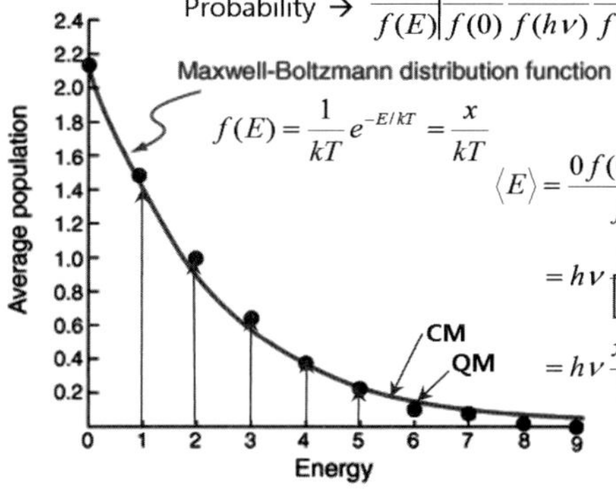

$$\langle E \rangle = \frac{0f(0) + h\nu f(h\nu) + 2h\nu f(2h\nu) + \ldots}{f(0) + f(h\nu) + f(2h\nu) + \ldots}$$

$$= h\nu \frac{\left[e^{-E/kT} + 2e^{-2E/kT} + \ldots\right]}{\left[1 + e^{-E/kT} + e^{-2E/kT} + \ldots\right]} = h\nu \frac{(x + 2x^2 + \ldots)}{(1 + x + x^2 + \ldots)}$$

$$= h\nu \frac{x/(1-x)^2}{1/(1-x)} = \frac{h\nu}{1/x - 1} = \frac{h\nu}{e^{h\nu/kT} - 1}$$

고전물리학에 의하면 에너지는 파동의 진폭(A^2)에 비례하고 파장이 짧을수록 그 에너지가 크다고 생각하였다. 플랑크의 가설에서는 복사에너지의 크기를 나타내는 변수는 진폭에서 n과 ν로 대체된다. 그는 불연속적인 에너지 준위라는 개념을 통계역학적 해석과 접목하여 그가 구한 공식이 맞는지 증명하고자 하였다. 어떤 일정한 에너지 준위(불연속)가 일정한 시간동안 발생한 횟수를 맥스웰-볼츠만 분포식으로 계산하였을 때, 놀랍게도 플랑크의 열복사식이 최종식으로 나왔다. 그 바탕에는 에너지는 nhν로 양자화되어 있다는 것이었다. 이로서 플랑크의 에너지 양자화 개념은 흑체복사에 있어서 반드시 필요한 개념이 되었으며, 양자역학의 서문을 연 계기가 되었다.

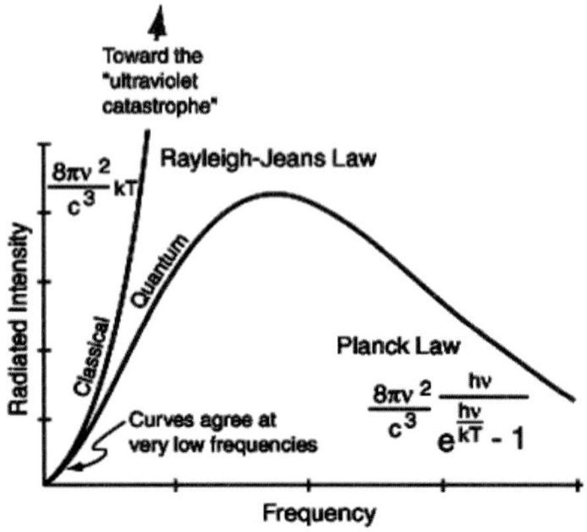

흑체복사에 관한 CM과 QM 비교

최대점을 갖는 흑체복사

흑체복사의 실험값과 플랑크의 복사에너지 식을 도식화하면 모두 특정 파장에서 최대값을 갖는 곡선 형태를 지닌다. 이러한 이유는 큰 진동수, 작은 파장은 그 반대의 영역에 비해 넓은 에너지 준위값을 지니고 되고, 외부의 에너지 공급에 의한 영향이 작게 된다. 따라서 파장이 점점 감소할수록(진동수가 증

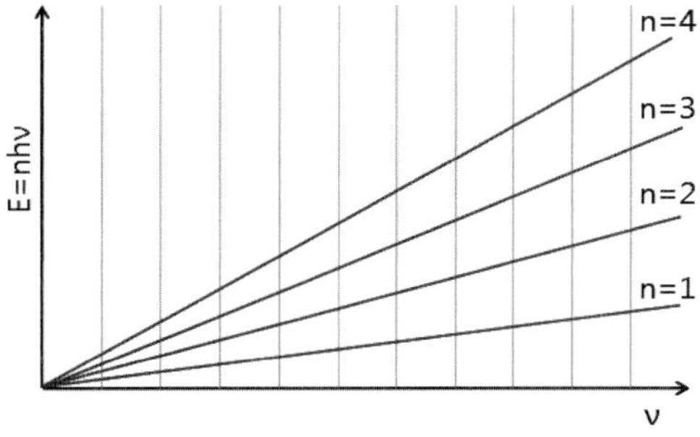

진동수에 따라 크기가 다른 에너지준위

가할수록) 고에너지 쪽으로 이동하며, 외부의 영향이 감소하게 되고 결과적으로 파장에 따른 복사에너지가 감소하게 된다. 이러한 이유로 최대점을 지닌 형태가 된다.

다시 정리하자면, 흑체 복사 곡선의 높은 진동수 영역에서는 양자가 아주 크기 때문에($E=h\nu$) 낮은 에너지 준위에서 높은 에너지 준위로의 이동이 쉽지 않게 되고, 적은 수의 진동 형태만이 여기 될 수 있다.* 여기 될 수 있는 진동 형태의 수가 줄어들면, 진동자들은 활동이 억제되어 높은 진동수 범위에서 복사는 0으로 떨어진다. 따라서 높은 진동수에서 자외선 파탄 현상은 발생되지 않는다.

플랑크 상수는 소수점 아래가 34개나 되는 굉장히 작은 수이다. 만약 플랑크 상수 값에 해당하는 진동자의 에너지(h)가 0이 되버린 다면, 플랑크 식은 0/0이 되고 로피탈 정리를 써서 계산하면, 레일리-진 식으로 바로 귀결된다. 따라서 아주 작은 수이지만 이 작은 수치가 있기 때문에 난로 앞에 앉아 있어도 타 죽지 않는 것이다.

* 롤플레잉 게임으로 비유하자면 캐릭터의 레벨이 오를수록 레벨업에 필요한 경험치(양자)가 커지기 때문에 레벨업(여기)이 힘들어 진다.

등장인물 살펴보기

아노 펜지아스(Arno Penzias, 1933~)

독일 출신의 미국 물리학자이다. 미국 뉴저지 벨연구소에서 고감도 라디오파 망원경을 가지고 우주로부터 오는 다양한 라디오파의 강도 측정 연구를 하였다. 이 과정에서 동료인 윌슨과 함께 우주배경복사를 발견하고 그가 벨 전파 연구소 소장으로 있는 동안인 1978년 노벨 물리학상을 수상했다.

로버트 윌슨(Robert Wilson, 1936~)

미국의 천문학자이다. 1964년 우주배경복사를 발견하여 펜지아스와 함께 노벨 물리학상을 수상했다. 우주 대폭발인 빅뱅 이론에 의하면 초기의 빅뱅이후 5 K정도의 우주배경복사가 존재해야 한다고 생각했고, 그의 관찰로 빅뱅 이론이 증명되었다고 할 수 있다.

사무엘 랭글리(Samuel Langley, 1834~1906)

미국의 천문학자, 물리학자, 발명가이다. 그는 태양 물리학에 저명하며, 열복사를 해석하기 위해 볼로미터를 발명하였다. 그의 업적인 적외선 측정법을 이용하여 온실효과를 계산하는 방법을 제공하기도 하였다. 또한 비행술에 관한 개척자이기도 하다.

요제프 슈테판(Josef Stefan, 1835~1893)

오스트리아 물리학자이다. 열을 방출하는 물체의 복사파와 온도의 관계를 관찰하여, 그의 제자인 볼츠만과 함께 슈테판–볼츠만의 법칙을 발견한다. 그는 전자기유도, 열자화효과, 광학간섭, 열전도도, 확산, 모세관현상, 기체 운동학 등 다양한 영역에서 업적을 남겼다.

루트비히 볼츠만(Ludwig Boltzmann, 1844~1906)

오스트리아의 물리학자이다. 통계역학과 통계열역학으로 유명하며, 빈 대학에서 슈테판의 지도로 기체운동론에 관한 박사를 받았다. 그의 제자로는 아레니우스(Arrhenius)와 열역학 3법칙을 주장한 네른스트(Nernst)가 있었다. 슈테판이 관찰한 현상을 통계열역학으로 해석하였다.

빌헬름 빈(Wilhelm Wien, 1864~1928)

독일의 물리학자이다. 열과 전자기에 관한 이론을 이용하여 빈의 변위의 법칙을 만들었고, 열복사에 관한 업적으로 1911년 노벨 물리학상을 받았다. 그는 헬름홀츠(Helmholtz)로부터 박사를 받았다. 또한 질량분광기(mass spectroscopy)의 기초를 만들었다.

제임스 진(James Jeans, 1877~1946)

영국의 수학자, 물리학자, 천문학자이다. 양자역학에 기여를 하였으며, 복사이론과 별의 진화에 관한 이론을 펼쳤다. 그는 영국 우주학의 창시자로, 우주배경복사에 관한 해석과 빅뱅이론의 근본이 되는 평형우주론을 제안하였다. 또한 물리학과 철학의 만남에 관심을 가졌다.

브룩 테일러(Brook Taylor, 1685~1731)

영국의 수학자이다. 미적분학에서 미분가능한 어떤 함수를 다항식의 형태로 근사하는 방법인 테일러 급수 전개를 제안한 것으로 유명하다. 그러나 그가 처음 발견한 것은 아니었다. 테일러 급수의 특별한 경우인 매클로린(Maclaurin) 전개도 있다.

닐스 보어(Niels Bohr, 1885~1962)

덴마크의 물리학자이다. 20세기 가장 중요한 과학자 가운데 한사람으로, 양자론을 원자구조와 분자구조 해석에 최초로 적용했다. 양자물리학을 이끌어온 인물로서 주요한 공헌을 하였으며, 1922년 노벨 물리학상을 받았다. 맨해튼 프로젝트에도 참가했었다.

CHAPTER

06

CM 실패-고체열용량

모든 것을 할 수 있으면서도

행동하지 않는 사람보다 비참한 것은 없다.

• 클라우디오스 갈레노스

열용량

책상위에 철판과 나무판을 가만히 놓아두면, 방안의 온도와 열적평형(열역학 제0법칙*)을 이루어 철판과 나무판의 표면온도는 모두 같아진다. 이때 양손으로 두 판을 각각 만져보면 철판이 더 차갑게 느껴진다. 분명히 같은 표면온도를 지녔음에도 불구하고 손바닥을 데었을 때 온도차이가 나는 것이다. 이는 열 전달 속도와 물체가 지닌 열을 보관할 수 있는 용량의 차이 때문이다. 열용량(C, heat capacity)은 가해준 열량(Q)에 비례하고 온도변화(⊿T)에 반비례한다.

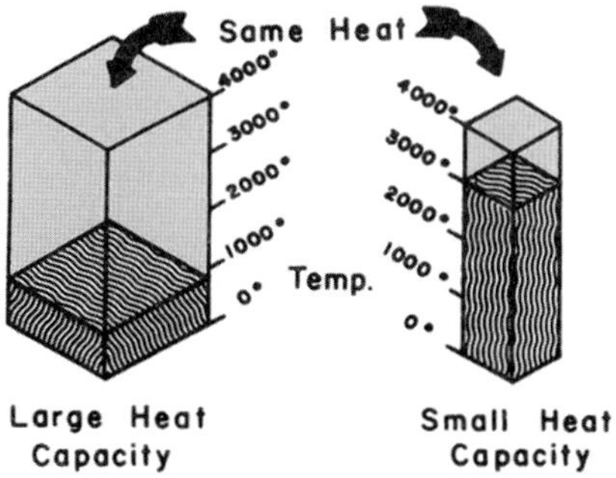

나무판(좌)과 철판의 열용량 차이

외부에서 같은 열을 공급했다고 하더라도, 열용량이 큰 나무판은 적은 온도변화만을 보이고 철판은 급격한 온도 상승을 보이게 된다. 따라서 철판의 열용량이 나무판에 비해 작다. 다르게 말하면 열용량이 크면 많은 에너지를 물체내에 지니고 있을 수 있게 된다.

---

* 물체 A와 B가 다른 물체 C와 각각 열평형을 이루었다면 A와 B도 열평형을 이룬다. 즉 한 물체 C와 각각 열평형 상태에 있는 두 물체 A와 B는 서로 열평형 상태에 있다. 온도계로 체온을 재는 것도 열적평형을 바탕으로 한다. 열역학 제1법칙은 에너지 보존에 관한 것으로, 에너지는 형태가 변할 수 있을 뿐 새로 만들어지거나 없어질 수 없다는 것이다. 제2법칙은 엔트로피(무질도)의 방향성과 관련된 것으로, 고립계에서 총 엔트로피의 변화는 항상 증가하거나 일정하며 절대로 감소하지 않는다는 것이다.

$$C_V = \left(\frac{dQ}{dT}\right)_v = \left(\frac{dU}{dT}\right)_v \qquad C_P = \left(\frac{dQ}{dT}\right)_P = \left(\frac{dH}{dT}\right)_P$$

$$\rightarrow \quad \left(\frac{dH}{dT}\right)_P = \left(\frac{dU}{dT}\right)_V + R \quad \rightarrow \quad C_P = C_V + R$$

정적, 정압 열용량의 관계식

일반적으로 열용량은 질량에 비례하는 시량변수(extensive property)이므로 단위질량으로 나눠 시강변수(intensive property)인 비열(c, specific heat)을 주로 사용한다. 따라서 Q=mC⊿T=c⊿T로, 같은 양의 열을 가할 때 온도변화가 적은 경우 물질의 열용량이 크다. 뜨거운 여름, 해수욕장의 모래가 바닷물보다 뜨거운 것은 모래의 열용량이 작아서 온도변화가 크게 나타나기 때문이다. 겨울에 동해가 황해보다 따뜻한 이유도 수심차이로 인한 열용량 편차로 해석할 수 있다.

열역학적 기본 관계식을 이용하면, 정적(isovolumetric) 조건의 열용량(C_V)와 정압(isobaric) 조건의 열용량(C_P)를 계산할 수 있으며, 이상기체 조건에서는 C_P가 C_V 보다 기체상수 R만큼 크게 된다.

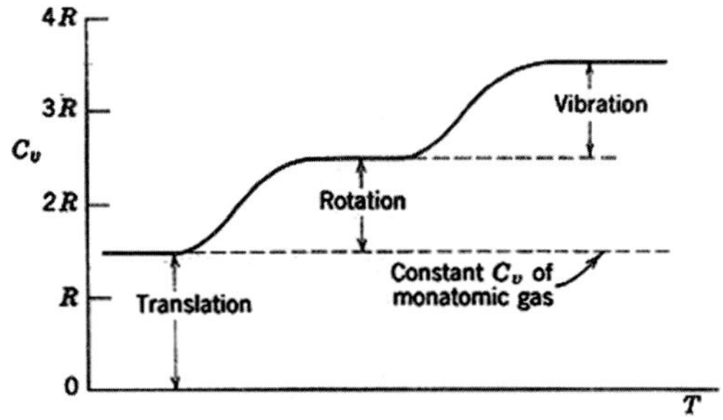

분자의 운동에너지 구성에 따른 정적 열용량

분자의 운동은 크게 병진(translation), 회전(rotation), 진동(vibration)으로 구성되며, 단분자(singular molecule, He, Ne, Ar 등) 기체의 경우는 주로 병진 운동이 주요한 운동에너지가 된다. 또한 병진운동은 3차원 공간상에서 발생하므로, 각 방향을 고려하여 개별 단위축의 3배의 운동에너지를 지닌다. 따라서 단분자의 운동에너지(E_K)가 3/2RT가 되며, C_V는 1.5R, C_P는 2.5R이 된다.

분자에 따른 운동에너지와 정적 열용량

Singular molecule: dominant translation

$$E_{kinetic} = E_{trans} = \frac{1}{2}mv_x^2 + \frac{1}{2}mv_y^2 + \frac{1}{2}mv_z^2 = \frac{1}{2}RT + \frac{1}{2}RT + \frac{1}{2}RT = \frac{3}{2}RT$$

$$\rightarrow C_V = \left(\frac{dU}{dT}\right)_v = \left(\frac{dE_{trans}}{dT}\right)_v = \frac{3}{2}R = 1.5R$$

Binary molecule

$$E_{kinetic} = E_{trans} + E_{rot} + E_{vib} = \frac{3}{2}RT + \frac{1}{2}RT + \frac{1}{2}RT = \frac{5}{2}RT$$

$$\rightarrow C_V = \left(\frac{dU}{dT}\right)_v = \left(\frac{dE_{kinetic}}{dT}\right)_v = \frac{5}{2}R = 2.5R$$

고체분자의 경우는 기체와는 다르게 병진운동이 어려우므로 단진동 에너지로 고체 열전달을 생각하게 된다. 고체내 원자들은 결정구조에 내에서 격자(lattice)간의 거리만큼 떨어져 있고 이들의 진동은 원자간의 스프링으로 연결된 모델로 해석하게 된다. 따라서 고체 원자 자체가 발생하는 운동에너지(분자자체, E_K)와 원자사이의 결합을 스프링의 단분자 운동으로 고려한 스프링 운동에너지(분자결합, E_U)로 간주한다. 두 운동에너지는 모두 3차원으로 작용

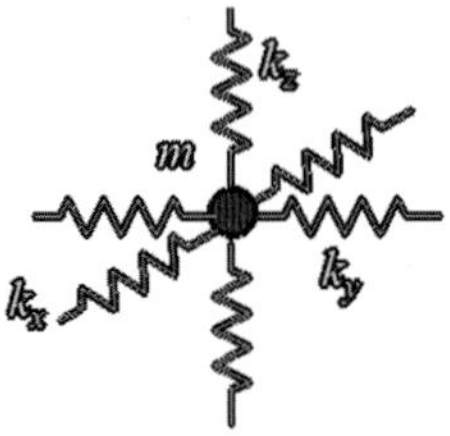

$$E_1 = E_K + E_U$$
$$= (\tfrac{1}{2}mv_x^2 + \tfrac{1}{2}mv_y^2 + \tfrac{1}{2}mv_z^2$$
$$+ (\tfrac{1}{2}k_x x^2 + \tfrac{1}{2}k_y y^2 + \tfrac{1}{2}k_z z^2)$$
$$\overline{E}_1 = 6(\tfrac{1}{2}k_B T) = 3k_B T$$

고체 단진동에너지의 합

한다고 보고, 고전물리학에 의해 에너지 균등분배 원리를 적용하면 모든 개별 운동에너지는 1/2kT가 된다. 따라서 총 단진동에너지는 1/2kT의 6배인 3kT가 된다.

듀롱-페티 법칙

고체 1개 원자에 관한 단진동에너지를 N개의 원자 진동으로 고려하면, 3NkT가 되고, 이를 다시 단위 몰당 에너지로 고치면 3NkT/n은 $3N_AkT$=3RT가 된다. 따라서 고체의 정적열용량은 3RT라는 고체 1몰당 운동에너지를 온도에 관하여 미분한 항이기에 3R로 귀결된다. 즉, C_V는 3R로, 약 25 J/molK이 된다. 이는 '300K 이상의 고체 열용량은 일정하다'는 듀롱(Pierre Dulong, 1785~ 1838)-페

Energy per mole = $3kTN_A$

k= Boltzmann's constant
T= Temperature in Kelvins
N_A = Avogadro's number

The Law of Dulong & Petit $C_V = \dfrac{\partial}{\partial T}(3kTN_A) = 3kN_A\ /\ mole = 24.94J\ /\ mole\ K$

고체열용량에 관한 듀롱–페티 법칙

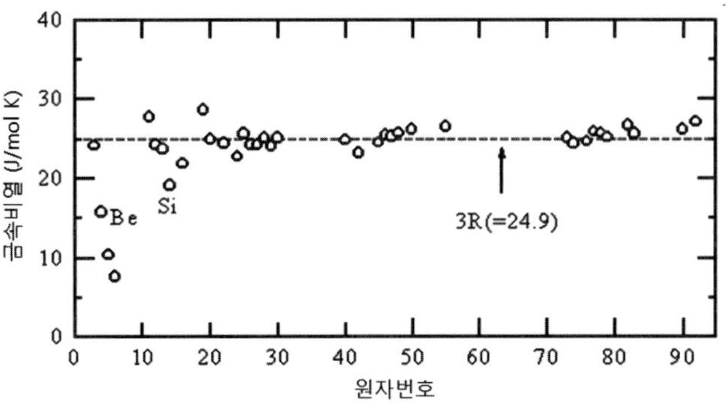

고체의 원자번호에 따른 비열

티(Alexis Petit, 1791~1820)의 법칙으로 완성된다.

구리의 경우 비열이 0.386 J/gK라서 분자량(63.6 g/mol)을 곱하면 24.6 J/molK가 나온다. 납(207 g/mol)의 경우도 0.128 비열값을 이용하면 26.5 J/molK가 된다. 이처럼 상온 이상의 온도조건에서는 고체열용량이 듀롱-페티의 법칙을 잘 따르게 된다.

저온 고체열용량

20세기 초의 물리학에서 가장 미스터리한 일중의 하나는 비열을 도입할 때 전자의 기여가 등장하지 않는다는 것이다. 그 이유를 현대물리학 관점에서 살펴보자면, 300K에서 구리의 단진동에 의한 열에너지(thermal energy, kT)는 0.026 eV인데 비해 페르미(Enrico Fermi, 1901~1954) 에너지(E_F)는 7 eV나 된다. 따라서 구리내의 전자는 모두 페르미 준위로부터 벗어나버린 상태이고,

구리의 열에너지는 전자의 아주 작은 일부(0.27/7=0.4%)와 상호작용하게 된다. 이는 상온의 일반적인 온도에서는 전자가 열에너지 작용에 기여하지 않는다고 보는 고전열역학이 맞는다는 뜻이 된다.

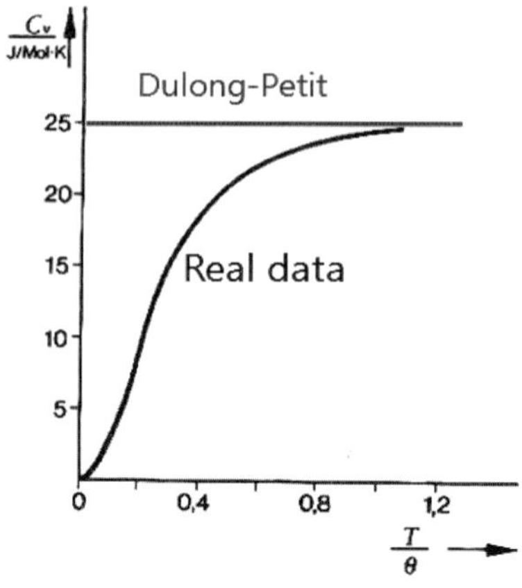

전체 온도조건에서의 고체열용량

그러나 온도가 낮아지면, 고체 원자내 운동에 대한 자유도가 억제되고 격자사이 간격도 좁아지고 된다. 이로서 고체의 단진동에 의한 운동에너지가 감소하게 될 수밖에 없다. 분자의 무질서도가 0이 되는 절대영도(0K) 조건이 된다면 단진동에 의한 열에너지는 사라지게 되고 당연히 C_V도 0이 된다. 즉 저온 고체열용량에 대해서는 듀롱-페티의 법칙이 더 이상 성립하지 않고, 온도에 따라 점진적인 감소를 하게 된다.

아인슈타인의 등장

고전물리학에서는 진동을 연속적이고 아날로그라고 보았으며, 맥스웰-볼츠만의 통계역학과 에너지균등분배 원리를 이용하였다. 반면 아인슈타인은 플랑크의 양자가설을 바탕으로 진동에너지 또한 불연속적이며 디지털이라고 생각하였다. 즉 비탈길과 계단으로 비교해 볼 수 있다.

흑체복사의 평균에너지를 고전물리학에서는 kT로 보았으나, 플랑크의 해

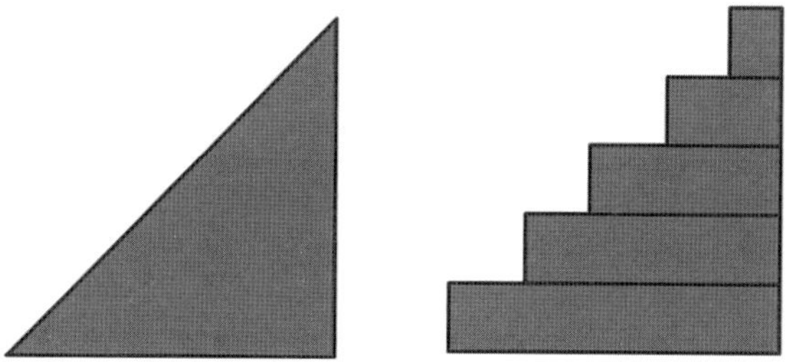

$$E_{CM} = \frac{\int_0^\infty E e^{-\frac{E}{kT}} dE}{\int_0^\infty e^{-\frac{E}{kT}} dE} = kT \quad E_{QM} = \frac{\sum_{n=0}^{\infty} nh\nu e^{-\frac{nh\nu}{kT}}}{\sum_{n=0}^{\infty} e^{-\frac{nh\nu}{kT}}} = \frac{h\nu}{e^{h\nu/kT}-1}$$

볼츠만 분포를 이용한 CM과 QM의 진동에너지

석에서는 nhν라는 양자화 된 에너지의 평균값인 지수함수 형태로 나타낸다. 단진동에서도 동일한 해석을 도입하면, 볼츠만의 분포를 온도만의 함수로 나타내는 고전물리학 개념과 온도와 진동수의 함수로 나타내는 양자론의 개념으로 비교할 수 있다.

아인슈타인의 고체열용량 공식

3D 단진동 → $E = \frac{3Nh\nu}{e^{h\nu/kT}-1}$

$$C_V = \frac{d}{dT}\left(\frac{U}{n}\right)_V = \frac{d}{dT}\left(\frac{3Nh\nu}{e^{h\nu/kT}-1}\right) = \frac{-3Nh\nu\left[e^{h\nu/kT}\left(\frac{-h\nu}{kT^2}\right)\right]}{\left(e^{h\nu/kT}-1\right)^2} = \frac{3R\left(\frac{h\nu}{kT}\right)^2 e^{h\nu/kT}}{\left(e^{h\nu/kT}-1\right)^2}$$

아인슈타인 모델 → $C_V(T) = \frac{3R\left(\frac{\theta_E}{T}\right)^2 e^{\theta_E/T}}{\left(e^{\theta_E/T}-1\right)^2} \qquad \theta_E \equiv \frac{h\nu}{k}$

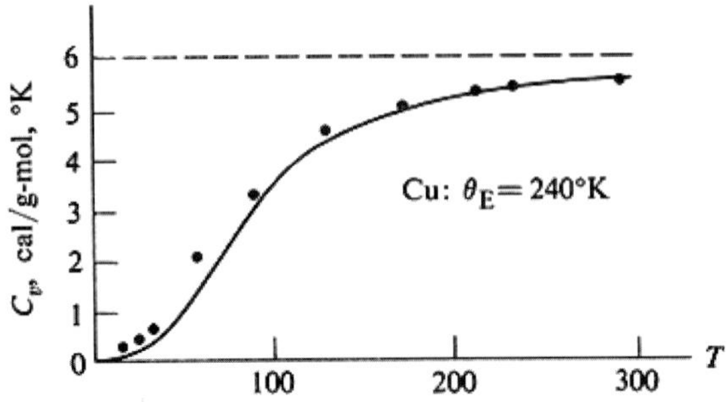

아인슈타인 식에 의한 구리의 고체열용량 예측

1907년 아인슈타인은 1차원 단진동에너지 값인 E_{QM}을 3차원 단진동으로 바꾸게 된다. 즉 3방향 진동수가 모든 같다는 전제하에 3차원 단진동을 계산하고 이를 이용하여 고체 열용량을 계산하였다. 아인슈타인 공식(Einstein formula)의 계산 결과는 조금 복잡해 보이지만 전형적인 S자 성장곡선의 형태를 나타낸다. 아인슈타인은 공통되는 진동수를 온도로 치환하는 아인슈타인 특성온도(θ_E, Einstein's characteristic temperature)를 도입하여, 온도와 진동수의 관계를 정의하였다.

아인슈타인 식을 고온의 조건에서 변형시키면, QM의 CM화를 이룰 수 있다. 즉 고온이면, θ_E/T가 1보다 상당히 작기 때문에 지수함수는 테일러 전개($e^x \simeq 1+x$)에 의해 이 값은 $1+\theta_E/T$가 되고, 유도한 아인슈타인의 C_V식의 변형을 통해 C_V가 3R이 된다. 이는 듀롱-페티의 식과 동일하게 됨을 알 수 있다. 실험값과는 완벽하게 일치하지는 않지만 어느 정도 근사하게 맞췄다고 할 수 있다.

디바이 모델

1912년 디바이(Peter Debye, 1884~1966)는 아인슈타인 식의 한계점을 지적하면서, 고체열용량 문제를 해결하였다. 아인슈타인 식이 실험값을 정확히 근사시키지 못한 이유는 3방향 진동수를 모두 동일하게 가정했다는 것에 문제가 있다. 이 때문에 온도를 낮출수록 더 빨리 고체열용량이 0에 가까워지는 현상이 발생했다.

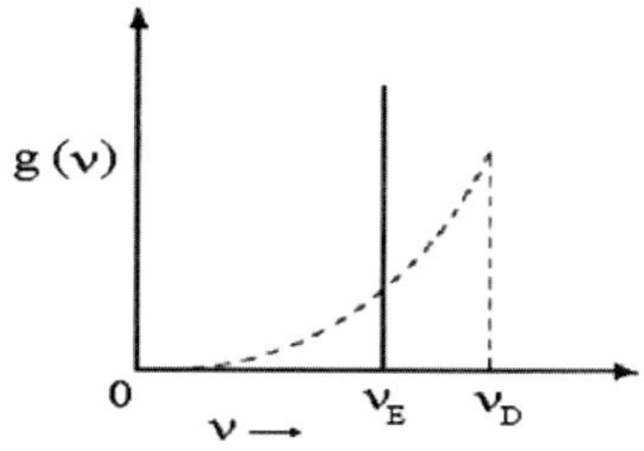

디바이 진동수 범위

디바이의 고체열용량 공식

모드내 에너지 → $E = h\nu = \dfrac{h\nu_s}{\lambda} = \dfrac{h\nu_s n}{2L}$

총 격자 진동에너지 → $U = 3\int_0^{E_{\max}} \dfrac{E}{e^{E/kT}-1}dE = \dfrac{3\pi}{2}\int_0^{n_{\max}} \dfrac{h\nu_s n}{2L}\dfrac{n^2}{e^{h\nu_s n/2LkT}-1}dn$

$x = \dfrac{h\nu_s n}{2LkT}$ $\quad U = \dfrac{9NkT^4}{T_D^3}\int_0^{T_D/T}\dfrac{x^3}{e^x-1}dx$

디바이 고체열용량→ $C_V = 9Nk\left[\dfrac{T}{T_D}\right]^3\int_0^{T_D/T}\dfrac{x^4e^x}{(e^x-1)^2}dx$

흑체복사의 공동내 전자기파의 모드의 개념을 이용하여, 한 개의 진동모드에 관한 아인슈타인이 진동수를 0부터 최대 진동수(ν_D)까지 있다고 보았다. 즉 아인슈타인은 진동수가 ν_E로 하나만 보았지만, 디바이는 3방향 모두 진동수가 다를 수 있고 고체내 진동모드는 최대값 범위내에서 자유롭다고 생각하였다. 단 정상파를 만들 수 있는 모드내의 진동수를 지니기에 진동에너지는 양자화 되어 있다. 즉 원자간의 결합배열을 현(chord)의 진동으로 보았으며, 현내에서는 정상화의 진동만을 일으킨다고 보았다.

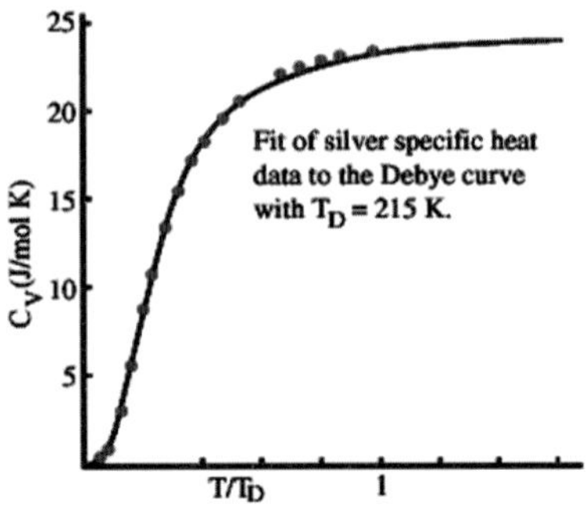

디바이 식에 의한 은의 열용량 근사

QM의 CM화 : 고체열용량

아인슈타인 제한조건

$$\frac{\theta_E}{T} << 1 \rightarrow C_V(T) \approx \frac{3R\left(\frac{\theta_E}{T}\right)^2\left(1+\frac{\theta_E}{T}\right)}{\left(1+\frac{\theta_E}{T}-1\right)^2} \approx 3R$$

$$\frac{\theta_E}{T} >> 1 \rightarrow C_V(T) \approx \frac{3R\left(\frac{\theta_E}{T}\right)^2 e^{\theta_E/T}}{\left(e^{\theta_E/T}\right)^2} \approx 3R\left(\frac{\theta_E}{T}\right)^2 e^{-\theta_E/T}$$

디바이 제한조건

$$T \gg T_D \rightarrow U = \frac{9NkT^4}{T_D^3}\int_0^{T_D/T} x^2 dx = \frac{9NkT^4}{T_D^3 = 3NkT} \quad C_V = \frac{\partial U}{\partial T} = 3Nk$$

$$T \ll T_D \rightarrow \int_0^{\infty} \frac{x^3}{e^x - 1} dx = \frac{p^4}{15} \quad U = \frac{3\pi^4 NkT^4}{5T_D^3} \quad C_V = \frac{\partial U}{\partial T} = \frac{13\pi^4 Nk}{5T_D^3} T^3$$

디바이의 고체열용량 증명과정에서는 v_s라는 고체내 진동속도 개념이 도입되고, 상수들의 묶음인 x로 간략히 표현된다. 유도한 디바이 식은 전체 온도 범위에 걸쳐 고체열용량을 정확히 모사하고 있다. 아인슈타인이 파울리의 양자개념을 도입하고, 디바이가 3D 진동수의 차별화를 두면서 CM으로는 해석하지 못하던 저온에서의 고체 열용량 문제를 해결하였다.

QM의 CM화 조건인 고온조건($T > T_D$)에서는 또다시 테일러 전개($e^x-1=x$)를 이용하여 간략화 시키면, C_V가 정확히 3R이 된다. 온도가 T_D 보다 낮은 조건에서는 C_V가 T^3에 비례하는 형태로 변형된다.

그러나 디바이 식에서도 여전히 전자의 기여도가 추가되지 않았다. 따라서 극저온이 되면 C_V가 T^3에 비례한다는 관계식에서 약간씩 벗어나게 된다. 여기에는 열용량에 대한 전자의 기여도가 반영되어야 한다. 이를 보정하기 위해서는 온도에 비례하면서 페르미 에너지에 반비례하는 전자에 의한 열용량($C_{electron}$) 관계식과 기존의 고체 진동에 의한 열에너지 발생항인 T^3에 비례하는 열용량($C_{vibration}$)을 동시에 고려해야 한다.

$$C_{metal} = \frac{\pi^2 N_A k^2}{2E_F} T + \frac{12\pi^2 N_A k}{5T_D^3} T^3$$

전자 기여를 고려한 열용량

등장인물 살펴보기

피에르 듀롱(Pierre Dulong, 1785~1838)

프랑스의 물리학자, 화학자이다. 그는 열용량과 기체의 팽창, 굴절률에 관하여 연구하였다. 의학도 공부를 하였으나 과학에 더 집중하였다. 유독한 삼염화질소(NCl_3)를 발견하였으나, 이때 두 개의 손가락과 한쪽 눈을 실명하기도 하였다. 그는 페티와 공동연구를 수행하였다.

알렉시스 페티(Alexis Petit, 1791~1820)

프랑스의 물리학자이다. 증기엔진의 효율증대에 관하여 연구하였으며, 카르롯(Carnot)이 진행한 열 엔진의 열역학적 효율에 관한 단초를 제공하였다. 동료인 듀롱과 함께 1819년에 발견한 금속의 고체열용량에 관한 듀롱–페티 법칙으로 유명하다. 사진 자료가 거의 없을 정도로 굉장히 고독한 학자로 지냈다.

엔리꼬 페르미(Enrico Fermi, 1901~1954)

이탈리아의 물리학자이다. 상대성이론, 원자의 양자론, 분광학 등을 연구하였다. 1938년에는 중성자에 의한 인공방사능 연구의 업적으로 노벨 물리학상을 수상하였으며, 파시즘의 압박을 피해 노벨상 수상 기회로 미국에 망명, 중성자 연구에 전념하였다. 맨해튼 프로젝트에도 참여하였다.

피터 디바이(Peter Debye, 1884~1966)

미국의 물리학자이다. 저온에서 비열 이론으로 아인슈타인의 비열식을 계량한 디바이 비열식을 제안하였으며, 양자론의 진보에 공헌하였다. 또한 x–선 회절연구에서 셰러(Scherer)와 함께 작은 결정으로 된 물질의 결정 구조해석에 유력한 방법을 제공하였다.

CHAPTER

07

CM 실패-광전효과

인생에 두려워할 것은 아무것도 없다.
이해의 대상일 뿐이다.

• 마리 퀴리

아인슈타인의 사고실험

보수적인 플랑크는 당시의 볼츠만 통계역학과 맥스웰 전자기학에 만족해 있었으며, 스스로 양자 불연속 개념을 도입했지만 양자라는 개념을 부정하고자 하였다. 또한 아인슈타인의 상대성이론은 극찬하면서도 정작 자신의 가설과 관련이 깊은 광양자설은 인정하지 않았다. 정작 그랬던 그는 흑체복사 현상을 설명하기 위해 $E=nh\nu$라는 에너지의 양자화를 제안하였다. 자신도 파동으로 생각하던 빛이 불연속적인 에너지 단위로 이루어졌다는 것에 심한 괴리감에 빠져있었다. 이는 파동에너지가 연속적으로 존재하지 못하기 때문에 진폭도 불연속이어야 한다는 말이 되고, 그러면 더 이상 연속적인 파동의 특성이 사라진다는 말이 된다. 이는 빛이 파동이라는 고전물리학 개념으로는 이해하기 어려운 괴이한 현상이었다. 이에 관한 이해 방법을 제시한 사람이 바로 아인슈타인이다.

아인슈타인은 사고실험(Gedanken experiment)을 즐겼는데, 가설을 먼저 세운 뒤 머릿속으로 그러한 진리를 생각만으로 검증하여 결론에 도달하는 연역적 방법(A이기 위해서는 B여야 한다)을 이용하였다. 예를 들자면, 사과가 떨어지는 것을 보고 지구가 물체를 잡아당기는 힘이 있다는 뉴턴적 사고가 아닌,

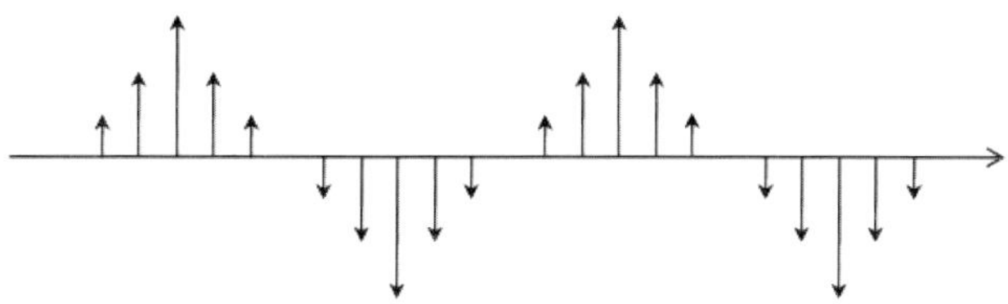

양자화 된 파동의 불연속성

지구라면 물체를 잡아당기는 힘이 있어야 한다는 가설적 결론을 먼저 세운 다음에 이를 증명하기 위해 사과가 떨어지는 것을 보여주는 것이다.

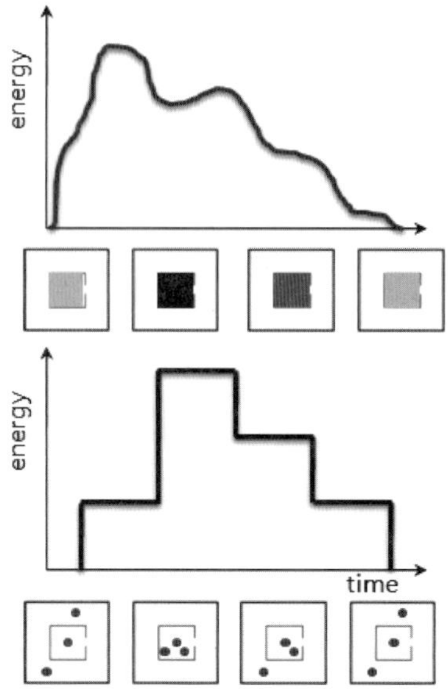

연속적(상), 불연속적 에너지 전달

아인슈타인은 에너지는 양자화 되어 있어서 순식간에 에너지가 전달될 수 있다고 결과론적 가설을 세웠다. 그리고 그 가설을 증명하기 위해 흑체 내부에 공동이 있는 작은 상자를 고안하고, 외부에서 열에너지를 공급하면 복사에 의해 에너지가 내부의 작은 상자로 들어갈 것이라고 생각했다.

사고실험 결과, 연속적인 에너지라면 시간에 따른 내부 상자의 에너지 또한 연속적인 값이 되겠지만, 실제로는 불연속적인 값을 보이기에 빛 에너지의 이동이 순식간에 발생해야 한다는 것을 알아냈다. 따라서 빛 에너지는 공과 같은 입자형태의 에너지 전달을 이루어야 하고, 이때 그 공이 지닌 에너지는 $h\nu$이며 공의 개수가 n이 된다는 것이다. 이로서 빛 에너지를 입자화 된 공처럼 생각함으로써 에너지 전달의 불연속성을 이해하고자 하였다.

광전자의 발견

알루미늄 금속판에 빛(UV)을 비추면 반짝거리는 것은 단순히 빛을 반사해서만 이 아니라 외부에서 받은 전자기파에 의해 유도된 광전자(photoelectron)가 튀어나오는 것으로 설명된다. 이는 헤르츠(Heinrich Hertz, 1857~1894)에 의해 발견된 광전효과(photoelectric effect, Hertz effect)와 아인슈타인이 설명한 광양자설에 기반을 두고 이해할 수 있다.

광전효과를 관찰한 헤르츠 실험장치

1887년 전자기 복사에 관한 연구를 진행 중이던 헤르츠는 우연한 기회에 광전효과를 발견하게 된다. 양끝이 연결된 두 개의 금속구를 약간 띄어 놓은 상태에서 전위차에 의해 스파크를 발생하는 장치를 만들었다. 그런데 스파크를 발생시키는 금속구 사이에 UV를 쪼이면 스파크 발생에 필요한 최소 전압이 줄어드는 것을 관찰하였다. 이는 UV가 금속구들로부터 맞은편 금속구로 전하 방출을 용이하게 하였다는 것을 말한다.

도체 내의 자유전하들은 표면의 에너지 장벽에 의해 외부로 빠져 나가지 못하지만, 하전된(electric charged) 전자들은 이 장벽을 넘기 위해 다양한 방법으로 에너지를 확보할 수 있다는 것이 잘 알려져 있었다. 따라서 헤르츠 실험에서는 빛을 이용한 것뿐이라는 것이었다.

헤르츠 실험 전인 1883년, 에디슨(Thomas Edison, 1847~1931)은 물질에 고열로 가열할 때 열에너지가 금속 내의 전자에게 공급되어 열전자 방출(thermoelectronic emission)이 발생한다는 것을 관찰하였다. 따라서 당시 헤르츠의 관찰은 그리 혁명적이라고 할 수는 없다.

톰슨(Joseph Thomson, 1856~1940)은 하전된 금속 표면에 수은등(UV 램

프)을 쪼이면 하전 되어 벌어졌던 금속판 사이에 척력이 사라지는 것을 관찰 하였고, 이러한 현상에는 광전자가 기여했다고 보았다. 톰슨은 또한 1897년에 음극선 실험을 통해 음전하를 띤 미립자(corpuscle)의 질량과 하전량을 알아내었다. 훗날 그 미립자가 바로 전자(electron)라고 칭하게 되었다.

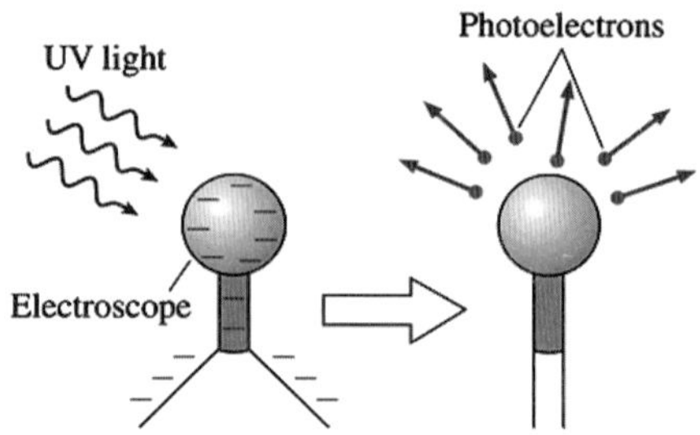

톰슨의 광전자 관찰 실험

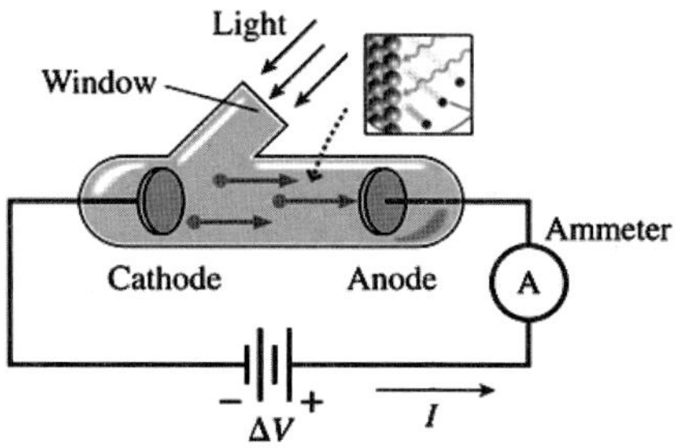

레너드의 광전자 관찰 실험

헤르츠의 광전효과 발견 후 10년 뒤인 1897년, 그의 조교였던 레너드(Philipp Lenard, 1862~1947)는 열전자 방출에 관한 사고에서부터 빛과 전자의 방출의 관계까지 깊이 있게 실험하여, 광전자를 실험적으로 계측하였다. 떨어져 있는 두 개의 금속판에 전류계를 장착하여 빛의 유무에 따른 전류량 변화를 관찰하였다. 진동수가 크고 파장이 짧은 빛을 쪼일 때 전류가 흘렀으며, 이는 원거리에서 전자가 이동했다는 것을 의미했다. 이로서 서로 떨어져 있는 금속판의 전자가 빛에 의해서 쉽게 방출될 수 있음을 알게 되었고 이를 광전자로 인식하였다.

레너드 실험에서 모든 광전자가 반대 금속판으로 이동하는 것은 아니다. 외부 전압의 방향에 따른 전류값 변화 효과가 존재한다. 전류의 방향이 반대라면, 금속표면에서 발생한 광전자는 반대편으로 전달되지 못하고 공간으로 방

출되어 전류가 흐르지 않게 된다. 또한 음의 전압을 인가하면 모든 전류의 흐

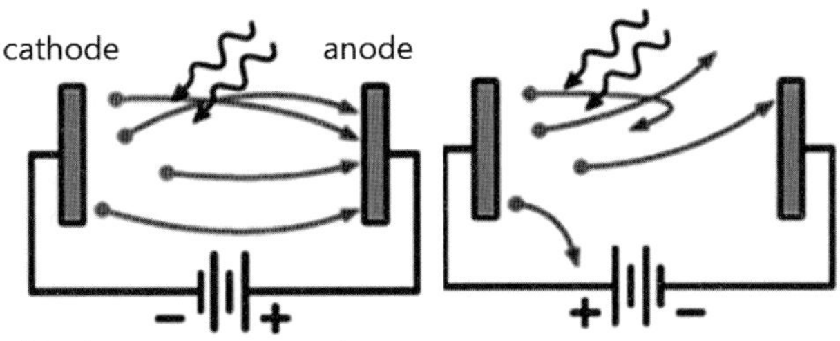

전류의 방향에 따른 광전효과

름을 정지시킬 수 있다는 것을 알게 되었다. 이때 필요한 음의 전압을 저지전압(V_{stop}, stopping potential)이라고 한다.

빛의 세기에 무관하게 진동수만 같다면 저지전압은 동일하지만 발생된 전류값은 세기에 비례한다. 진동수가 커지면 발생된 광전자가 지닌 단일 전자에너지가 크기 때문에 반대 전극으로 가려는 힘을 저지하기 위해서 더 큰 저지전압을 필요로 한다. 이때는 진동수와는 무관하게 전류값(빛의 세기에 비례)은 일정하게 된다.

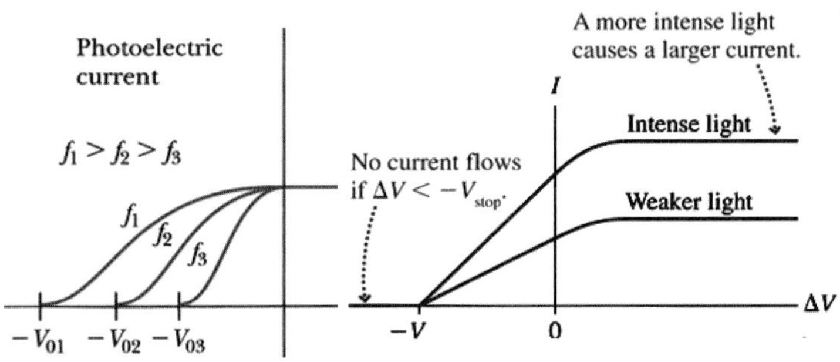

진동수와 세기 변화에 따른 저지전압

광전효과

태양에너지 발전에 사용되는 태양 전지(solar cell)와 광다이오드 (photodiode)는 모두 광전효과를 이용한다. 금속 물질이 고유의 특정 파장보다 짧은 파장을 지닌 고에너지의 전자기파를 흡수했을 때 전자를 내보내기 위해서는 한계 파장이라는 특정 파장이하에서만 가능하다. 그때의 진동수를 한계 진동수(threshold frequency, ν_o)라고 하며 플랑크 상수를 곱하여 전자가 방출되기 위해 필요한 일함수(W=hν_o, work function)가 된다.

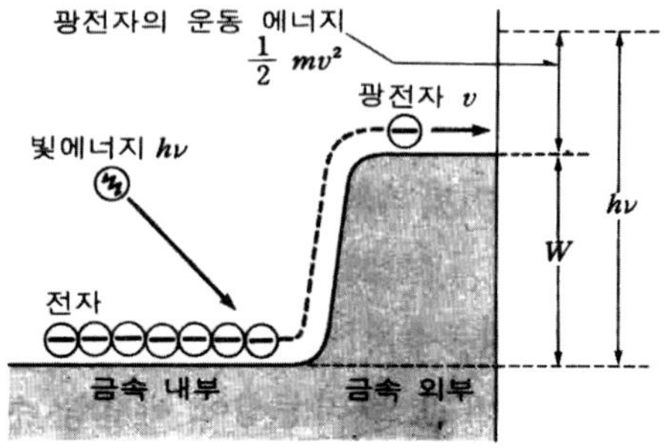

에너지 준위에 따른 광전효과 설명

빛의 진동수가 한계 진동수 보다 더 크지 않으면 빛의 세기가 아무리 강해도 광전자는 방출되지 않는다. 즉, 금속 표면의 전자가 탈출하기 위해서는 전자 탈출에 필요한 만큼의 광에너지가 필요하고 이에 특정 진동수 이상에서만 반응하게 된다. 잉여 광에너지는 전자의 운동에너지 형태로 흡수된다. 칼륨 금

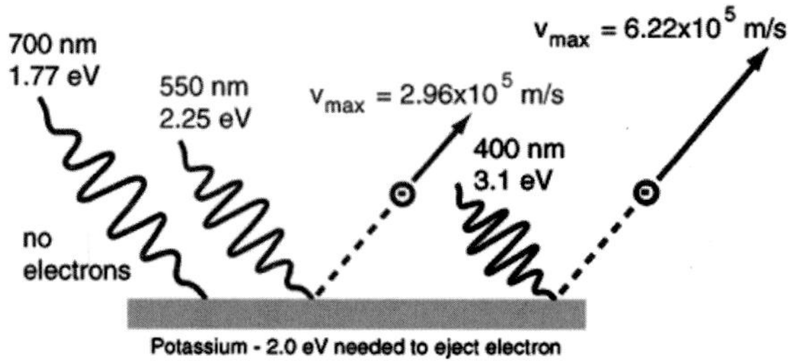

임계전압이 2 eV인 칼륨 금속의 광전효과

속을 예로 들자면, 700 nm의 가시광 조사시에는 광전자가 발생되지 않는다. 칼륨은 전자 방출을 위해 2 eV의 에너지를 필요로 하기에 550, 400 nm의 광에서는 광전자가 발생된다. 또한 방출된 광전자는 더 작은 파장대의 빛에서 더 큰 방출속도(큰 운동에너지)를 지니게 된다.

빛을 파동으로 생각하던 고전물리학에 의하면 파장의 크기에 상관없이 전 영역에서 광전자가 방출되어야 한다. 따라서 한계 진동수를 지닌다는 것은 고전물리학에 위배되는 현상이었다.

입사광의 세기와 진동수를 변화시키면서 광전효과 변화를 관찰하면 일정한 규칙성을 보인다. 입자광의 세기를 증가시키면 튀어나오는 광전자의 수가 증가하는 데 반해, 튀어나온 단일 전자가 지닌 에너지는 세기 증가전과 동일하다. 입사광의 진동수를 증가시키면 튀어나오는 광전자 수는 변함없지만, 광전자가 가진 에너지는 증가한다. 즉 더 빨리 속도로 튀어 나오게 된다.*

실험결과를 해석하면, 빛의 강도를 증가 시키더라도 진동수는 고정된 상태이므로 단일 전자에너지는 변하지 않는다. 따라서 진동수는 광전효과로 인해 발생되는 단일 전자의 에너지를 변화시키며, 세기는 발생된 전자수를 증가 시킨다고 할 수 있다.

---

* 빛의 세기는 총알의 개수로 비유할 수 있고, 진동수는 해당 총알의 종류라고 할 수 있다. 빛의 세기가 증가하면 금속판에 쏘는 총알의 개수가 많아지므로 튀어나온 광전자 수가 증가한다. 그러나 튀어나온 광전자(총알)이 지닌 에너지는 각기 동일하다. 또한 진동수를 바꿔 기관총과 소총의 총알을 비교할 수 있으며, 빛의 세기가 같기에 튀어나오는 총알(광전자)의 수는 같지만 기관총으로 쏜 경우(큰 세기의 빛)가 튀어나온 광전자의 속도를 증가시킨다.

CM의 광전효과 해석

고전물리학 관점에서 입사광의 세기와 진동수 변화에 관한 실험을 해석하면 도저히 이해할 수 없다. 즉 입사광의 세기가 증가한다는 것은 진폭을 증가시키는 것이고, 입사광의 증가된 에너지만큼 단일 전자에너지가 커져야 한다. 또한 진동수가 증가했다는 것은 파장이 짧아졌다는 것으로, 진폭은 그대로이므로 튀어나오는 전자의 에너지는 유지하되 잔물결효과로 인해 튀어나오는 전자수는 감소해야 한다. 여기서 잔물결효과란 파장이 짧다보니 마루와 마루 사이 간격이 짧아서 마루위에 입자가 그냥 떠있는 것처럼 보이는 효과이다. 이상의 내용은 실험결과와 정반대로 해석을 하게 된다.

UV(광전자)나 고온(열전자) 처리시 금속 표면에서 전자 방출하는 데 있어, 한계 진동수가 존재하는 것에 관해 고전물리학의 입장은 수영장의 물로 비유하여 해석한다. 수영장내 물방울을 풀장 밖으로 내보내기 위해서는 mgh 만큼의 최소한 에너지가 필요하고, 이것 때문에 광전자가 발생하기 위해 일함수가 있어야 한다는 것이다.

이상이 해석을 바탕으로 파동이라고 했을 때 나타나는 몇 가지 의문점을 정

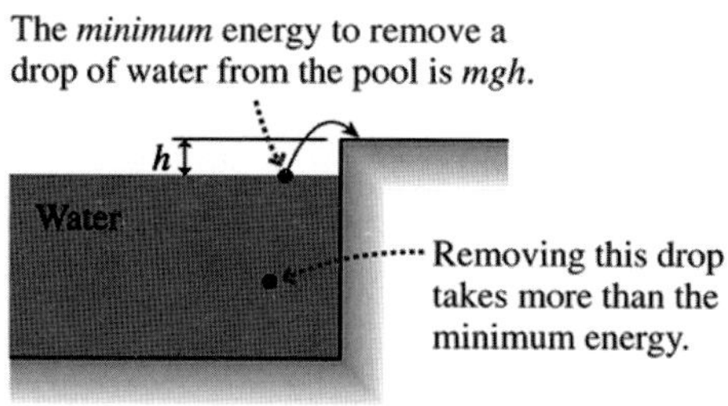

한계 진동수에 관한 CM 해석

리하면 다음과 같다. 첫째는 파장 문제이다. 어떤 파장이라도 장시간 비추거나 밝게 비추면 충분한 에너지가 축적되어 전자 방출될 수 있어야 하는 것이 기존 입장이었다. 그러나 실제 실험에서는 특정 파장이하에서만 광전자가 방출되었으며, 한계파장 보다 에너지가 작은 입사광은 아무리 오래 비춰도 광전자를 방출하지 않았다. 두 번째 문제는 조도 문제이다. 빛의 세기가 강할수록 튀어나오는 전자의 에너지가 커져야 했다. 그러나 튀어나오는 단일 전자의 에너지는 조도에 상관없이 진동수에 의존한 결과를 얻었다. 마지막으로 방출시간 문제이다. 약한 세기의 빛은 전자가 튀어나오는 데 시간이 오래 걸려야 한다. 그러나 빛의 세기에 상관없이 튀어나오는 시간은 일정하고 전자의 개수만 감소한다. 대신 입사광의 진동수가 크면 튀어나온 전자의 속도는 증가한다.

아인슈타인의 해석

이상의 광전효과를 입자로 해석한다면 쉽게 이해할 수 있다. 이는 아인슈탄의 가설(postulate)로 해결되었다. 빛의 에너지는 $h\nu$라는 불연속인 양(qunata)으로 구성되어 있으며, 빛의 흡수/방출시에는 완전한 양만을 흡수/방출하여 단일전자에 모든 에너지를 담아 보낸다고 가정하였다.

아인슈타인의 해석을 CM의 수영장 해석과 비교해 보면, 풀장에 조약돌을 던졌다고 하면 CM 관점은 조약돌의 에너지가 물분자와 공유를 하고 수면내 작은 파동만 발생한다는 것이다. QM 관점에서는 하나의 조약돌은 자신이 가진 모든 에너지를 하나의 물방울에게만 전달하고 그 물방울이 풀장 밖으로 쉽게 벗어날 수 있다는 것이다.

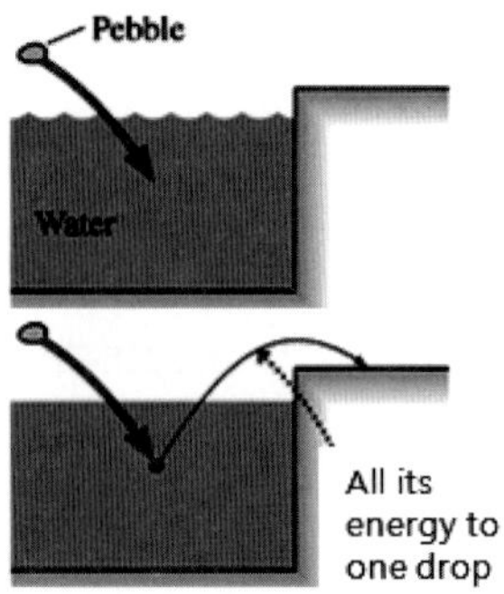

CM(위), QM의 조약돌 모델

빛을 에너지 덩어리인 광입자(광자, photon)라고 본 아인슈타인 관점에서 실험을 재해석하면 광전효과를 보다 쉽게 이해할 수 있게 된다. 입사광의 세기가 증가하고 진동수가 일정하다는 것은 던지는 조약돌의 개수가 증가하되 일정한 속도로 던졌다는 것이다. 당연히 튀어나오는 전자수는 증가하되 튀어나온 전자의 에너지는 동일하게 된다. 반대로 세기를 일정하게 하고 진동수를 증가시키면, 동일한 개수의 조약돌을 더 세게 던졌으므로 단일 전자에너지는 증가하고 발생된 전자는 일정하게 된다. 이는 실험 결과와 동일하다.

전자 방출에 필요한 에너지는 아인슈타인의 일함수 개념으로 정립되었다. 즉 튀어 나오는데 필요한 에너지($1/2mv^2$)는 입사광과 광전자가 지닌 에너지의 편차($h\Delta\nu=h\nu-h\nu_0=h\nu-W$)로 해석하였다. 만약 전자가 튀어나오지 않는다면 입사한 빛의 에너지가 일함수 보다 작거나 거의 일치한 경우이고, 그 이상의 에너지가 공급되어야 운동하는 자유 광전자를 발생시킬 수 있다. 일함수는 금속별로 차이가 나며, 세슘(Cs)은 2.1 eV로 민감하며 백금(Pt)은 6.35 eV로 둔감하다. 그래서 빛의 강약을 전류의 강약으로 바꾸어 주는 강전관(photoelectric tube)이 자동문에 장착되어 있고, 빛의 강도에 가장 민감한 반응을 보이는 세슘이 사용된다. 광전효과는 컴퓨터, 태양전지, 광통신, 리모컨의 수신부, 광다이오드, 디지털카메라 등의 작동원리로 사용된다.

여기서 아인슈타인의 업적을 정리하자면, 그의 광량자설에 의해 $E=h\nu$라는 것을 확고히 하였고 광량자의 운동량 P(=hν/c)는 h/λ가 된다는 것을 입증하였다. 따라서 빛도 입자로서 파장에 반비례하는 운동량을 가지고 있다는 것이 된다.

밀리컨의 실험

아인슈타인의 일함수 해석을 모두가 쉽게 받아 들였던 것은 아니다. 밀리컨(Robert Milikan, 1868~1953)은 아인슈타인의 해석이 틀렸다고 생각하고 이를 증명하기 위해 10년간 반복실험을 했다. 진동수를 변화(⊿ν)시켜가면서 광전자 발생으로 인한 에너지 편차(⊿E)를 2차원 좌표로 나타내는 실험이었다. 결과는 늘 직선으로 나타났다.

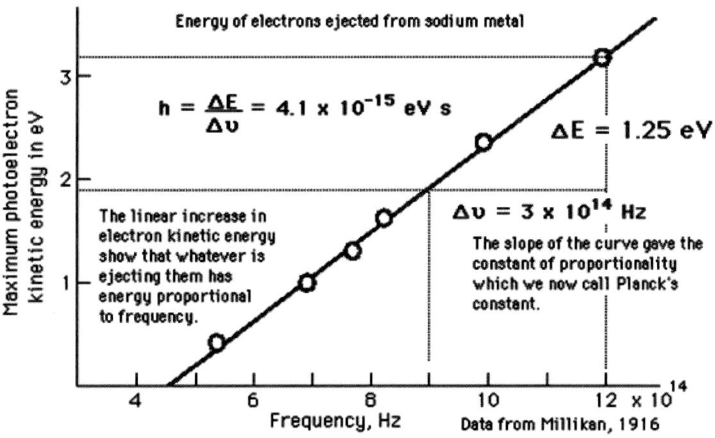

밀리컨의 플랑크 상수 계산 곡선

그 직선의 기울기(⊿E/⊿ν)가 의미하는 바가 바로 플랑크 상수인 h를 말하는 것이었다. 현재의 값과 약 1%의 오차밖에 없을 정도로 정교한 실험이었다.* 그는 고전물리학에 입각하여 문제를 해석하려고 하였으나, 결론적으로는 에너지가 양자화 되어있다는 플랑크의 중요 상수값을 자신의 실험으로 증명하게 된 셈이었다. 당연히 아인슈타인의 일함수도 입증되었다.

* 전자는 1.6×10^{-19}C을 지니고 있으므로, 이를 밀리컨 실험에서 구한 기울기(⊿E/⊿ν) 값과 곱하면, 6.56×10^{-34} Js가 된다. 현재의 플랑크 상수 값은 6.626×10^{-34} Js로 밀리컨의 실험이 상당히 정교했다고 할 수 있다.

등장인물 살펴보기

하인리히 헤르츠(Heinrich Hertz, 1857~1894)

독일의 물리학자이다. 일상에서 자주 쓰는 주파수의 단위인 헤르츠는 이 사람의 이름에서 따올 정도로 전자기학에 지대한 업적을 남겼다. 무선통신의 기초 원리를 제시하였으며, 아인슈타인이 설명하게 된 광전효과를 처음 발견한 인물이기도 하다.

토마스 에디슨(Thomas Edison, 1847~1931)

미국의 발명가이다. 전등 발명을 포함한 특허수가 천 가지가 넘을 정도로 많은 발명을 하였다. 전구실험 중에 발견한 에디슨 효과는 열전자 현상 연구와 진공관에 연구에 응용되어 전자산업 발달에 기여하였다. 그는 대학의 강의를 경멸하였고, 99%의 노력과 1% 영감을 강조했다.

조제프 톰슨(Joseph Tomson, 1856~1940)

영국의 물리학자이다. 전자와 이성질체의 발견으로 유명하며, 질량분석기를 발명하였고, 전자를 발견한 업적으로 1906년 노벨 물리학상을 받았다. 그는 러더퍼드(Rutherford), 오펜하이머(Oppenheimer), 브래그(Bragg), 보른(Born) 등 유명한 제자를 많이 배출하였다.

필립 레너드(Philipp Lenard, 1862~1947)

독일의 헝가리계 물리학자이다. 음극선에 관한 연구를 통해 1905년 노벨 물리학상을 받았다. 그는 나치주의 지지자였으며, 헝가리인임을 자랑스러워했다. 헤르츠와 톰슨의 관찰을 실험적으로 정밀하게 증명하여 광전효과 분야의 중요한 역할을 하였다.

로버트 밀리컨(Robert Milikan, 1868~1953)

미국의 물리학자이다. 밀리컨의 기름방울실험을 고안하여 전자의 기본전하량을 측정하였다. 광전효과에 관한 정량적인 연구를 수행하여 플랑크 상수 값을 구하였다. 기본 전하량과 광전효과에 관한 연구로 1923년 노벨 물리학상을 수상하였다.

CHAPTER

08

CM 실패-컴프턴 효과

만약 당신이 진실로 진리를 추구하는 사람이라면
생애에 적어도 한번은 가능한 모든 것을 깊게 의심해 볼 필요가 있다.

데카르트

컴프턴 광산란 실험

플랑크의 흑체복사 설명과 아인슈타인의 광전효과 설명의 핵심은 빛은 입자화된 에너지 덩어리라는 것이다. 즉 빛은 입자라는 것이었으나 기존에 고전물리학이 지닌 지독한 고정관념으로 인해 이를 인정하려 하지 않았다. 플랑크 또한 자신의 양자화 개념을 그다지 중요하게 생각하지 않았었다. 그러다가 컴프턴(Arthur Compton, 1892~1962)의 광산란 실험이 '빛=입자' 개념으로만 설명된다는 것이 알려지면서 입자설이 확고히 자리를 잡게 되었다.

영의 이중슬릿 실험으로 빛의 파동설이 정립 되었다면, 플랑크의 설명은 양자론의 발단이 되었고 컴프턴 효과(Compton effect 또는 scattering)는 빛의 입자설을 유력하게 만들었다. 아인슈타인의 광양자설이 맞는다면 빛의 입자, 즉 광자를 충돌시켜 이 운동량 관계가 성립되는지 확인할 수 있을 것

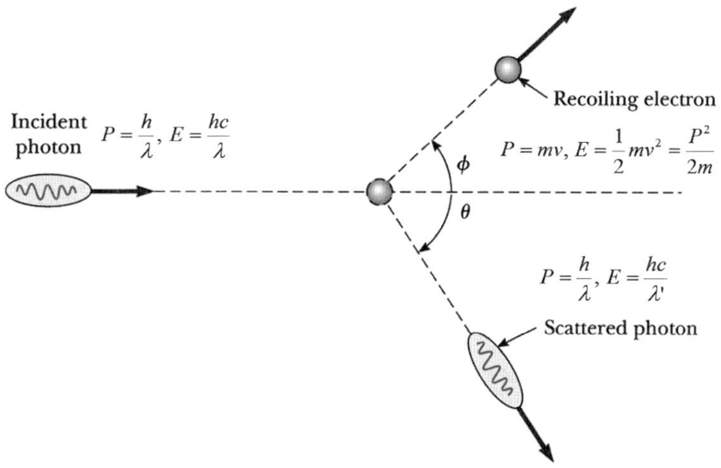

컴프턴의 광산란 실험

이다. 광전효과에서는 광자를 금속에 충돌(흡수)시키는 경우로 광자의 운동량이 너무 작다. 그러나 광자를 질량이 작은 자유전자와 충돌시키면 운동량을 받은 정도를 쉽게 관측할 수 있다.

1923년 컴프턴은 x-선을 흑연에 조사시켜 조사 전후의 파장 변화를 관찰하였고, 산란된 x-선의 파장이 입사시의 파장보다 길어진다는 사실을 발견하였다.* 또한 x-선의 조사로 파장이 증가함과 동시에 흑연으로부터 전자(Compton electron)가 튀어나왔다. 입사광이 파동이라면 고정된 입자와 부딪쳐서 같은 진동수의 구면파를 형성하면서 회절 되어야 한다. 따라서 빛이 파동이라는 것으로는 컴프턴의 실험 결과를 설명할 수 없었다.

당구공으로 다른 공을 맞췄을 때 정지했던 공과 움직이는 공은 직선 운동방향에서 특정 각도로 휘게 되는 것은 둘 다 입자이기 때문에 가능하다. 산란되어 튕겨나가는 전자를 되튐전자(recoil electron)라고 한다. 이러한 현상이 컴프턴 효과에서 나타났으며, 이는 빛이 입자라는 가정하에서만 설명될 수 있다.

원자내 산란

산란은 컴프턴 효과도 만들지만 사실 광전효과도 산란에 의한 특성이다. 원자내의 전자에 의한 입사광의 산란효과는 크게 3가지로 구분된다. 0.5 MeV이하

---

* 조사된 광이 전자와 부딪치지 않고 산란되면서 파장의 길이가 변하지 않는 경우도 있다. 즉 입사광(incident photon)의 파장(λ_1)은 산란광(scattered photon)의 파장(λ_2)과 일치하는 경우로 레일리 산란이 이에 해당된다.

의 낮은 에너지를 지닌 광자에 의해서는 광전효과를 발생시키며, 0.5~5 MeV의 중간 에너지 입사광은 컴프턴 효과를 보인다.

5 MeV 보다 큰 에너지를 지닌 x-선이나 γ-선은 우선 첫 번째 만나는 원자와 부딪쳐서 음전자(negative electron)와 양전자(positive electron, positron)을 형성한다. 양전자는 전자의 반물질(anti-matter)로, 일단 발생하면 전자와 쌍결합(pair production)하고 양전자 붕괴(annihilation)를 통해 이때 높은 에너지의 광자를 발생시킨다. 사실 컴프턴 효과는 전영역에서 모두 발생할 수 있다. 반물질에 대해서는 추후에 다시 다룬다.

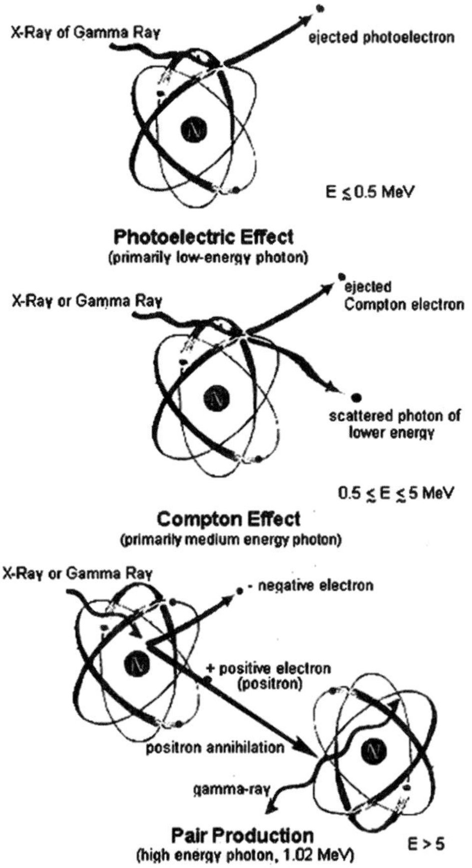

입자광의 세기에 따른 산란 종류

진동수가 매우 큰 x-선의 광자가 물질내부의 전자와 충돌하여 전자에게 에너지를 주었기 때문에 산란된 광자의 파장이 길어진다(에너지 손실). 이 논리가 맞다면 충돌 전후의 운동량은 보존되어야 하며, 이는 실험을 통해 증명되었다. 빛이 입자이기 때문에 양성자(proton)처럼 무거운 입자에 대해서는 컴프턴 효과가 잘 나타나지 않는다.

파장의 변화를 수반하지 않는, 입사파와 산란파의 파장이 같은 산란인 톰슨 산란(Thomson scattering)도 있다. X-선이 물질에 닿으면 물질 내의 전자에 강제 진동을 유발시켜, 그 결과로 주위의 공간에 전자파를 방사하게 된다. 이는 전하를 띈 입자에 의해 전자기파가 탄성산란(elastic scattering) 되는 현상으로, 플라즈마(plasma) 물리학 분야나 방사선투과시험(radiographic testing)에 응용된다. 빛의 파동 성분중 전기장에 의해 하전 된 입자가 움직이는 것으로 파동성에 가깝게 보이지만, 광자의 에너지가 커지면 컴프턴 산란과 동일해 진다.

산란을 통한 파장 변화

납(Pb) 원자에 412 keV의 x-선을 조사하면 에너지가 82 keV로 감소된 산란광이 발생한다. 이러한 컴프턴 효과는 운동량 에너지가 보존되는 것을 증명하면 완벽하게 '빛=입자'가 정립되는 셈이다. 운동량(p)은 mv로 쉽게 나타낼 수 있으며, 산란각을 알면 움직이는 방향과 속도 결정이 가능하다. 그러나 고전물리학에서의 운동량은 모두 정지질량(m, rest mass)이 있어야 하지만, 빛을 정지 시켜 그 질량을 측정한다는 것이 불가능하다. 즉 상대성원리에 의해 빛을 정지시키려면 빛과 동일한 속도로 움직이면서 관찰해야 하며, 이때 상대적인 정지질량은 0이 된다.

다행히도 아인슈타인은 광전효과를 설명한 광양자설에서 운동량을 파장의 특성으로 변형시켰다. 즉 p=E/c이고 E=hν=hc/λ이므로, 빛의 운동량은 h/λ*가 된다. 따라서 운동량에서 질량을 고려하지 않아도 된다. 질량을 알고 있는 전자의 경우는 기존의 질량을 사용하여 운동량을 계산한다.

컴프턴 산란의 진동수 변화 증명

Energy conservation

$$\frac{hc}{\lambda}=\frac{hc}{\lambda'}+\frac{P^2}{2m} \quad (1)$$

Momentum conservation

$$\frac{h}{\lambda}=\frac{h}{\lambda'}+mv$$

→ x component $$\frac{h}{\lambda}=\frac{h\cos\theta}{\lambda'}+P\cos\phi$$

y component $$0=\frac{h\sin\theta}{\lambda'}-P\sin\phi$$

→ (component)^2 $$P^2=\frac{h^2}{\lambda^2}+\frac{h^2}{\lambda'^2}-\frac{2h^2\cos\theta}{\lambda\lambda'}$$

→ (1)+(2) $$\frac{1}{\lambda}-\frac{1}{\lambda'}=\frac{h}{2mc}\left(\frac{1}{\lambda^2}+\frac{1}{\lambda'^2}-\frac{2\cos\theta}{\lambda\lambda'}\right)$$

$$\Delta\lambda=\lambda'-\lambda=\frac{h}{2mc}\left(\frac{\lambda'}{\lambda}+\frac{\lambda}{\lambda'}-2\cos\theta\right)=\frac{h}{mc}(1-\cos\theta)=\lambda_c(1-\cos\theta)$$

Compton constant → $$\lambda_c=\frac{h}{mc}=0.024$$

입사광의 세기가 커질수록 되튐전자와 산란광이 지닌 에너지도 증가한다. 반면 일정한 전압에서 산란각이 커질수록 산랑광의 세기는 증가하고 되튐전

---

* 에너지에 관한 아인슈타인 식을 속도가 빠른 입자에 대해서 상대성 원리를 적용하면, $E=[(pc)^2+(mc^2)2]^{1/2}$이 된다. 광자의 정지질량이 0이므로 E=pc가 되고, E=hν라는 것과 일치한다. 따라서 p=hν/c=h/λ가 된다.

자의 세기는 감소한다. 그 두 에너지의 증감의 합은 언제나 입사광의 에너지와 동일하게 되어 에너지 보존 법칙이 성립하게 된다.

x성분과 y성분으로 분해한 운동량 보존과 에너지 보존을 이용하여 진동수의 변화($\Delta\lambda$)를 구할 수 있다. 여기서 컴프턴 상수(λ_c)가 0.024 nm가 되고, 진동수의 변화는 각도에 따라서 90° 이전에서는 전방산란, 그 이상은 후방산란이 일어난다. 산란각이 증가하면 에너지 손실로 인해 산란광의 파장(λ')이 증가하고, $\Delta\lambda$도 증가한다. 각도가 점점 커질수록 진동수 변화가 커지며, 최대값은 180°에서 일어나며 전자의 질량($m=9.109\times10^{-31}$ kg)을 고려하면 $2\lambda_c=0.048$ nm가 된다. 굉장히 작은 파장 변화라고 볼 수 있지만, 10 nm 이하의 파장을 지닌 x-선(0.01~10 nm), γ-선(10~0.1 pm)의 조사에서는 그 변화량은 작다고 할 수 없다.

안개상자 실험

컴프턴 효과로 튕겨나간 입자를 직접 관찰하기 위해 윌슨(Charles Wilson, 1869~1959)은 안개상자(cloud chamber, Wilson chamber)라는 것을 고안하였다. 대전입자가 지나간 궤적을 미소한 물방울이 줄지어 있는 모습을 통해 입자를 직접 관찰할 수 있는 실험법이다. 원리는 대기속의 수증기가 작은 먼지를 핵으로 하여 응결되고 이것이 모여서 구름이나 안개가 되는 현상과 동일하다.

내부가 보이는 편평한 원통형 상자 안에 압력을 낮춘 수증기나 수증기/아르곤/에탄올의 혼합기체를 채우고 나서, 상자의 밑면을 갑자기 내려 상자내부의 부피를 팽창시키면 수증기가 과포화(과냉각)상태로 된다. 이 과정을 반복하여 내부의 보이지 않는 먼지로 인해 발생된 응축된 수증기를 제거한다. 갑작스런 부피팽창을 유발시킨 상태에서, 상자 안으로 대전입자(되튐전자)가 지나가게 되면, 그 경로 부근의 기체분자가 이온화되고, 해당 이온을 핵으로 하여 수증기가 응결하여 비행기구름과 같은 궤적이 나타난다.

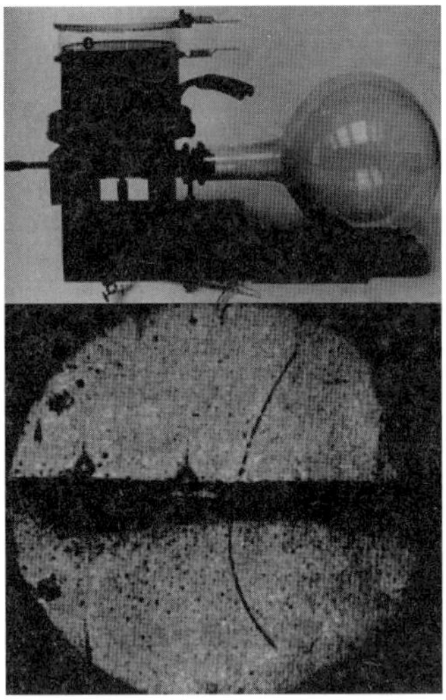

윌슨의 안개상자(위) 및 실험결과

주로 α입자나 β입자가 안개상자를 통과시에는 넓고 직선형태의 궤적을 나타내며, 전자는 얇고 더 휘어진 형태의 궤적을 보인다. 자기장을 걸어주게 되면, 양전하와 음전하를 지닌 입자는 서로 반대방향으로 휘는 궤적을 그리게 된다. 안개상자보다 더 자세한 궤적은 기포상자(bubble chamber)를 이용하여 확인할 수 있다.

등장인물 살펴보기

아더 컴프턴(Arthur Compton, 1892~1962)

미국의 물리학자이다. X-선을 산란시켰을 때 그 파장이 길어진다는 현상을 발견하고, 이를 빛의 양자론으로 설명하는 계기를 만들었다. 이는 빛이 온전한 입자로 행동한다는 것을 확인한 것으로 이 업적으로 인해 1927년 노벨 물리학상을 받았다.

찰스 윌슨(Charles Wilson, 1869~1959)

스코틀랜드의 물리학자이다. 안개상자를 발명하여 1927년에 노벨 물리학상을 수상하였다. 기상학에 관심이 있던 그는 Ben Nevis 관측소에서 기상관측을 하던 중, 구름주변의 햇빛이 산란되는 것을 보고 안개상자에 관한 아이디어를 얻었다. 그의 학문적 스승은 톰슨이다.

CHAPTER

09

CM 실패-수소휘선

배움에 대한 흥분이 젊음과 늙음을 구별한다.
배우고 있는 한 당신은 늙지 않는다.

• 로절린 얄로우

휘선 관찰

1752년 멜빌(Thomas Melvill, 1726~1753)은 뜨겁게 달궈진 발광기체에서 나온 밝은 빛을 슬릿을 통과시킨 다음 스펙트럼을 이용하여 색분리를 하면, 연속스펙트럼이 아닌 휘선스펙트럼이 나타나는 것을 관찰하였다. 불꽃반응 실험(flame test)을 통해 원소(순수성분)를 태우면 물질마다 고유의 불꽃색을 보인다. 비소(As)는 청색, 나트륨(Na)는 진한 노랑, 리튬(Li)은 빨강색의 불꽃을 내며, 이들이 프리즘을 통과하여 휘선을 만들면 색이 분리되어 밝은 선이 보이게 된다. 어떤 두 원소도 똑같은 휘선을 갖지 않는다는 것을 관찰하였다.

차가운 기체에 백색광을 조사한 다음 동일한 방법으로 스펙트럼을 얻으면, 이번에는 휘선과는 반대로 암선이 나타난다. 이는 흡수스펙트럼으로 휘선과 정확히 일치하는 위치에 나타난다. 즉 대상 분자에 열에너지를 공급하여 방출되는 열복사와 백색광을 흡수하는 파장위치가 일치하는 것을 통해 원자내부를 해석할 수 있는 실마리를 제공하게 된다. 또한 멜빌의 관찰은 19세기에 들어서 프라운호퍼에 의한 태양 스펙트럼의 관찰과 키리히호프의 헬륨 발견에 영향을 주었다. 태양을 둘러싸는 여러 가지 기체상 원자

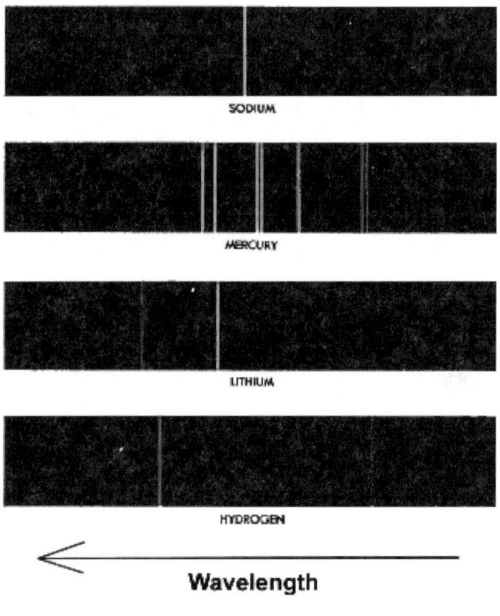

Na, Hg, Li, H의 휘선스펙트럼

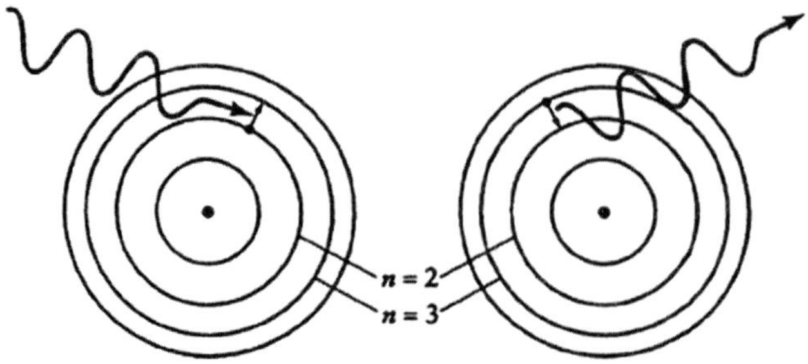

에너지의 흡수와 방출

에 의하여 흡수된 휘선스펙트럼이 프라운호퍼선에 쐐기모양으로 나타난다.

불꽃이나 아크/진공방전 실험에서 휘선이 발생하는 이유는 에너지의 흡수와 방출로 인한 원자내 전자의 원자궤도 변화로 설명된다. 흡수한 에너지에 의해 전자가 여기상태(exited state)되고 그에 따라 흡수스펙트럼이 나타나는 반면, 에너지 방출과 함께 바닥상태(ground state)로 전자가 이동하게 되면 휘선스펙트럼이 나타난다. 지금이야 에너지 준위라는 개념을 알고 있기에 쉽게 이해할 수 있지만, 고전물리학이 지배하던 당시에는 에너지 준위는 불연속적인 에너지로 도입되지 않았던 개념이다. 수소 휘선 스텍트럼을 해석하는 과정에서 이 개념이 도출된다.

수소 휘선

가장 단순한 원자인 수소도 가시광에서 4개의 휘선이 관찰된다. 수소를 채운 유리관을 방전시킨 다음 멜빌의 방법대로 스펙트럼을 얻으면, 656(red), 486

수소 휘선 스펙트럼

(blue green), 434(green), 410(violet) nm의 파장을 지닌 빛으로 분리된다. 이들의 휘선은 $H\alpha$~$H\delta$로 구분하여 불린다. 이들의 수치적인 배열은 별다른 규칙이 없어 보이지만, 휘선이 나타나는 진동수(파장)의 규칙을 찾아내면서 에너지의 불연속성이 더욱 명확해졌고, 에너지의 양자화 개념이 정립되었다.

물리에는 별다른 관심이 없었던 스위스 수학교사였던 발머(Johann Balmer, 1825~1898)는 수소의 휘선 스펙트럼에서 어떤 일정한 수학적 규칙성을 찾아냈다. 당시 수소스펙트럼의 규칙성은 파동성으로 해석하여, 파동의 기계적인 조화(harmony)로부터 발생되는 간단한 조화비라고 생각했었다. 1885년에 발견한 발머 공식(Balmer formula)은 가시광에서 나타나는 휘선의 파장들이 지닌 규칙성을 찾아냈다. 상수 a를 364.56 nm로 볼 때, $H\alpha$부터 $H\delta$까지 일정한 분수비를 보였다. 찾아낸 규칙성에서는 어떠한 물리적 의미도 부여하지 못했지만, 추후에 보어에 의해 물리적 의미가 부여되어 전자궤도의 개념을 갖게 되었다. 4개의 가시광 휘선은 n 값이 3~6일 때 해당하는 값으로, n이 7이상일 때도 가시광으로는 나타나지 않지만 자외선영역의 휘선이 존재할 수 있음을 예상할 수 있었다.

$$\frac{9}{5}a : \frac{16}{12}a : \frac{25}{21}a : \frac{36}{32}a \qquad \lambda = \frac{n^2}{n^2-4}a$$

발머의 수학적 규칙성

리드버그 식

3년 뒤, 리드버그(Johannes Rydberg, 1854~1919)는 발머의 수학적 해석에서 사용한 파장의 비례 대신에 그 역수인 진동수 형태로 해석한 관계식을 도출하였다. 일반적인 상관식을 유도하여 다양한 영역의 전자기파에서도 휘선이 나타날 수 있음을 보였다.

$$\frac{1}{\lambda} = \frac{\nu}{c} = R\left(\frac{1}{(m+a)^2} - \frac{1}{(n+b)^2}\right)$$

리드버그의 일반식

리브버그는 상수(R=1.0973×10^7/m)를 도입하였으며, 원자만의 상수(a, b)가 정의되면 모든 스펙트럼을 계산할 수 있음 보였다. 수소의 경우는 a, b 모두 0으로 놓고 계산할 수 있고, 일반적인 상관식인 R(1/m^2−1/n^2) 형태를 보인다. 여기서 리드버그 상수는 발머 상수와 연관되며, aR=4라는 관계를 갖는다. 가시광에서 나타나는 발머 계열(Balmer series)의 휘선은 m=2일 때의 리드버그 식으로 대체할 수 있다.

고전물리학에 의하면 모든 파동은 단순파동의 합으로 나타낼 수 있으며, 에너지 또한 연속적이므로 $E_1+E_2=E$로 나타내게 된다. 즉 새로운 전자기파의 에너지는 임의의 에너지들의 합으로 표현된다. 그러나 리드버그 식에 에너지는 의하면 어떤 두 값의 차이로 표현된다. 즉 휘선이 나타나는 위치는 두 항의 차이, 불연속적인 값으로 표현된다는 것이다. 이를 통해서 빛의 흡수와 방출과정에서는 원자 내부의 어떤 부분들이 재배열이 일어난다는 것을 예측할 수 있

$$\frac{1}{\lambda} = R\left(\frac{1}{4} - \frac{1}{n^2}\right) \quad E = hv = hRc\left(\frac{1}{4} - \frac{1}{n^2}\right) \quad E_n = \frac{hRc}{n^2}$$

발머계열에 관한 리드버그 식

었다. 수소에 관한 리드버그 식을 이용하면, 방출되는 빛의 에너지는 $hRc(1/4-1/n^2)$의 형태를 지니게 된다. 여기서 hRc는 13.6 eV가 되며, 따라서 전자가 바닥상태에 있을 때의 에너지 값(E_1)이 −13.6 eV가 된다.서 비롯된다.

다양한 휘선 계열

리드버그 식에서 m 값을 변형시키면 다양한 파장영역에서의 휘선 계열이 나타난다. 1916년에 라이만(Theodore Lyman, 1874~1954)은 자외선 영역에서 수소휘선을 관찰하였으며, 이는 m=1일 경우에 해당하였다. 적외선 영역에서는 1908년 파셴(Friedrich Paschen, 1865~1947), 1922년 브라켓(Frederick Brackett, 1896~1988), 1924년 훈트(August Pfund, 1879~1949)가 각각 m=3, 4, 5일 때 해당하는 스펙트럼을 찾아냈다.

적외선 영역의 관찰이 늦었던 것은 분석 장비의 개발이 20세기 초반에서야 가능했기 때문이다. 여기서 m 값은 나중에 정의되지만, 전자궤도를 지칭하는 것으로 들뜬상태에서 바닥상태로 떨어질 때의 한계궤도 값을 나타낸다. 즉 훈트계열(Pfund series)은 ∞궤도에서 5궤도로 떨어질 때 나타나는 휘선을 말한

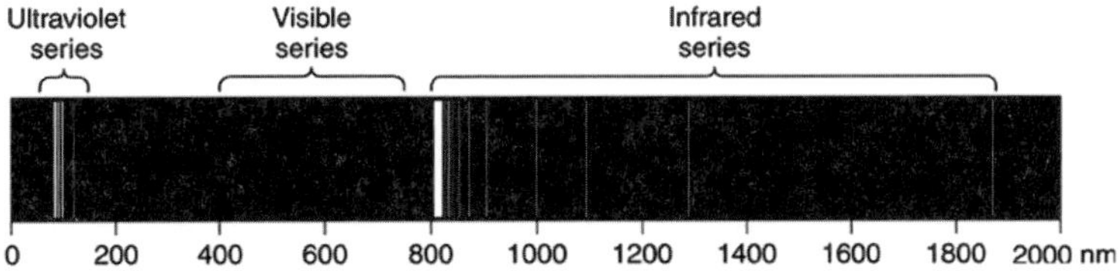

파장별 수소 휘선 스펙트럼

다. 라이만계열(Lyman series)는 n궤도에서 1궤도로 떨어질 때 나타나는 휘선이다.

에너지 준위

이처럼 다양한 계열이 리드버그의 식을 따르면서 나타나는 것은 원자 내부에서 나타나는 불연속적인 에너지 배열 때문이며, 이는 에너지 준위(energy level)간의 에너지 차이에 해당된다. 전자가 에너지를 받아 위치(궤도)를 바꿀 때, 에너지 준위가 변하며 5가지 서로 다른 휘선 계열은 모두 n궤도에서 각각 1~5궤도의 에너지 준위까지만 떨어질 때 방출하는 전자기파의 휘선으로 나타났다. 따라서 불연속적인 에너지 개념을 이용하지 않는 고전물리학으로는 수소 휘선계열을 설명하지 못했다.

$$-\frac{hRc}{3^2} \rightarrow -\frac{hRc}{2^2} \quad H_\alpha$$

$$-\frac{hRc}{4^2} \rightarrow -\frac{hRc}{2^2} \quad H_\beta$$

$H\alpha$, $H\beta$의 에너지 준위 변화

에너지 준위에 해당하는 n값이 증가할수록 오비탈 반경(orbit radius, $r=n^2a_o$)은 급격히 증가하게 되며, 해당 에너지($E=-13.6/n_2$)는 역으로 급감한다. 즉 에너지 궤도가 커질수록 에너지 편차가 감소하게 된다. 여기서 a_o는 n=1일 때의 최소 오비탈 반경으로 0.0529 nm이다. 이는 보어 반지름(Bohr radius)이라고도 불린다. 에너지 준위를 바꿀 때 방출 또는 흡수되는 전자기파의 파장은 $\lambda=2\pi na_o$가 된다.

궤도별 에너지 편차를 살펴보며, 정확히 플랑크상수의 배수만큼의 편차($\Delta E=h\Delta\nu=h\nu_1-h\nu_2$)만을 보인다. 즉 해당 전자를 여기 시키는데 필요한 에너지

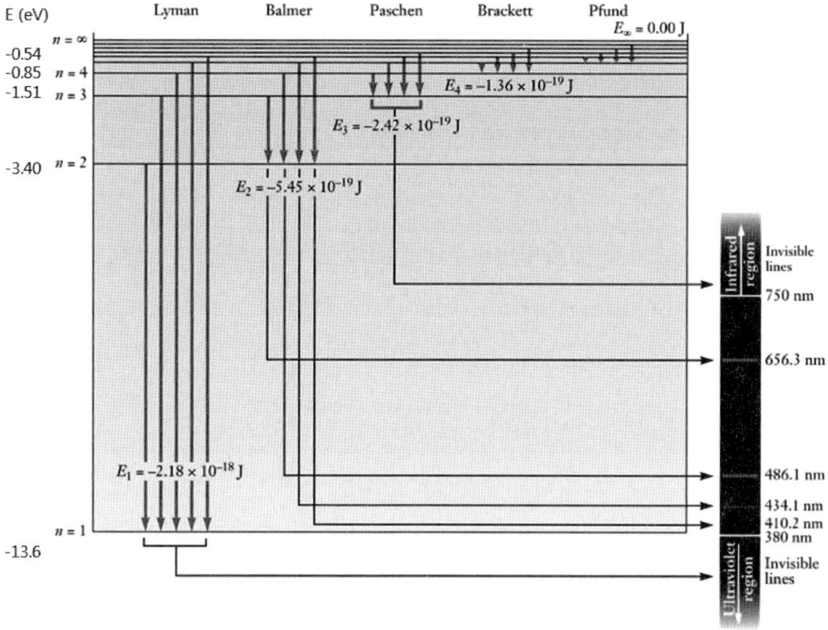

계열별 에너지 준위 차

만큼만 흡수하고 나머지는 사용하지 않으며, 에너지 방출 때에도 정확히 그 편차만큼만 방출한다.

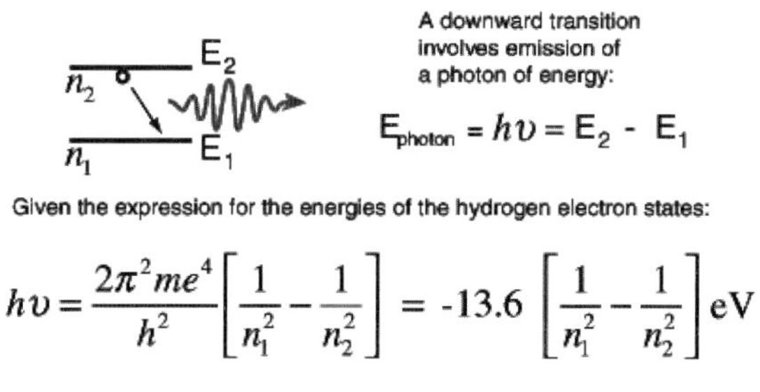

에너지 방출의 양자화

수소 휘선 스펙트럼에서 여러 가지의 계열을 발견했지만 그들이 왜 발생하는가는 앞선 개념인 에너지 준위와 전자의 개념이 필요하게 된다. 이는 불연속적인 에너지를 기본으로 하며, 어디에서나 플랑크상수(양자화)가 등장하게 된다. 방출되는 에너지가 두항의 차이로 표시되는 것도 전자의 개념이 필요하게 된다. 이는 보어가 전자와 에너지 준위의 개념을 도입한 원자모형을 제시할 수 있게 된 밑바탕이 되었다.

지금까지의 내용을 정리하자면 다음과 같다. 19세기까지는 빛의 간섭현상 등으로부터 '빛은 파동이다'라는 사고방식이 물리학의 상식으로 여겨졌다. 플랑크는 열을 내는 물체(흑체복사)의 온도와 그 물체가 방출하는 빛의 스펙트럼 관계를 조사하여, 빛의 에너지가 양자화 되어있다는 결론을 얻었다. 이로서 양자론의 문이 열렸으며, 고전물리학이 결코 완벽하지 않다는 것을 밝힌 역사적인 사건이었다. 아인슈타인은 빛은 작은 입자의 집합체라는 가설을 이용하여 광전효과를 설명하였고, 고체의 열용량 문제도 양자 개념으로 해결하였다. 이 결과 빛은 입자로서의 성질이 뚜렷해지는 듯 했다. 추후에 물질파의 등장으로 빛은 입자성과 파동성을 지닌 이중성을 나타내는 것으로 결론나게 된다.

등장인물 살펴보기

토마스 멜빌(Thomas Melvill, 1726~1753)

스코틀랜드의 자연철학자이다. 분광학과 천문학 분야에서 활발히 활동을 했으며, 빛과 색의 관찰이라는 강의를 하였다. 1752년에는 불꽃실험을 통해 물질마다 고유의 불꽃색을 지님을 관찰하였다. 그러나 다음해 27세로 요절하였으며, 불꽃방출분광기의 아버지로 불리우고 있다. 일찍 작고하는 바람에 그의 인물화는 찾을 수가 없다.

요한 발머(Johann Balmer, 1825~1898)

스위스의 수학자, 물리학자이다. 사이클로이드에 관한 연구로 수학박사를 받았다. 여자중등교사로 근무하는 중에 수소휘선의 규칙성을 발견하여 원자구조해석에 영향을 주었다. 그의 이름을 딴 발머의 공식은 리드버그를 거쳐 보어의 원자구조론에까지 이어진다.

요하네스 리드버그(Johannes Rydberg, 1854~1919)

스웨덴의 물리학자이다. 원자내 전자가 에너지 준위를 바꾸면서 방출하는 광자의 파장을 예측하는 모델인 리드버그식을 제안한 것으로 유명하다. 그의 업적은 보어의 수소원자 모델 해석에 영향을 주었으며, 주양자수라는 개념의 기본이 되는 n을 정의하였다.

테오도리 라이만(Theodore Lyman, 1874~1954)

미국의 물리학자, 분광학자이다. 하버드 물리학과의 교수로 회절격자과 관련된 UV 연구를 수행하였다. 1차 세계대전 동안, 프랑스에 파견병으로 활동하기도 하였다. 수소 휘선스펙트럼의 라이만 계열을 밝혔으며, 달 표면의 라이만 분화구도 그의 이름을 딴 것이다.

프르드리치 파센(Friedrich Paschen, 1865~1947)

독일의 물리학자이다. 전기방전에 관한 업적으로 알려져 있으며 수소 휘선스펙트럼으로부터 적외선 영역의 파센계열을 발견하였다. 적외선 영역에서는 다른 계열발견 보다 가장 빨리 찾았다. 전기공학에서 사용되는 파센법칙을 만들었으며, 파센곡선으로 유명하다.

프레드릭 브라켓(Frederick Brackett, 1896~1988)

미국의 물리학자, 분광학자이다. 존스홉킨스 대학에서 박사를 하였으며, 수소 방전관을 이용한 실험에서 수소의 브라켓계열 휘선을 발견하였다. 1936년에는 국가보건성(NIH)에서 광바이오 분과장을 역임했었다. 달에 있는 브라켓 분화구도 그의 이름을 딴 것이다.

어거스트 훈트(August Pfund, 1879~1949)

미국의 물리학자, 분광학자이다. 위스콘신에서 태어났으며, 수소 휘선계열중에 5궤도로 전이되는 원자에 관한 훈트계열을 발견하였다. 그의 이름을 딴 훈트 망원경을 발명하기도 하였다.

CHAPTER
10
초기 원자모형

논리학은 당신을 A에서 B로 이끌어줄 것이다.
그러나 상상력은 당신을 어느 곳이든 갈 수 있게 해 줄 것이다.

• 알베르트 아인슈타인

초기 모형

원자를 쉽게 이해하기 위해 눈으로 볼 수 없는 원자를 볼 수 있는 대상으로 나타낸 것을 원자모형(atomic model)이라고 한다. 1808년 돌턴(John Dalton, 1766~ 1844)은 모든 화학원소는 변하지 않고 파괴할 수 없는 한 종류의 원소들로 구성되고 그것들이 결합하여 더 복잡한 화합물을 만든다는 원자모델을 제안하였다. 돌턴 모델의 특징은 물질을 계속 쪼개어서 더 이상 쪼갤 수 없는 가장 작은 입자를 원자라고 하는 것이었다. 그의 법칙은 1779년 라부아지에(Antoine Lavoisier, 1743~1794)가 공식화한 질량 보존의 법칙(law of conservation of mass)을 만족하였고, 따라서 원자라는 물질은 근본적으로 따라할 수 없다고 생각했다. 또한 1799년 프루스트(Joseph Proust, 1754~1826)가 증명한 일정 성분비의 법칙(law of definite proportions)을 바탕으로 돌턴 모델이 만들어졌다.

돌턴은 수소를 기본 단위로 삼아 물질이 수소와 결합되는 질량비율에 따라

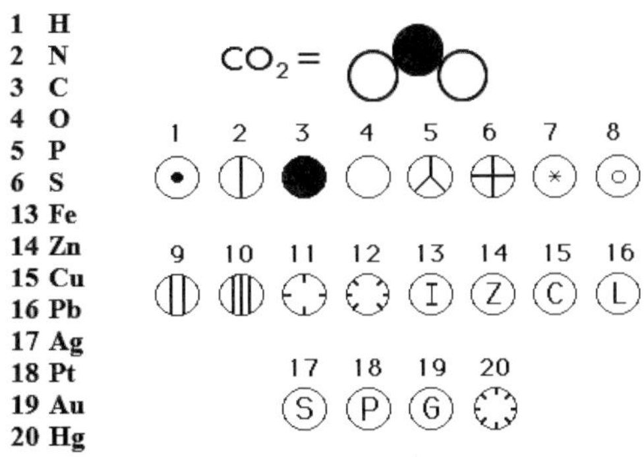

돌턴의 기본원자

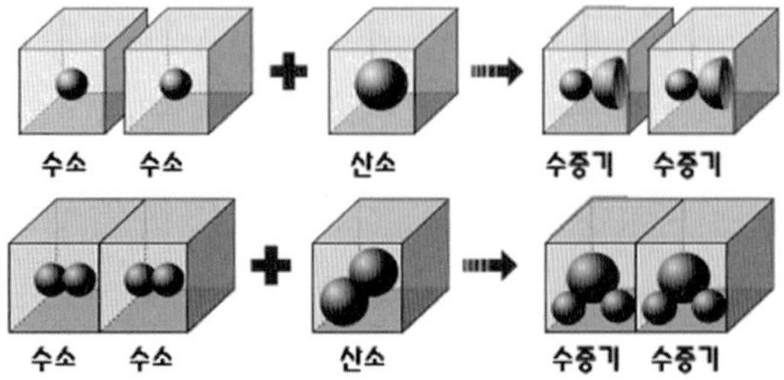

돌턴(상)과 아보가드로의 분자 설명

원자량을 결정하였다. 그러나 순수한 산소(O_2) 같은 원소는 분자상태로 존재한다는 것을 생각하지 못하였다. 그리고 모든 두 원소 간의 가장 간단한 화합물은 언제나 각각 원소 하나씩의 결합이라고 생각했다. 즉 물은 H_2O가 아니 HO라고 여겼던 것이다. 실제 H_2O인 물을 HO로 설명하기 위해서는 산소(O)라고 생각한 원소를 쪼개야 되는 상황이었다.

이러한 문제점은 1811년 아보가드로(Amedeo Avogadro, 1776~1856)에 의해서 수정되었다. 같은 온도, 압력, 부피 조건에서 모든 기체는 같은 수의 분자를 가진다는 아보가드로 분자설을 제안하고, 1몰에 해당하는 입자의 개수인 아보가드로 수(N_A=6.02×10^{23})를 제안하였다. 그의 제안으로 원자와 분자를 정확히 구분할 수 있게 되었고, 기본적인 돌턴의 원자설에도 어긋나지 않았다.

이상의 생각들은 원자라는 것을 하나의 입자로 파악하고 있다는 것이었다. 고전물리학에서는 빛(전자기파)을 파동으로 생각했지만, 원자는 입자로 간주하였다. 양자역학에서는 이들을 명확히 입자다 파동이다 말하기 어렵다는 것을 알게 된다. 더 이상 쪼개지지 않을 것 같은 돌턴의 원자는 전자를 발견하고서 그 모델이 제한적일 수밖에 없다는 것을 알게 된다. 이에 새로운 원자 모델이 등장한다.

전자의 발견

원자를 최초로 분해한 사건이 케임브리지 대학의 톰슨에 의해 이루어졌다. 그는 1897년에 음극선(cathode ray)에 관한 4개월간의 실험 결과를 발표하였다. 고진공관에 관한 연구를 수행한 크룩스(William Crookes, 1832~1919)의 이름을 따서 만든 크룩스관(Crookes tube)은 0.1 mmHg 이하의 진공도를 가진 방전관으로 음극에서 나온다고 생각되는 방사선인 음극선을 방출할 수 있는 장치이다. 음극선은 직진성과 입자성을 지녀서 그림자를 만들거나 바람개비를 회전시킬 수 있다. 또한 금속판에 부딪히면 x-선을 발생하기도 한다.

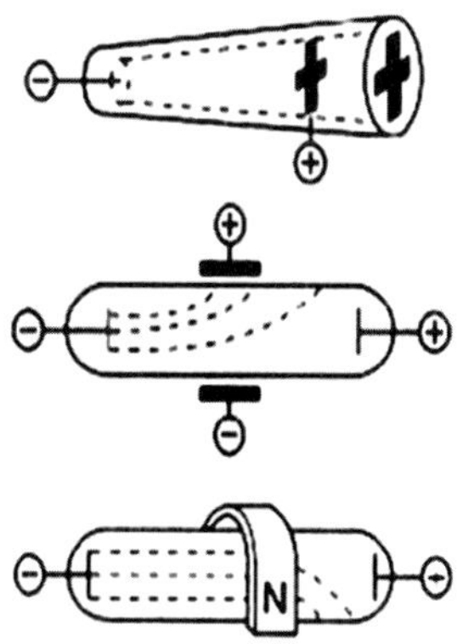

음극선의 성질

그는 전기장 또는 자기장에 의해 음극선이 양극 쪽으로 휘는 현상을 바탕으로 원자 질량 보다 작으며 음의 전하를 지니는 미립자(corpuscle)를 발견했다고 보고했다. 원자를 중성으로 보자면 음의 전기를 띄는 입자이외에 양의 전기를 띄는 입자가 존재해야 한다는 예측까지 낳게 하였다. 그의 실험에서는 금속판이나 기체를 바꾸더라도 음극선 물질의 전하량과 질량의 비(e/m_e)가 일정하다는 결론을 얻어서, 모든 물질내에는 같은 물질이 포함되어 있다고 보았다. 이는 훗날 전자(electron)라고 칭하게 되었다. 톰슨의 실험을 통해 우리는 오늘날 전자의 존재를 알게 되었다.

전자의 비전하(specific charge)는 서로 수직인 전기장(E)과 자기장(B, 자속밀도, magnetic flux density)의 크기를 잘 조절하면 전자가 직진하도록 할 수

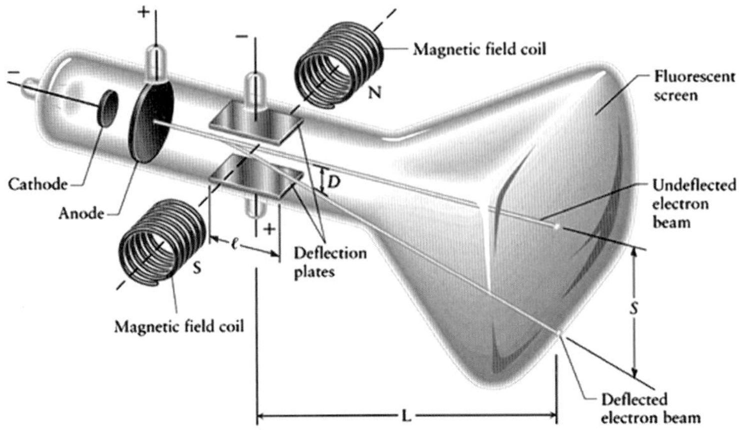

음극선 실험장치(예, CRT 모니터)

있는데, 이때의 크기를 이용하여 측정할 수 있다. 즉, 자기력(Bev)과 전기력(eE)이 같아지고 곧 전자의 속도(v)는 E/B로 정의된다. 이때 전기장을 걸지 않고 자기장만 가하면 전자는 자기력이 구심력으로 작용하여 휘어지며 원궤도의 반지름이 r인 원운동을 하게 된다. 따라서 자기력(Bev)과 구심력($m_e v^2/r$)이 같아져, 비전하($e/m_e = v/Br$)는 1.76×10^{11} C/kg이 된다.

이후 1909년에 밀리컨(Millikan)은 대전된 유적(oil drop)을 이용한 실험을 통해 전자의 전하량(e 또는 q)을 측정하는데 성공한다. 대전된 기름 방울이 두 개의 금속판 사이를 통과할 때, 적절한 전기장을 걸어주면 중력($m_e g$)과 전기력(qE)이 같아지게 된다. 이때 두 힘의 균형으로 기름 방울이 공중에 뜨게 되고, 전하량(q=mg/E)은 6.41, 8.01, 9.65, 11.23×10^{-19} C로 모두 1.602×10^{-19} C의 정수배가 된다는 것을 알게 되었다. 따라서 최소값을 전자의 기본전하량(e)이라고 확인하였고, 톰슨의 비전하(e/m_e)를 이용하여 전자의 질량(m_e)이 9.11×10^{-28} g이라는 것을 알게 되었다.

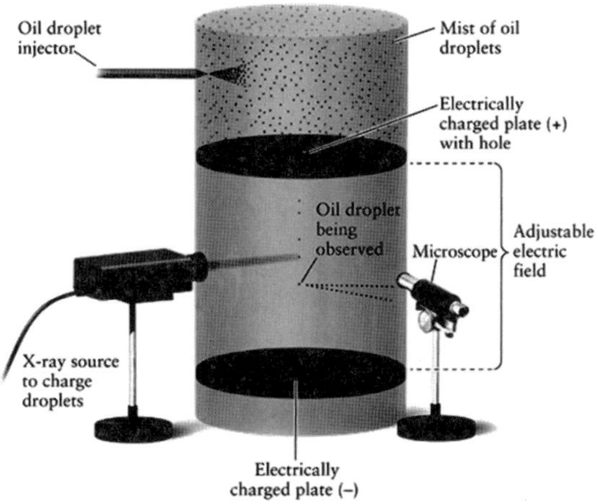

밀리컨의 전자질량 측정 실험 장치

톰슨과 밀리컨의 실험으로 전자의 질량은 전체 질량에 비해 대단히 작다는 것을 알아냄으로써 전자는 원자의 한 부분으로 원자를 구성하는 기본적인 입자라는 것이 밝혀졌다. 이는 돌턴의 원자론인 더 이상 나눌 수 없다는 원자에 대한 관념을 깨는 내용으로 새로운 원자모형을 필요로 했다.

톰슨 원자모델

톰슨은 본인의 음극선 실험을 통해 음전하를 띈 미립자의 존재를 알게 되어 돌턴의 원자모델을 변형해야 하는 필요성을 느끼게 되었다. 이에 1904년에 원자 안에 미립자(전자)가 박혀 있는 형태를 제안했고, 원자는 전기적으로 중성이어야 하므로 같은 양의 양전하가 있도록 하였다. 건포도가 박힌 푸딩(plum pudding) 모델로 주로 설명을 하여 고정된 전자처럼 보이지만, 실제로는 원자내 전자는 상호간의 반발력으로 일정거리를 유지한 채로 움직일 수 있다. 단 양전하를 띄는 물질은 원자크기만큼 팽창하여 원자크기를 나타낸다.

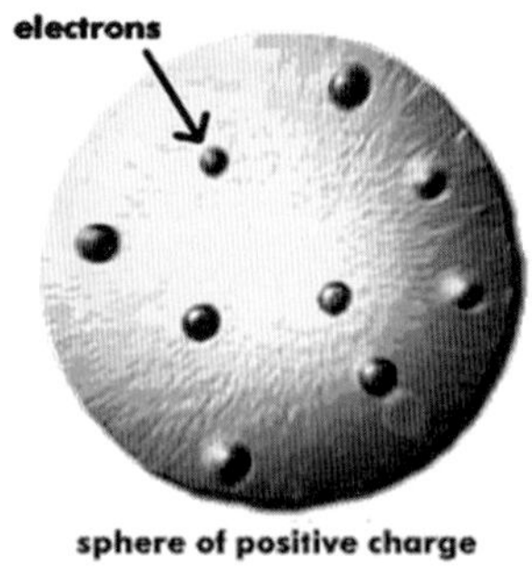

톰슨 모델

원자모형에 관한 과학사에는 잘 등장하지는 않지만 톰슨의 모델 다음으로 제시된 모델은 나가오카(Hantaro Nagaoka, 1865~1950)가 제안하였다. 톰슨과 같은 해에 토성모델(saturnian model)이라고 불리우는 행성모델을 제안하였다. 토성 고리의 안정성 설명(공전 궤도 중심에 매우 큰 질량을 지닌 중심체가 자리하고 있어서 그 주변을 도는 고리가 안정하게 유지된다)과 유사하게 원자내 전자운동의 안정성을 설명하였다. 즉, 상대적으로 매우 큰 질량을 갖는 양전하가 중심에 모여 있고 정전기력에 의해 그 주변을 도는 전자들의 형상을 모델로 제안하였다.

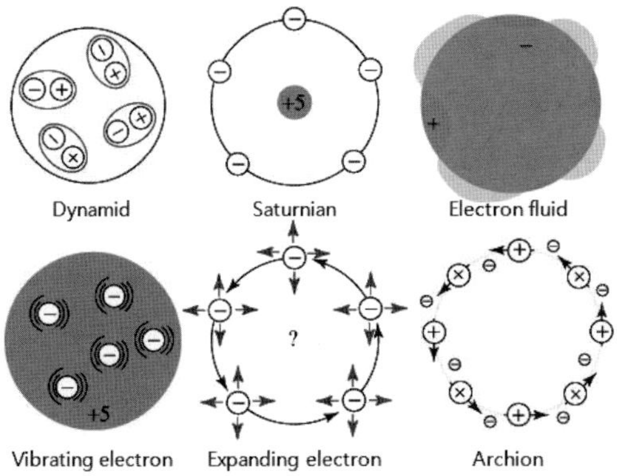

보어 이전의 다양한 원자모델

톰슨과 나가오카가 제시한 모델 이전에 레너드(Lenard)의 다이너미드 모델(1903, dynamid model)이 있었으며, 1904년 이후에는 레일리(Rayleigh)의 전자유체 모델(1906, electron fluid model), 진(Jeans)의 진동전자 모델(1906, vibrating electron model), 스콧(George Schott, 1868~1937)의 팽창전자 모델(1906, expanding electron model), 슈타르크(Johannes Stark, 1874~1957)의 아키온 모델(1910, archion model) 등의 비주류 모델들도 있었다.

러더퍼드의 실험

톰슨의 제자인 러더퍼드(Ernest Rutherford, 1871~1937)는 스승의 원자모델을 증명하기 위하여 그의 동료인 가이거(Hans Geiger, 1882~1945)와 마즈덴(Ernest Marsden, 1889~1970)과 함께 금박(gold foil)의 알파입자 충돌 실험을 진행하였다.

전자의 무게에 약 7300배고 +2e의 전하를 가지고 있는 알파입자(α particle)

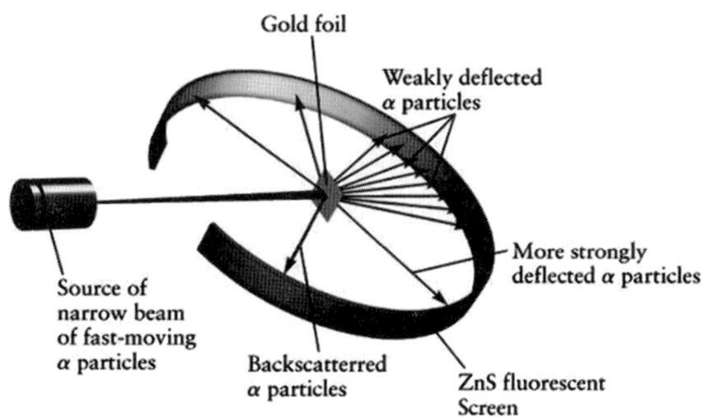

러더퍼드 알파입자 산란 실험

를 얇은 금박에 조사하여 형광 스크린에 맞게 하여, 알파입자가 통과하는지 관찰하고자 하였다. 알파입자는 다양한 방사성 물질로부터 수 MeV의 에너지를 가지고 자연적으로 방출된다. 톰슨의 모델에 의하면 금박을 이루고 있는 전자는 운동량이 큰 알파입자보다 훨씬 가볍고 또한 양전하는 넓게 퍼져 분포하기 때문에 알파입자의 진행에 장애가 되지 않고 금박을 통과하여 직진할 것으로 생각했다.

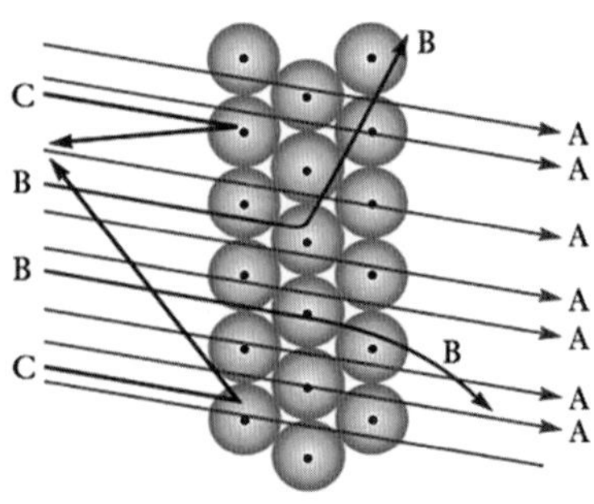

투과(A), 전방산란(B), 후방산란(C)

그러나 놀랍게도 상당수의 알파입자는 진행방향에서 10° 이내에서 약간씩 휘거나 심지어는 1/20,000의 확률로 후방산란되기도 하였다. 이에 관해 러더퍼더는 15인치 포탄을 얇은 종이에 쏘았을 때 포탄이 되튕겨 나온 현상이라고 설명했다.

톰슨 모델에서 전자는 알파입자의 진행에 영향을 주지 않을 것이기에 산란은 양전하에 의한 것으로 판단되었다. 이에 러더퍼더는 양전하의 대부분은 어느 한곳에 밀집되어 있어야 하고 그것도 원자의 중심에 집중되어 있을 것으로 간주하였다. 중심에 밀집된 양전하를 추후에 원자핵(atomic nucleus)으로 불렀으며, 그는 원자핵 주변으로 전자가 돌고 있고 원자는 대부분은 비어 있는 행성모델을 제시하였다. 나가오카의 토성모델과 비슷할 수 있으나, 차이점은 개별 전자가 개별적으로 핵주변에서 공전한다는 점에서 차별화 된다. 러더퍼

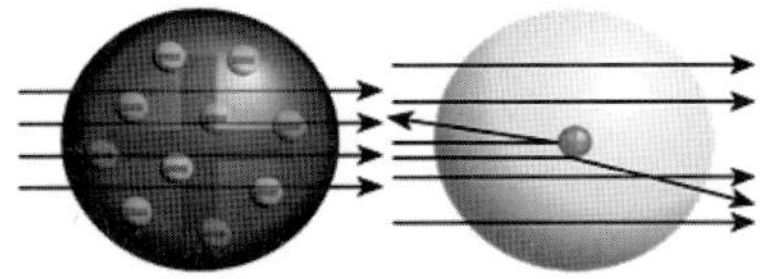
톰슨(좌)과 러더퍼드의 원자 모델

드의 모델은 이후 보어에게 영감을 주어 고전물리학에 의한 원자모델의 결정판인 보어 원자모델에 이르게 된다.

전방산란만 가능한 톰슨 모델

톰슨 모델에 의한 산란 가능성(1개 전자 충돌)

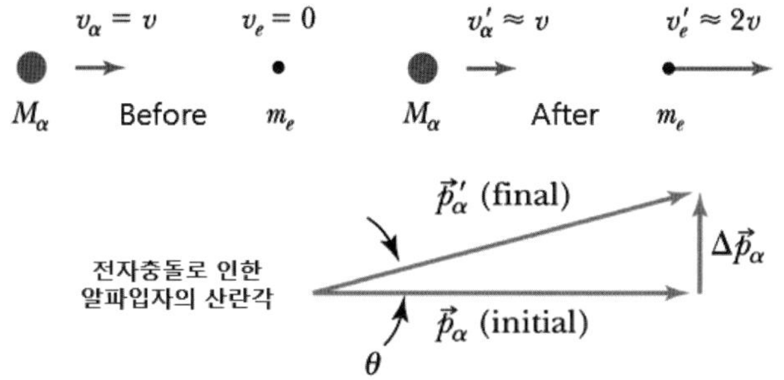

$$\theta_{\max} = \tan\theta = \frac{\Delta p_{\alpha}}{p_{\alpha}} = \frac{2m_e \mathrm{v}_{\alpha}}{M_{\alpha}\mathrm{v}_{\alpha}} \approx 2.7\times10^{-4}\ \mathrm{rad} = 0.016^{\circ}$$

톰슨 모델에 의하면 알파입자는 전자와 충돌하여 산란된다고 보아야 한다. 알파입자의 운동량과 속도를 M_α, v라고 했을 때, 전자와 충돌 전후의 최대속도차(Δv)는 근사적으로 v라고 볼 수 있다. 이때 충돌로 인해 운동량의 미미한 변화가 발생할 것이고, 알파입자의 산란각 변화가 발생한다. 따라서 1개의 전자로 인하여 최대로 산란할 수 있는 알파입자의 산란각은 약 0.016°가 되어, 후방산란은 있을 수 없게 된다.

박막내 전자들과 충돌후 총 산란각

$$n = \frac{\text{Number of molecules}}{\text{cm}^3} = [\text{Avogadro's no. (molecules/mol)}]$$

$$\times\left[\frac{1}{\text{gram} - \text{molecular weight}}\left(\frac{\text{mol}}{\text{g}}\right)\right]\left[\text{density}\left(\frac{\text{g}}{\text{cm}^3}\right)\right]$$

$$= \left(6.02\times10^{23}\,\frac{\text{molecules}}{\text{mol}}\right)\left(\frac{1\text{ mol}}{197\text{ g}}\right)\left(19.3\frac{\text{g}}{\text{cm}^3}\right)$$

$$= 5.9\times10^{22}\,\frac{\text{molecules}}{\text{cm}^3} = 5.9\times10^{28}\,\frac{\text{atoms}}{\text{m}^3}$$

Distance between atoms,

$$d = n^{-1/3} = (5.9\times10^{28})^{-1/3}\text{m} = 2.6\times10^{-10}\text{m}$$

$$N = t/d = \frac{6\times10^{-7}\text{m}}{2.6\times10^{-10}\text{m}} = 2300\text{ atoms}$$

$$\langle\theta\rangle_{\text{total}} \approx \sqrt{N}\theta = \sqrt{2300}(0.016°) = 0.8°$$

금박막의 두께(t)를 6×10^{-7} m라고 할 때, 금박막을 가로지르는 알파입자가 금박막내 N개의 전자와 충돌하여 산란된다면, 전체 산란각의 변화는 1개 전자 충돌최대각에 전자의 개수를 곱한 값인 $\theta N^{-1/2}$가 된다. 이때 전자의 개수는 충돌과정에서 면적을 고려하여 제곱근을 적용한다. 금박막의 단위 부피당 존재하는 원자의 개수는 아보가드로수와 밀도를 고려하여 구할 수 있고, 총 원자의 수는 5.9×10^{28} atoms/m^3이 된다. 원자간의 거리(d)의 3제곱근을 n개 원자의 부피라고 보면, d는 2.6×10^{-10} m가 된다. 따라서 두께와 원자간의 거리를 고려하면 박막을 가로지르는 동안 만나는 전자의 개수는 2,300개가 되며, 총산란각은 0.8°가 된다. 여전히 작은 각으로, 금($^{79}Au_{197}$)이 가지고 있는 전자 79개를 모두 충돌한다고 가정하면 63.2°(79×0.8°)가 된다. 알파입자가 진행시에 모든 전자와 충돌할 가능은 전혀 없기 때문에 톰슨 모델에 의한 최대 산란각은 63° 이내로 전방산란만 발생해야 한다.

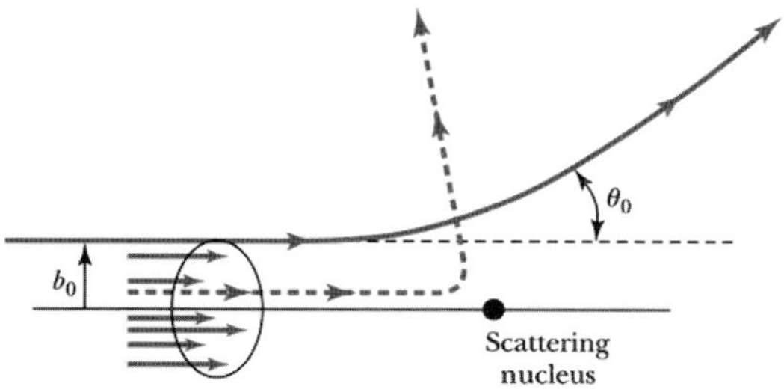

러더퍼드에 의한 후방산란(b 영역내) 가능성 검토

가이거-마즈덴의 실험에서는 90° 이상의 후방산란도 자주 발생한다는 것을 확인한 러더퍼드는 스승의 모델이 틀렸음을 확신하고, 알파입자와 충돌하는 대상은 전자보다 훨씬 무거운 대상으로 양전하를 지닌 물체가 한곳에 모여 있어야 한다고 주장하였다.

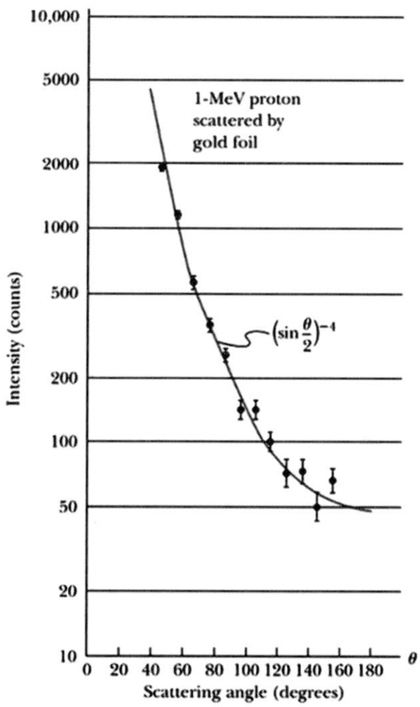

산란각에 따른 알파입자 발견수

러더퍼드는 산란 영향지수(impact parameter, b)를 고려하여 후방산란이 발생한다는 것을 자신의 원자모델로 설명하였다. 입사되는 영역이 원자핵에 가까운 지점이면 쿨롱힘(Coulomb force)이 증가하게 되어 산란각이 커지고, 결국 후방산란도 발생할 수 있다는 것이다. 즉, 핵 근처로 비행하는 알파입자는 많이 휘게 되고, 핵에서 멀리 떨어져 비행하는 입자는 산란각이 작게 된다. 산란각에 따른 알파입자를 보면, 90° 이상에서도 발견되는 알파입자의 수는 전방산란 보다는 작지만 분명 상당한 알파입자가 존재함을 알 수 있다. 사실 원자핵이 원자내에서 차지하는 공간은 10억분의 1정도로 작다. 따라서 가이거-마즈덴의 대단한 인내심이 없었다면 후방산란을 관찰하지 못했을 것이다.

러더퍼드의 핵 모델(nuclear model)은 그의 실험으로 증명되어, 원자모델의 완성판처럼 인식되었다. 핵 모델은 원자핵(양전하를 지닌 입자) 주변으로 전자가 회전하고 있는 형태를 지닌다고 가정하였다. 그러나 그의 모델에도 치명적인 약점이 있었으며, 이는 맥스웰의 전자기학에 위배되는 몇가지 사실들 때문에 야기되었다.

러더퍼드 모델의 문제점

맥스웰의 전자기학에 의하면, 회전(진동)하는 대상(전자)은 전자기파(빛)를 발생하며, 발생된 빛과 함께 대상(전자)이 지니고 있는 에너지는 손실된다는 것이다. 즉 물위에 떠있는 공을 눌렀을 때 발생되는 수면파는 공의 상하진동에 의해 발생되는 것으로 무한히 지속되지 않고 수면파의 진행과 함께 상하진동이 사라지게 된다. 휘선스펙트럼은 전자회전시에 정해진 진동수에 따라서 나타난

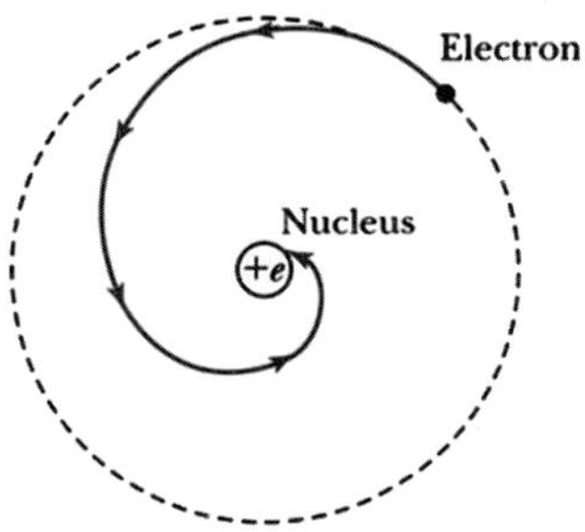

러더퍼드 모델의 문제점

다는 맥스웰의 전자기학 해석에 준하면, 빛 발생과 함께 전자의 회전운동에너지가 손실되고 이는 원심력의 감소와 함께 회전 반경 감소를 야기하게 된다. 결국은 원자크기가 점점 줄어들어 결국에는 전자는 원자핵에 붙잡히게 된다는 것이다.

이러한 치명적인 문제를 해결하기 위해 그의 제자인 보어가 등장한다. 보어는 전자가 공전을 하되 빛을 발생시키지 않는다는 가정을 입증할 수 있다면 전자의 궤도 유지를 이룰 수 있다고 생각하였다. 즉 보어는 전자가 일정한 위치에서 공전할 수 있는 에너지 궤도라는 개념을 도입하였다.

등장인물 살펴보기

존 돌턴(John Dalton, 1766~1844)

영국의 화학자, 지질학자, 물리학자이다. 현대 원자모델 발전에 선구자이며, 색맹에 관한 연구(Daltonism)도 수행하였다. 열역학분야에서는 기체의 압력에 따른 구성 성분의 압력인 부분압력에 관한 법칙을 발견하였다. 모든 물질을 작은 입자의 결합으로 이루어진다고 설명하였다.

앙투안 라부아지에(Antoine Lavoisier, 1743~1794)

프랑스의 화학자이다. 근대 화학의 아버지라고 불리우며, 뛰어난 실험가였다. 연소에 관한 새로운 이론을 주장하며 화학을 크게 발전시켰으며, 산화과정에서의 산소의 역할을 규명하였다. 또한 화학 반응에서의 질량 보존의 법칙을 확립하여, 근대 화합물 명명법의 기초를 마련하였다.

조제프 프루스트(Joseph Proust, 1754~1826)

프랑스의 화학자이다. 1808년 순수한 화합물의 구성원소들의 상대적인 양은 화합물의 출처에 관계없이 일정하다는 것을 입증하였다. 화합물의 일정성분비의 법칙으로 돌톤의 원자모델을 뒷받침하게 된다. 매우 다양한 화학물질의 원소 조성을 정량적으로 결정하기도 하였다.

아마데오 아보가드로(Amedeo Avogadro, 1776~1856)

이탈리아의 물리학자, 화학자이다. 전기, 액체의 증류, 비열, 모세관, 원자의 부피에 관한 많은 논문을 썼다. 그는 아보가드로의 법칙으로 가장 널리 알려져 있으며, 기체의 종류와 무관하게 온도와 압력이 같다면 일정 부피 안에 들어 있는 입자수는 같다는 법칙을 발견하였다.

윌리엄 크룩스(William Crookes, 1832~1919)

영국의 화학자, 물리학자이다. 크룩스관을 개발하여 양극선(canal ray)에 관한 연구를 수행하였다. 1861년에는 미확인 물질이었던 탈륨(Tl)을 규명하여 명명하기도 하였다. 또한 관 내부의 압력이 낮을수록 음의 전극에서 음극선(cathode ray)이 방출되는 것도 발견하였다.

한타로 나가오카(Hantaro Nagaoka, 1865~1950)

일본의 물리학자이다. 도쿄대학 교수와 이화학연구소 물리학부장을 지녔으며 오사카 대학 초대 총장을 역임했다. 지구물리학, 유체역학, 광학 등에 많은 업적을 남겼다. 1903년에 유핵(有核)원자모형의 이론으로 양성자의 존재를 예언하였다.

조지 스콧(George Schott, 1868~1937)

영국의 수학자이다. 전자가 빛의 속도로 움직이면 빛이 발생한다는 이론을 주장한 것으로 유명하다. 타원편광(elliptic polarization)을 일으키는 표면에 관한 연구를 수행하였으며, 전하(electric charge)의 움직임에 따른 전자기파의 발생에 관한 연구도 수행하였다.

요하네스 슈타르크(Johannes Stark, 1874~1957)

독일의 물리학자이다. 복사하고 있는 원자, 이온, 분자들에 강한 전기장이 가해졌을 때, 스펙트럼선이 분리되는 현상인 슈타르크 효과(자기장에 의해 생기는 제만효과와 대응되는 효과)를 발견한 것으로 유명하며, 1919년 노벨물리학상을 받았다.

어니스트 러더퍼드(Ernest Rutherford, 1871~1937)

뉴질랜드의 핵물리학자이다. 핵물리학의 아버지로 불리우며, 우라늄과 같은 방사성 원소에서 알파선, 베타선, 감마선의 3가지 방사선이 나옴을 밝혔다. 또한 방사성 원소는 자꾸 변화하여 다른 원소가 된다는 것을 발견하였다. 이에 관한 공로로 1908년 노벨 화학상을 수상하였다.

한스 가이거(Hans Geiger, 1882~1945)

독일의 물리학자이다. 알파입자와 다른 이온화 방사선을 추적할 수 있는 최초의 검출기(가이거 계수기)를 개발하였다. 방사선검출기를 이용한 실험에서 헬륨 원자의 핵이 알파입자와 동일하다는 것을 밝혀, 러더퍼드의 원자모델의 실험적 증거를 마련하였다.

어니스트 마즈덴(Ernest Marsden, 1889~1970)

영국계 뉴질랜드 물리학자이다. 맨체스터 대학에서 러더퍼드를 만나 가이거와 함께 금박막의 알파입자 충돌실험을 주관한다. 1915년에는 러더퍼드의 추천으로 뉴질랜드에서 교수생활을 시작하였다. 2차 세계대전 동안에는 레이다에 관한 연구를 수행하였다.

CHAPTER

11

보어 원자모형

양자역학을 접하고도 놀라지 않는 사람은
그것을 제대로 이해하지 못한 사람이다.

• 닐스 보어

보어의 등장

러더퍼드가 제안한 원자모델로는 수소 휘선의 불연속적인 스펙트럼을 설명할 수 없었다. 또한 고전물리학인 맥스웰의 전자기학과 뉴턴역학에도 위배되는 것으로 원자형태를 소실되지 않도록 하는 방법이 없다는 것이 문제가 되었다. 이에 보어는 3가지 가설(postulate)을 제시하여 이 문제를 해결하고자 하였다.

보어가 원자형태 소멸을 해결하는 모델을 제안하게 된 데에는 플랑크의 에너지 양자가설과 아인슈타인의 광량자설을 기반으로 하고 있다. 즉 빛에너지는 불연속적이라는 개념(양자가설)과 빛은 hν라는 에너지를 가진 입자라는 가설(광량자설)을 이용하여, 빛을 입자라기보다는 어떤 양(양자, quanta)으로 취급하면 러더퍼드의 원자모델의 문제점을 해결할 수 있을 것으로 판단하였다. 1913년 보어는 나가오카와 러더퍼드의 원자모델에 영감을 얻어 태양계 모델(solar system model)을 도입하게 된다. 원자핵을 중심으로 일정한 궤도(orbit)내에서 전자들이 공전하고 있는 원자모델을 제안하고 이를 성립시키도록 하기 위해 몇 가지 기본 가정을 제시한다. 궤도전자(orbiting electron) 개념으로 플랑크의 불연속적인 에너지 개념을 정확히 이해할 수 있게 되었다.

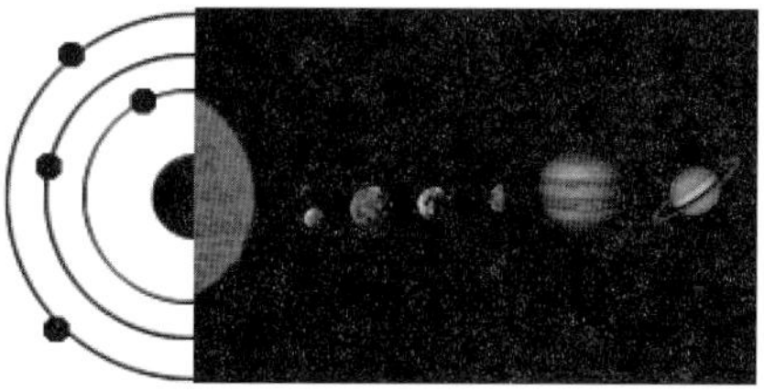
보어의 태양계 모델

보어의 3가지 가설 중 첫째, 원자는 전자가 회전하는 정해진 궤도를 지니며 일정하게 회전시에는 전자는 빛을 방출하지 않으며 이때를 정상상태라고 한다는 것이다. 둘째, 전자가 한 궤도에서 다른 궤도로 전이*시 빛을 흡수 또는 방출한다. 셋째, 전자가 안정된 궤도를 회전시(정상상태)에는 전자는 고전론을 따른다. 이 3가지 가설은, 바닥상태(ground state) 보다 더 낮은 에너지 상태는 없다는 것과 전자가 방출하는 에너지는 언제나 양자화 되어 있다는 생각(확신)에 바탕을 두고 있다. 따라서 모든 원소는 서로 다른 전자 궤도를 지니고 있으므로 서로 다른 휘선스펙트럼을 보이는 것이 당연한 것으로 간주되었다.

보어의 원자모델은 기존 원자모델의 두 가지 문제점을 일거에 해결할 수 있었다. 전자궤도가 불연속적으로 배치되어 있고 원자에너지도 불연속적이며, 에너지 손실 없이 같은 궤도를 공전하는 정상상태라는 것을 이용하여 전자 공전시에도 원자 크기가 유지되는 이유를 설명하였다. 여기서 플랑크의 개념을 사용했고, 아인슈타인의 개념을 이용해서 휘선스펙트럼의 발생 원인을 설명하였다. 아인슈타인의 사고실험에서와 같이 빛에너지인 양자가 작은 상자 출입시에 불연속적인 값을 지니기에 상자안의 총 에너지도 불연속이 된다. 상자 내외부 출입(전이)시에 광량자는 에너지를 흡수하거나 방출하며, 이때 흡수 또는 휘선 스펙트럼을 보인다는 것이다.

---

* 여기 된 전자가 얼마만큼의 시간 뒤에 안쪽 궤도로 돌아오는지는 원자의 종류와 어떤 궤도로 전자가 여기 되었는지에 따라 달라진다. 10억분의 1초에서 10만분의 1초 정도의 짧은 시간에 안쪽 궤도로 돌아올 때 내보내는 빛을 형광이라고 하고, 1천분의 1초에서 10초라는 긴 전이 시간이 걸리면서 방출하는 빛을 인광(phosphorescence)이라고 한다. 인광의 예로는 야광도료로 구리를 함유한 황화아연에 미량의 라듐을 섞어서 방사선 자극에 의해 장시간 빛을 발하게 한 것이다.

보어 모델의 증명

맥스웰은 전자 회전시에 에너지를 방출하고 이것이 휘선을 만드는 원인이라고 하였다. 그러나 보어는 전자 궤도를 변경시에, 즉 높은 궤도(n)에서 지니고 있던 에너지를 버림으로써 더 낮은 궤도(m)로 내려갈 수 있다고 보았으며 이때 전이에너지($h\nu=W_n-W_m$)가 빛으로 발생한다고 보았다.

보어의 식을 진동수로 표현했을 때, 수소 휘선스펙트럼을 해석한 리드버그의 진동수 공식과 유사함을 알 수 있다. 리드버그는 고전물리학에 준하여 발생되는 빛에너지의 불연속성을 설명하고자 하였다면, 보어는 불연속적인 에너지 양자 개념을 이용하였다. 두 식 모두 특정 에너지의 편차로 발생에너지를 표현하고 있으며, 두 식을 일치시키면 n궤도에서의 일함수인 정상상태를 궤도운동 하는데 소요되고 있는 에너지(W_n)를 구할 수 있게 된다. 리드버그는 R이라는 리드버그 상수값을 휘선스펙트럼의 자료를 맞추기 위한 경험적인 상

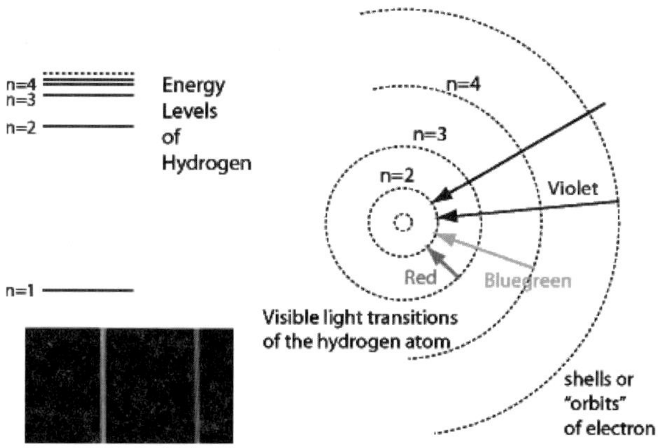

전자전이에 따른 휘선 스펙트럼 발생

수로 봤다면, 보어는 이론적인 해석을 통해 그 값이 정확히 리드버그가 구한 값과 일치함을 보였다. 그렇다면 실제로 불연속적인 에너지를 지닌 상태가 존재하는가, 또는 정말로 전자 전이시에 빛에너지가 방출되는가를 실험적으로 검증할 필요가 있었다.

Rydberg eq.

$$\nu = \frac{Rc}{m^2} - \frac{Rc}{n^2}$$

Bohr eq.

$$\nu = \frac{W_n}{h} - \frac{W_m}{h}$$

$$\rightarrow \frac{W_n}{h} = -\frac{Rc}{n^2} \quad \rightarrow W_n = -\frac{Rhc}{n^2}$$

정상상태 궤도 에너지(W_n)

보어의 이론을 실험적으로 증명한 유명한 실험은 1914년에 프랑크(James Franck, 1882~1964)와 헤르츠(Gustav Hertz, 1887~1975)에 의해 수행되었다. 수은 기체가 채워진 관에 전자를 충돌시켰을 때, 수은의 전자가 여기되어 양자화된 에너지 상태를 보이며, 특정한 양의 에너지만을 충돌에 의해 주고 받는다는 것을 알게 된다. 이 실험에서는 탄성충돌(elastic collision) 개념을 이용하여 에너지 준위, 여기에너지를 찾아낸다.

실험장치는 F(cathode)-G(grid) 사이의 전압을 조절하고 P(plate)에서 얻게 되는 전류값을 전류계(A)로 측정하는 간단한 장치이다. 이때 전압인가로 인해 가열된 필라멘트인 F에서 발생된 열전자는 관내부의 수은 기체와 탄성충돌한다. 충돌과정에서 에너지 손실은 없으며, 모든 충돌에너지는 수은 전자에게 전달된다고 보았다.

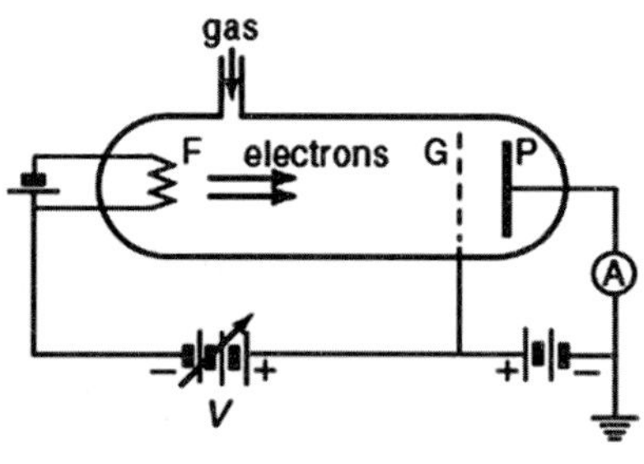

프랑크-헤르츠 실험장치

수은이 채워지지 않았다면 전압에 따라 전류값은 선형적으로 증가하지만, 실험 결과에서는 전압 증가시 어느 정도까지는 전류가 증가하다가 급격한 전류 감소를 보였다. 이때를 낮은 궤도에서 높은 궤도로 여기 되는 상태로 해석할 수 있다. 즉 전자의 양자 점프(quantum jump) 현상이 발생하고, 이러한 전자 전이를 위해 필요한 에너지만큼을 전류값에서 차용했다고 할 수 있다. 전류 급감이 나타나는 전압값의 편차($\Delta E=e\Delta V$)는 4.9 eV로 일정함을 알 수 있다. 수은의 뚜렷한 스펙트럼 파장이 253.7 nm이고 이로

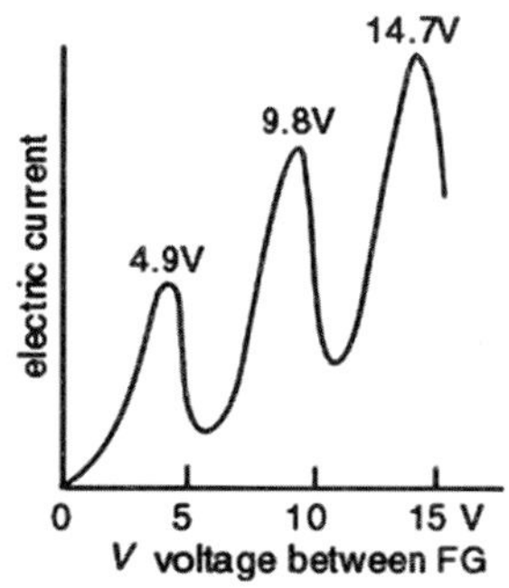

전류 급감을 보이는 결과

부터 구할 수 있는 여기에너지는 4.86 eV임을 확인할 때, 당시의 실험이 매우 정확했음을 알 수 있다. 이를 통해서 전이 에너지는 불연속적인 전자궤도를 돌고 있는 원자에 의해서 발생된다는 것이 증명되었다.

대응원리

전자궤도가 커지면 n 궤도와 n+1 궤도가 지니고 있는 에너지 준위는 거의 같아진다. 즉 에너지 준위의 연속성이 나타나는 것처럼 보이고 고전물리학으로 귀결하게 된다. 이를 이용하여 고전론 모델이 보어 모델과 일치하게 되어, 전자 회전시에 빛을 방출하는 것과 같은 현상이 나타난다. 이처럼 큰 궤도에서의 고전론과 양자론의 일치를 이용하는 것을 대응원리(correspondence principle)라고 한다. 대응원리를 통해 거시세계에서는 고전역학이 양자역학의 훌륭한 근사법이 된다.

뉴턴역학에 의한 기본진동수(v), 원자에너지(W) 계산

구심력(쿨롱힘)=원심력(각운동량)

$$k\frac{e^2}{r^2} = mr\omega^2 \qquad \omega = 2\pi\nu = \frac{v}{r} \qquad \rightarrow \qquad \nu = \sqrt{\frac{ke^2}{4\pi^2 mr^3}} = \frac{v}{2\pi r}$$

$$E_p = \int_x F_c dx = \int_\infty^r k\frac{e^2}{r^2}dr = -k\frac{e^2}{r} = -2E_k$$

$$W = E_k + E_p = -\frac{1}{2}E_p + E_p = \frac{1}{2}E_p = -\frac{ke^2}{2r} = -\frac{e^2}{8\pi\varepsilon_o r} < 0$$

양자론에 의한 기본진동수(v), 원자에너지(W_n) 계산

$$\nu = \frac{Rc}{m^2} - \frac{Rc}{n^2} = -\frac{Rc}{n^2} + \frac{Rc}{(n-t)^2} = \frac{2Rct(1-t/2n)}{n^3(1-2t/n+t^2/n^2)} \approx \frac{2Rc}{n^3}t$$

양자론 기본진동수 $\frac{2Rc}{n^3} = \sqrt{\frac{ke^2}{4\pi^2 mr^3}}$ 고전론 기본진동수

$$\rightarrow \frac{2Rc}{\left(\sqrt{\frac{Rhc}{W_n}}\right)^3} = \sqrt{\frac{ke^2}{4\pi^2 m\left(\frac{ke^2}{2|W|}\right)^3}} \rightarrow R = \frac{2\pi^2 me^4k^2}{ch^3} = \frac{me^4}{8\varepsilon_o^2 ch^3}$$

$$W_n = -\frac{Rhc}{n^2} = -\frac{me^4}{8\varepsilon_o^2 h^2}\frac{1}{n^2} = -\frac{me^4}{32\pi^2\varepsilon_o^2\hbar^2}\frac{1}{n^2} = -13.6eV\frac{1}{n^2}$$

우선 고전역학을 이용하여 기본진동수를 계산하면, 중심의 원자핵 주변에 공전하는 전자는 쿨롱힘(kq_1q_2/r)인 구심력과 각운동량(angular momentum)*인 원심력간의 평형을 이루고 있는 상태에서 쉽게 계산된다. 여기서 각속도(ω)는 $2\pi\nu$이며 선속도(v)로 나타내면 v/r로도 표현된다. 또한 원자가 지닌

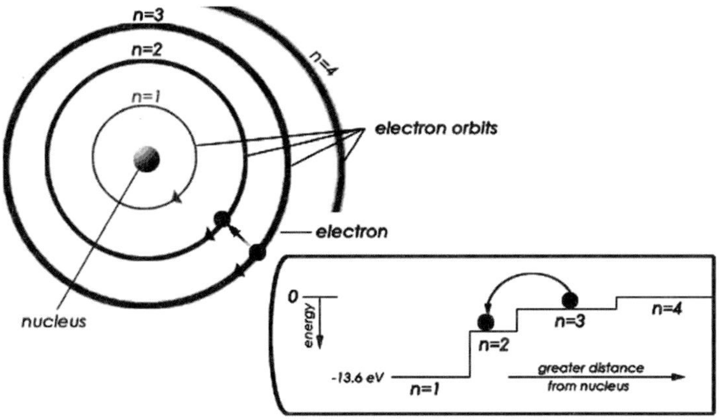

전자궤도에 따른 에너지 준위 차이

총에너지(W)는 운동에너지(E_k)와 내부에너지(E_p)의 합으로 계산되며, E_p는 원자핵과 전자간의 거리에 따른 쿨롱힘의 영향력을 고려하여 적분형태로 표현된다. 따라서 W는 $E_p/2$로 정리된다. 원자반경(r)은 양자론에서의 궤도인 n에 해당하며, W는 W_n에 대응한다.

리드버그 식을 이용하여 n 궤도에서 t 궤도만큼 차이나는 m(=n−t) 궤도로 전이될 때, n값이 상당히 크다는 가정하에 기본진동수는 $2Rc/n^3$에 의존하게 된다. 즉 기본진동수에 t배가 되는 지점에서 휘선이 발생하게 된다. 대응원리로 구한 기본진동수와 고전론으로 구한 제곱근 형태의 진동수를 같다고 보면, 리드버그 상수와 n 궤도에서의 준위에너지를 수치로 구할 수 있게 된다.

---

* 모든 에너지는 보존되어야 한다. 각운동량도 보존되어야 하므로 중력에 의해 별이 안으로 수축되면 회전속도가 빨라진다. 김연아 선수가 양팔을 안으로 오므리고 회전하면 회전속도가 빨라지는 것도 각운동량 보존법칙 때문이다.

리드버그가 경험식으로 구한 R값이 보어의 계산으로 물리적인 의미를 갖게 되었으며, 해당 준위가 갖는 에너지는 $-13.6/n^2$이라는 관계를 지님을 알게 되었다. 궤도가 증가할수록 준위에너지는 n^2에 반비례하여 에너지 준위 편차가 점점 감소한다. 최소 n=1일때의 최저에너지(ground state)는 −13.6 eV가 되고, 수소의 이온화에너지 또는 전자가 원자핵에서 벗어나는데 필요한 에너지로 해석할 수 있다. 여기서 1 eV는 23.1 kcal/mol이고, n이 무한히 증가하면 자유전자(free electron)로 원자에서 벗어나게 된다.

대응원리를 이용하여 원자지름을 구할 수도 있다. 양자론과 고전론에서 각각 구한 준위에너지는 n값이 크면 일치하게 된다. 즉 $W=W_n$으로 볼 수 있으며, 결국 $W_n=-W_1/n_2$ 형태로 볼 수 있다. 따라서 고전론의 원자반경(r)은 $a_o n^2$의 형태로, 보어 반경 $a_o(=0.5298\times10^{-8}$ cm)으로 표현된다. 원자반경은 n^2에 비례하여, 궤도가 증가할수록 반경은 급격히 증가한다. 수소와 같은 n=1인 가장 안정된 상태에서의 원자크기($D=2r=2a_o$)는 1.06×10^{-8} cm가 된다. 이는 고전론에서 원자크기를 개략적으로 10^{-8} cm로 본 것과 일치하는 결과로서 n이 큰 궤도에서는 대응원리가 잘 맞는다는 것을 알 수 있다.

$$W_n = -\frac{me^4}{8\varepsilon_o^2 h^2}\frac{1}{n^2} = -\frac{W_1}{n^2} = -\frac{e^2}{8\pi\varepsilon_o r}$$

$$\rightarrow \quad r = \frac{h^2\varepsilon_o}{\pi me^2}n^2 = a_o n^2$$

원자반경 계산

$$v_n = \frac{e}{\sqrt{4\pi\varepsilon_o mr}} = \frac{e}{\sqrt{4\pi\varepsilon_o ma_o}}\frac{1}{n} = \frac{v_1}{n}$$

해당 궤도에서의 선속도의 관계

해당 궤도에서의 전자의 회전 선속도(v_n) 또한 최저 궤도의 선속도(v_1)와 관계가 있다. 고전론에서 구한 선속도에 보어 반경 개념을 도입하여 정리하면

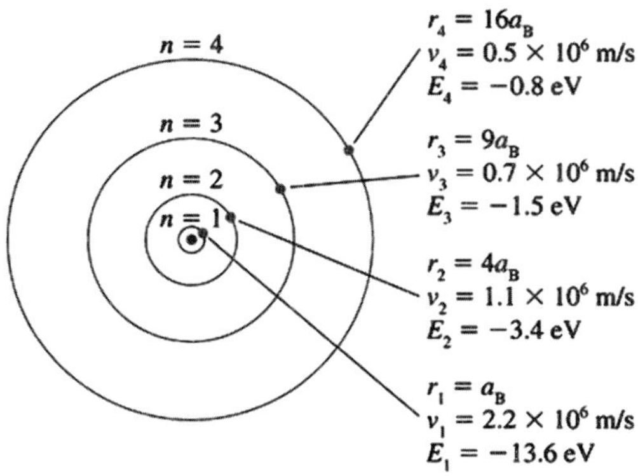

해당궤도에서의 선속도와 반경, 에너지 준위

쉽게 구할 수 있다. 최저 궤도에서의 선속도(v_1)는 2.19×10^6 m/s로 빛의 속도($c = 2.998 \times 10^8$ m/s) 보다는 상당히 느린편이다. 여기서 v_1/v_n의 비는 n이라는 정수가 되어, 해당 궤도에서의 속도를 예측할 수 있게 된다.

보어의 양자조건

빛을 파동에서 입자로 사고의 전환을 가져온 것이 아인슈타인의 광량자설이었다면, 양자론에서도 빛을 다시 파동으로 간주한 사람이 등장하는 데 드브로이(Louis de Broglie, 1892~1987)라는 학자였다. 그는 물질파(matter wave)라는 개념을 이용하여 보어의 원자모델에서 공전하는 전자가 지닌 파동특성은 정상파일 때만 해당궤도를 유지할 수 있다고 주장하였다. 정상파를 만드는 동안에는 파동에너지가 안정화 되어 전자기파를 발생하지 않는다고 설명하여, 보어 모델을 한층 더 확고히 해 주었다.

보어의 원자모델을 구성하기 위한 가설을 다시 정리해 보면 두 가지 가정으로 귀결된다. 제1가정은 양자조건($\lambda=h/p$)으로 전자의 운동 궤도는 양자 조건을 만족시키는 것만이 안정된 궤도를 유지한다는 것으로, 앞서와 같이 드브로이의 물질파 개념으로 구체화되었다. 제2가정은 진동수조건으로 전자는 다른 궤도로 순간적으로 전이될 수 있으며, 두 궤도의 에너지 차이와 같은 에너지를 가진 광자 한 개를 방출 또는 흡수한다는 것이다. 이는 앞에서도 설명했던 $\Delta E=h\nu$를 말한다. 양자조건을 검산해 보면 r=0.053 nm라고 했을 때, 해당 궤도에서 정상파를 만들 수 있는 파장은 0.33 nm로 정확히 $2\pi r$이 되어, 양자조건을 만족시킨다. 따라서 양자조건에 의해 전자궤도를 돌고 있는 전자파(electron wave)는 정수배의 λ를 지녀야만 한다.

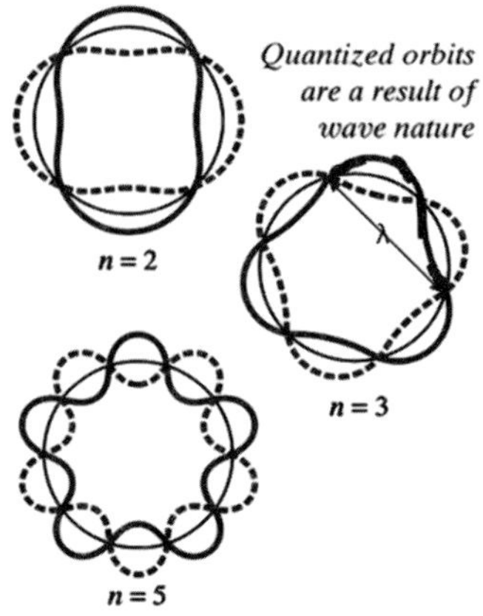

해당궤도에서의 드브로이 파

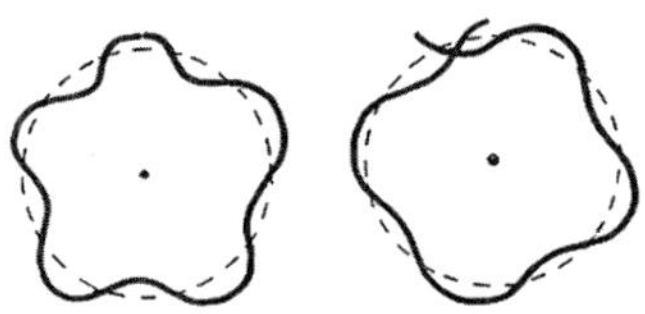
$2\pi r=5\lambda$ 일 때와 4.5일 때의 전자궤도

$$2\pi r = n\lambda = n\frac{h}{p} = n\frac{h}{mv}$$

보어 양자조건

양자조건에서 보면 상수 h가 계속 등장하고 있는데, 입자파의 개념을 도입하지 않고도 원운동하는 물체(전자)가 양자조건을 만족시키는지를 증명할 필요가 있었다. 즉 각운동량 또한 플랑크 상수에 비례함을 보이면 된다. 여기서 각운동량(L)은 $pr=(mv)r=mr^2\omega$가 되며, 이식을 정리하면 안정된 전자 궤도의 반지름($r=0.0529n^2$)을 계산할 수 있다. 가장 작은 반지름(n=1, 바닥상태)은 5.3 nm이 된다. 이는 수소 원자의 반지름 값으로 보어 반지름(a_0)이 된다.

원심력과 쿨롱힘을 같다고 놓고 정리하면, 각운동량과 플랑크 상수의 관계가 정수에 비례한다. 따라서 n 궤도에서 각운동하는 전자는 여전히 플랑크의 상수에 의존하는 양자조건을 따르게 된다. 원자에너지의 불연속성인 플랑크 상수($h/2\pi=\hbar$)와 각운동량(L)이 같은 단위이므로, 에너지의 불연속성은 각운동량의 불연속성으로 정의된다. 궤도가 커질수록 각운동량은 전자회전방향의 수직으로 방향으로 n배 만큼씩 증가한다.

니콜슨(John Nicholson, 1881~1955)이 수소에 대해 정확한 값을 계산함으로서 각운동량의 양자화 개념이 정립되었고, 보어도 각운동량의 양자화 개념을 양자 궤도 조건에 도입시켰다. 각운동량의 양자화는 각운동량이 임의적인 값을 가질 수 있는 것이 아닌 특정한 값만을 갖는다는 것이다. 첫 번째 궤도에서는 $L=h/2\pi$, 두 번째 궤도에서는 $L=2(h/2\pi)$의 값으로 n 궤도에서는 $L=n(h/2\pi)$가 된다. 이때 정수 n을 주양자수(principle quantum numberm)로 부르며, 원자 궤도를 표현한다.

각 운동량을 이용한 보어 양자조건 증명

원심력=쿨롱힘 $mr\omega^2 = \frac{1}{4\pi\varepsilon_o}\frac{e^2}{r^2} \rightarrow e^2 = 4\pi\varepsilon_o m r^3\omega^2 \qquad r = \frac{h^2\varepsilon_o}{\pi m e^2}n^2$

$$E = -\frac{me^4}{8\varepsilon_o^2 h^2}\frac{1}{n^2} = -\frac{e^2}{8\pi\varepsilon_o r} = -\frac{mr^2\omega^2}{2} = -\frac{L^2}{2mr^2} = -\frac{L^2\pi^2m^2e^4}{2mh^4\varepsilon_o^2n^4}$$

$$\rightarrow L^2 = \frac{h^2}{4\pi^2}n^2 \quad \rightarrow \quad L = \frac{h}{2\pi}n = \hbar n$$

좀머펠트의 반기

보어의 양자조건을 해석할 때, 전자의 원운동만을 고려하여 증명한 것에 대하여 좀머펠트(Arnold Sommerfeld, 1868~1951)가 반기를 들고 나섰다. 양자는 원운동만 하는 것이 아닐 것이라는 주장이다. 즉 타원운동까지 고려해야 한다는 것으로 용수철의 단조운동(simple harmonic oscillation)을 통해서 설명하였다.

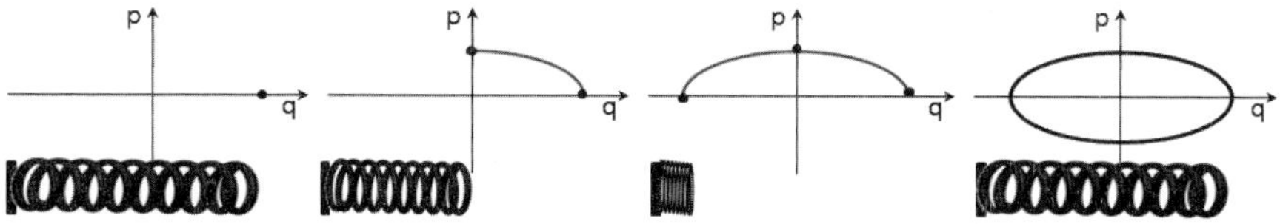

용수철 단조운동에 따른 타원 위상좌표

좀머펠트의 확장된 양자조건

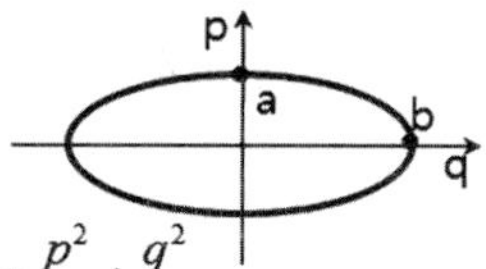

By energy conservation

$$\rightarrow\ E(p,q) = E_k + E_p = \frac{p^2}{2m} + \frac{k}{2}q^2$$

$$1 = \frac{p^2}{2mE} + \frac{k}{2E}q^2 = \frac{p^2}{\left(\sqrt{2mE}\right)^2} + \frac{q^2}{\left(\sqrt{2E/k}\right)^2} = \frac{p^2}{a^2} + \frac{q^2}{b^2}$$

Area of ellipse

$$\rightarrow\ J = \pi ab = 2\pi E\sqrt{\frac{m}{k}} = E\frac{2\pi}{\omega} = \frac{E}{\nu} = hn = \oint pdq \qquad \omega = \sqrt{\frac{k}{m}} = 2\pi\nu$$

운동량과 위치량을 p-q 2차원 위상평면에 나타내고, 에너지 보존 법칙을 이용하여 반복운동, 원운동, 타원운동 등의 모든 운동하는 전자의 안정된 궤도를 갖기 위한 조건을 찾아내었다. 달리 얘기하면 보어의 양자조건을 보다 확장시켰다고 할 수 있다. 이는 휘선 스펙트럼에서 휘선이 단 하나의 선으로 구성된 것이 아님을 설명할 수 있는 계기가 되었다. 따라서 전자의 궤도운동은 보어의 원운동과 좀머펠트의 타원운동으로 구성된다.

보어 모델의 성공과 실패

보어는 자신의 새로운 원자 모형을 사용해 발머의 공식을 유도하여 리버버그 상수(R) 값을 계산하기도 하였다. 그러나 모델이라는 말처럼, 또한 보어의 여러 가정하에 만들어진 만큼 러더퍼드나 그에 앞선 톰슨 모델처럼 또다시 변할 수 있는 여지는 충분히 있다. 그 여지를 제공한 것은 전이라는 개념을 설명할 수 없다는 점이다.

이상의 보어 모델의 해석은 사실 수소 휘선을 설명하기 위한 것으로 가장 단순한 원자인 수소에 준하여 개발되었다. 따라서 당연히 수소보다 전자가 많은

Ion	Diameter $2r_1$	Ionization energy $\lvert E_1 \rvert$	Wavelength of $3 \rightarrow 2$
H ($Z = 1$)	0.106 nm	13.6 eV	656 nm
He^+ ($Z = 2$)	0.053 nm	54.4 eV	164 nm
Li^{++} ($Z = 3$)	0.035 nm	125.1 eV	73 nm

수소와 유사한 원자들의 특성 비교

원자에 대해서는 보어 모델과 여러 이론식들을 그대로 적용하기가 어렵다. 핵 내 Z개의 양전자와 1개의 오비탈 전자를 보유한 H(Z=1), He^{+}(Z=2), Li^{2+}(Z=3)만을 비교하더라도 바닥상태 이온화 에너지도 차이가 난다. 즉 이것이 보어의 양자 모델의 가장 큰 문제점이라고 할 수 있다.

또한 보어 모델을 통해 휘선 스펙트럼이 나타난다는 것을 충분히 해석하였지만, 휘선중의 어떤 것은 다른 것들에 비해 더 밝게 나타나는 현상을 설명하지 못했다. 즉 휘선의 밝기 차이를 설명하기 위해서는, 진폭의 제곱이 빛의 세기라는 파동학적 설명을 이용하지 않아야 하기에, 많은 전자가 전이시에 빛의 강도가 세진다고 주장하였다. 그렇다면 전이가 발생하는 방법론이 무엇이며, 전자가 다른 궤도로 이동시에는 경로가 존재하지 않는 순간이동을 한다는 것인가라는 의문이 꼬리를 물게 된다. 따라서 전자 전이는 순간적으로 발생하기에 위치량(q)을 파악하기 힘들고, 위치량을 파악하려고 하면 정지시켜야 하기에 운동량(p) 파악이 힘들어져서 안정된 궤도를 유지하기 위한 각운동량이 사라지게 된다. 이는 추후에 하이젠베르크가 해석하게 된다.

보어의 모델이 지닌 몇 가지 문제점은 있지만, 종래의 고전물리학과 진실한 양자물리학을 잇는 다리 역할을 보어가 했다는 것은 분명하다. 불완전하지만 보어의 원자모델이 전자 궤도의 개념을 쉽게 이해할 수 있다는 장점으로 초중등 교육에서 널리 사용되고 있다. 현재는 원자 구름 모델(존재 확률분포)이나 초끈이론을 이용한 끈 모델 등의 새로운 원자 모델이 제안되고 있다. 어떤 모델이 알 수 없는 원자의 내부를 정확히 묘사한다고는 얘기할 수 없으며, 이를 바탕으로 설명된 주기율표도 이론에 불과한 것이다.

등장인물 살펴보기

제임스 프랑크(James Franck, 1882~1964)

독일의 물리학자이다. 기체의 전기전도에 관한 연구를 시작으로 헤르츠와 함께 수행한 전자의 비탄성충돌 실험까지 수행하였다. 헤르츠와 공동으로 노벨 물리학상을 수상하였다. 미국으로 도미하여 맨해튼 프로젝트로 참가하지만, 나중에는 원폭개발을 반대하였다.

구스타프 헤르츠(Gustav Hertz, 1887~1975)

독일의 실험물리학자이다. 하인리치 헤르츠의 조카이다. 박사는 플랑크(Planck)의 지도를 받았다. 프랑크와 공동으로 수행한 실험에서 기체내 전자의 탄성 충돌에 관한 에너지 준위의 불연속을 규명하여 1925년에 노벨 물리학상을 수상하였다.

루이스 드브로이(Louis de Broglie, 1892~1987)

프랑스의 이론물리학자이다. 1924년 물질파(드브로이파)에 관한 논문을 발표하였으며, 물질입자라고 보는 전자도 빠른 속도로 움직이기 때문에 파동의 성질을 지닌다고 주장하였다. 즉 모든 움직이는 입자는 고유의 파동을 지닌다는 것이다. 1929년에 노벨 물리학상을 수상하였다.

존 니콜슨(John Nicholson, 1881~1955)

영국의 수학자이다. 수학자였지만 천문학에도 관심을 가져서 성운에 대한 천체분광학 자료를 바탕으로 1911년 Coronium 등 3가지 원소를 예측하였다. 1912년 케임브리지 대학에 있으면서 원자 내에서 운동하는 전자의 각운동량의 값에 대한 중요한 개념을 발표하기도 하였다.

아놀드 좀머펠트(Arnold Sommerfeld, 1868~1951)

독일의 이론물리학자이다. 그는 양자역학내 미세구조(fine-structure) 상수를 도입하였으며, 새시대에 수많은 후학들을 육성하였다. 하이젠베르그, 파울리, 디바이 등의 박사지도 교수이기도 하였다. 노벨상은 받지 못했지만 양자역학에 이바지한 공로로 많은 상을 수상하였다.

CHAPTER

12

추가 양자수

과학은 자연의 궁극적인 신비를 결코 풀지 못할 것이다.
자연을 탐구하다 보면,
자연의 일부인 자기 자신을 탐구해야 할 때가 반드시 찾아오기
때문이다.

• 막스 플랑크

미세구조

보어 모델에서 전자 전이를 통해 수소 휘선을 설명하였다. 수소 휘선 스펙트럼을 자세히 들여다보면, 656.3 nm의 한가지의 선(single energy state)으로 구성되어 있지 않고 사실 매우 근접한 두 개의 선($\Delta\lambda$=0.14 nm 떨어져 있다)의 합으로 되어 있음을 알 수 있다. 즉 몇 개의 선들이 겹쳐서 한 개로 보이는 것 같은 현상이 나타난다. 이를 미세구조(fine structure)라고 하며, 이 개념은 좀머펠트에 의한 타원궤도를 도입한 보어-좀머펠트 모델을 통해 설명된다. 좀머펠트의 아이디어는 태양계내 화성의 공전 궤도가 원형이 아닌 타원임을 설명한 케플러(Johannes Kepler, 1571~1630)의 생각과 같은 것으로, 보어 모델을 더욱 확고히 만들어준 계기가 되었다.

수소 휘선의 미세구조

전자의 공전궤도가 원형만이 아닐 것이기에 다른 형상의 공전궤도로 인해 이러한 미세구조가 발생한다고 보았다. n 궤도 값에 의해 주요 휘선이 나타나고, 공전 궤도의 모양(원, 타원)에 따라서 미세구조가 나타난다.

미세구조는 원자가 아주 근접한 에너지준위를 가질 때, 이 준위 그룹에 대응하여 원자의 스펙트럼상에 파장이 근접한 몇 개의 선이 한 무리(gross structure)로 관찰되는 것으로 가벼운 원자, 특히 수소와 헬륨에서 주로 관찰된다.

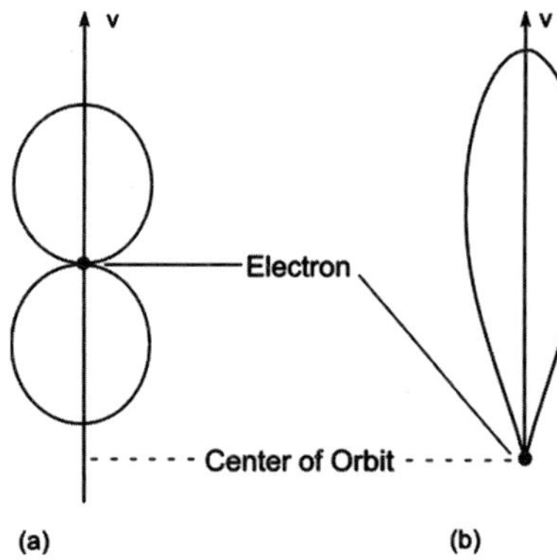

(a)비상대론적,
(b)상대론적인 전자의 synchrotron 패턴

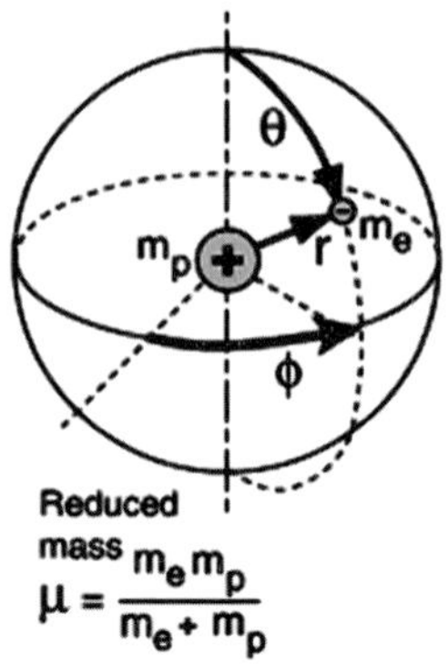

환산질량 상수

한 무리의 에너지 준위는 앞서 소개했던 n이라는 주양자수(n=양의 정수)를 말하며, 비상대론적 전자(non-relativistic electron)를 표현한 것이다. 타원궤도의 도입으로 인해 아인슈타인의 상대성원리를 적용한 상대론적 전자(relativistic electron)의 개념이 등장하게 되었다. 즉 전자 공전궤도의 비대칭성으로 인한 새로운 양자수가 등장하게 되는 계기가 되었다.

궤도의 비대칭은 원자핵과 전자간의 거리의 차이를 나타내게 되고, 근거리와 원거리에서의 상대적인 인력차이로 인해 느끼는 무게 변화가 발생하게 된다. 이는 해당 궤도에서의 에너지 준위에 영향을 주기 때문에 상대적인 환산질량(reduced mass, μ)을 고려해야 한다. 여기서 오비탈의 모양이 원형인지

$$a=\frac{4\pi\varepsilon_0 n^2\hbar^2}{\mu Ze^2},\ b=a\frac{n_\theta}{n},\ E=-\left(\frac{1}{4\pi\varepsilon_0}\right)^2\frac{\mu Z^2e^4}{2n^2\hbar^2}$$

타원체의 장단축과 에너지 값

타원형인지는 a/b의 비로 확인하는데 이 값이 1이면 원형이 된다. 또한 n_θ/n의 비로도 결정되며, $n_\theta=n$이면 원형궤도가 된다.

오비탈 양자수

양자조건을 (r, θ)를 이용한 극좌표계(polar coordination)로 바꾸면, 원궤도와 타원궤도에서의 보어-좀머펠트 양자조건의 차이가 남을 알 수 있다. 즉, 원궤도는 각도에 따른 운동량(P_θ)의 적분은 $n_\theta h$가 되어 양자조건에 일치하지만, 원자핵과의 거리에 따른 운동량(P_r)의 적분은 회전반경이 모든 각도에 걸쳐서 동일하므로 P_r 자체가 0이 된다. 이에 반해 타원궤도는 공전궤도 내에서 각도와 거리가 계속 바뀌므로 두 가지 운동량이 모두 존재하고, 회전각에 따른 P_r이 양자조건을 만족하게 된다. 따라서 원운동에 비해 타원운동에서는 추가적인 양자조건이 등장하게 된다.

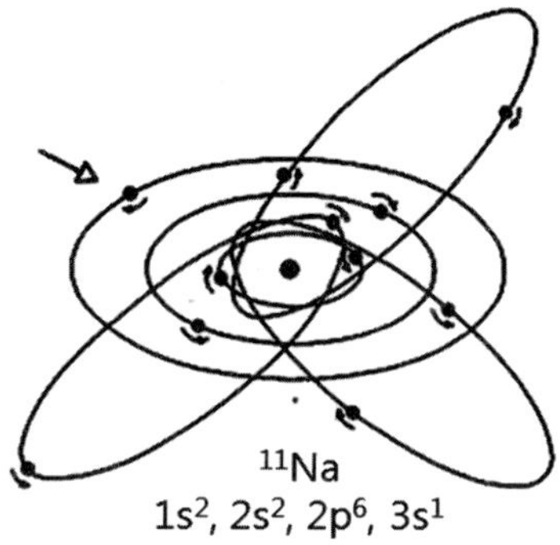

나트륨의 보어-좀머펠트 원자 모형

이것이 바로 첫 번째 추가양자수인 오비탈/방위 양자수(orbital/azimuthal quantum number, $l=0, 1, 2, \ldots$)라고 한다. 주양자수(n)는 궤도의 개수로 $n_\theta+n_r$이 되며, 오비탈 양자수(l)는 궤도의 모양으로 $n_\theta-1$ 또는 $n-1$이 된다.

궤도 모양에 따른 양자조건 변화

원 궤도

$$\oint P_\theta d\theta = \int_0^{2\pi} mvrd\theta = 2\pi mvr = nh \qquad \oint p_r dr = \oint 0dr = 0$$

타원 궤도

$$\oint P_\theta d\theta = n_\theta h \rightarrow L = \frac{h}{2\pi} n = n\hbar$$

$$\oint p_r dr = n_r h \rightarrow L(a/b-1) = n\hbar$$

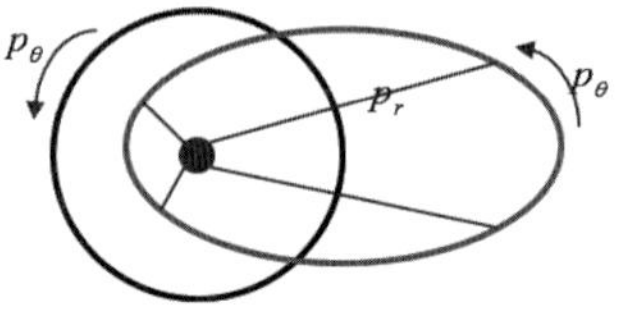

모두 같은 에너지 준위를 갖지만 서로 다른 물리적 상태를 지닐 때, 이를 중첩(degeneracy)라고 하며 오비탈의 중첩 또는 에너지의 중첩라고 한다. 원궤도와 타원궤도는 온생김새(gross structure)상의 에너지 준위는 일치하는 것처럼 보이지만, 사실상 서로 다른 물리적 상태를 지니므로 에너지의 중첩이 발생하게 된다. 이를 반영하여 미세구조 상수*(α)를 도입하게 되며, 보정된 에너지 준위의 [ ] 부분이 바로 궤도 모양의 차이를 보정해 주고 있다. 여기서 미세구조 상수는 1/137의 값으로, 1.37^{π}=e라는 재미난 특징을 보인다.**

---

* 결합 상수(coupling constant)의 일종으로 어떤 물리적 상호작용의 세기를 나타내는 상수이다. 전자기 상호작용은 미세구조 상수(기본 전하), 약한 상호작용은 페르미 상수, 중력은 중력 상수로 정의한다.

* 파울리는 137이라는 무차원 상수가 어떤 특별한 의미가 있는지 알기 위해 죽기 전까지 10년간 고민했었다. 우주의 나이도 137억년이다. 바륨(Ba)의 분자량이 137이고, 아인슈타인 소수(3n−1)에도 해당하는 수이다.

$$E_n = -\frac{\mu Z^2 e^4}{2(4\pi\varepsilon_0)^2\hbar^2}\frac{1}{n^2}\left[1+\frac{\alpha^2 Z^2}{n}\left(\frac{1}{n_\theta}-\frac{3}{4n}\right)\right]$$

질량과 중첩이 보정된 에너지 준위

$$\alpha \equiv \frac{e^2}{4\pi\varepsilon_0\hbar c} = \frac{1}{137}$$

미세구조 상수

미세구조로 인해 분리된 에너지 준위는 첫 번째 여기상태(exited state, n=2)에서 2개, n=3일 때는 3개의 오비탈 준위가 나타난다. 그렇다면 휘선은 모든 오비탈 준위에서 전이할 때마다 나타날 것인가. 사실 그렇지 않고 일부의 궤도 전이에서만 휘선이 나타난다. 이를 선택규칙(selection rule)이라고 하며, 전이하는 궤도간의 차이가 ±1이 되어야 휘선이 발생한다. 즉 $n_{\theta i}-n_{\theta f}=\pm1$을 만족시키는 에너지 준위만이 전이를 통한 전자기파를 발생시킬 수 있다. 따라서 n이 2→1, 3→1로는 기존과 같이 1개씩의 자외선이 방출되며, 3→2

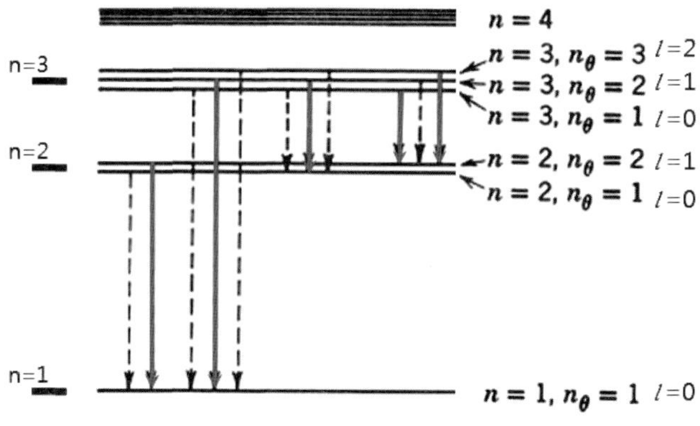

전자 전이시 선택규칙

로는 1개가 아닌 3개의 파장을 지닌 가시광이 발생하게 된다. 따라서 육안으로 관찰시에 3개의 선이 근접하게 겹쳐 있는 것처럼 보인다.

제만 효과

전하를 지닌 물체가 반대 전하를 중심체 주변에서 회전을 하게 되면 전자기장이 형성된다. 또한 외부에서 인가한 전자기장에 의해서도 그 회전체의 특성들이 변하게 될 수 있다. 궤도 전자는 자기장 축 주위를 회전하면서 전기장을 형성하게 되는 루프(I, current loop)를 만들게 된다.

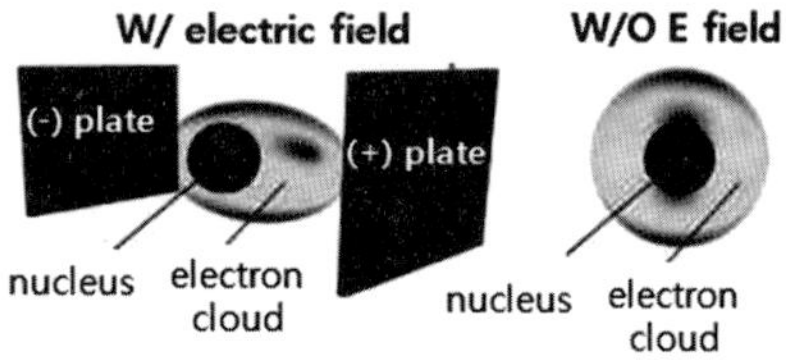

전기장에 의한 슈타르크 효과

1896년 제만(Pieter Zeeman, 1865~1943)은 나트륨의 황색 불꽃(여기된 전자 상태)에 강한 자기장을 인가시에 휘선 스펙트럼이 더 많은 스펙트럼으로 분리 된다는 것을 관찰하였다. 이는 전기장(E)에 의한 슈타르크 효과(Stark effect)와 유사한 것으로, 자기장 효과로 제만효과(Zeeman effect)라고 불린다. 제만이 관찰한 현상에 관한 로렌츠의 고전론적 해석은, 원자 내의 전자의 진동에 의해서 방출된 빛이 자기장에 의한 전자의 진동에 영향을 주는 것으로 생각했다. 양자론에서는 외부 자기장(B)이 없을 때는 전자구름이 대칭을 이루겠지만, 자기장이 존재시에는 핵의 위치 쏠림으로

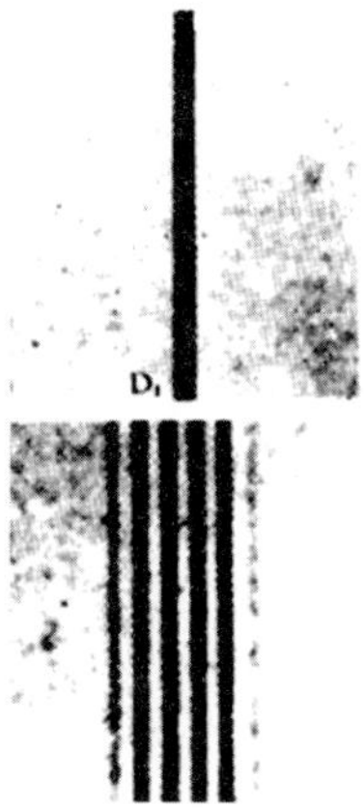

Na 추가휘선

인해 비대칭 전자구름이 형성된다고 보고 있다. 이로 인해 원자내 각운동량이 자기모멘트(μ, magnetic moment)에 영향을 받게 된다.

궤도 전자에 의한 전류(I)는 회전 면적(A)과 곱하여 자기모멘트(μ)의 수직성분을 만들 수 있으며, 이를 이용하여 보어 양자조건을 만족시키는 새로운 양자수(m 또는 m_l)을 만들어 낼 수 있다. 자기장에 의해 에너지 준위가 등간격으로 분리되면 정상 제만 효과(normal Zeeman effect)이라고 하며, 전자의 스핀(spin)으로 인한 자기장 방향과의 엇갈림 효과로 추가 분리가 일어나는 비정상 제만 효과(anomalous Zeeman effect)로 구분된다. 스핀은 추후에 다루기로 한다.

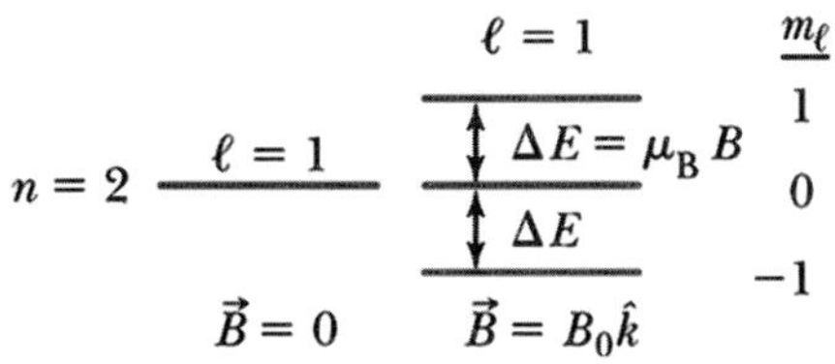

n=2일 때, 정상제만에 의한 m 준위 분리

자기장에 의한 원자내 자기모멘트 발생

Current by orbiting electron

→ $I = \frac{dq}{dt} = \frac{qv}{2\pi r} = -\frac{ev}{2\pi r}$

$\mu = IA = -\frac{ev}{2\pi r}\pi r^2 = -\frac{e}{2m_e}m_e vr = -\frac{e}{2m_e}L$

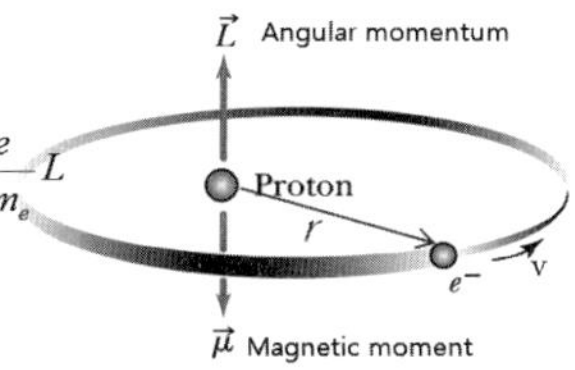

For only z-directional magnetic force

→ $U(\theta) = -\mu B = \frac{e}{2m}L_z B$

$\Delta E = m_l \frac{e\hbar}{2m} B = m_l \mu_B B \qquad \mu_B = Bohr\,magneton$

$\mu_B = \frac{e\hbar}{2m_e} = 9.274 \times 10^{-24} J/K = 5.788 \times 10^{-5} eV/T$

자기 양자수

제만 효과로 분리된 추가 양자수는 자기 양자수(magnetic quantum number, m=2l+1개 발생)라고 한다. 정상 제만이므로 자기장에 의해 분리되면서 나타나는 에너지편차($\Delta E = \mu_B B$)는 등간격으로 나타난다. 주양자수 n=1일 때는 오비탈 양자수(l)이 0이 되므로, 자기 양자수는 m=1로서 추가적인 휘선 분리는 나타나지 않는다. n=2이상에서는 홀수개의 휘선 분리가 나타난다.

자기 모멘트가 나타나지 않을 때는 궤도 모양에 따른 오비탈 양자수 분리만 발생하지만, 자기장 인가시에는 l이 2→1로 전이시에 총 9개의 자기 궤도 전이가 발생한다. 그러나 각각 3개씩 자기 궤도 에너지 편차가 동일하게 되어 3개의 휘선으로만 나타난다. 이 또한 선택규칙에 의한 것이라고 할 수 있다.

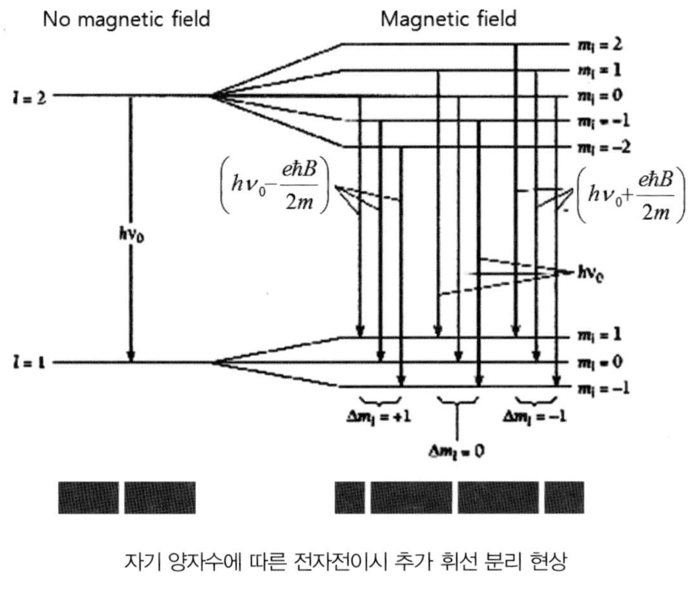

자기 양자수에 따른 전자전이시 추가 휘선 분리 현상

자기 양자수가 분리되는 것은 전자 궤도의 자기장과의 각운동량 벡터의 각도(tilt) 차이에 기인한다고 할 수 있다. 수평방향으로 자기장이 인가된다고 했을 때, 수평으로 각운동량 벡터가 작용하면 m=0이 되지만, 그 이외에는 고유의 값을 갖게 된다. 즉, 자기양자수는 궤도의 방향 특성을 나타내는 지표라고 할 수 있다.

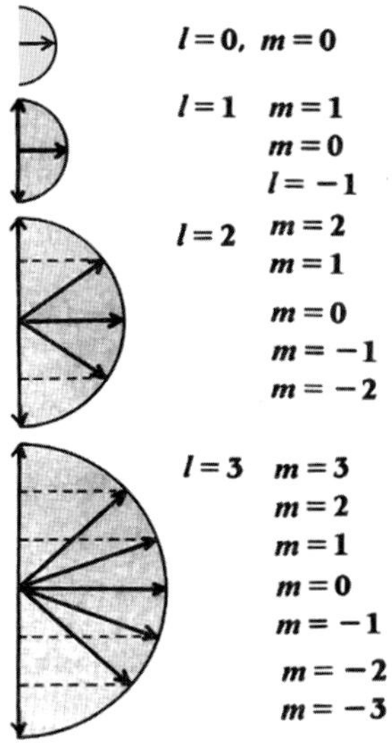

각운동량 벡터에 따른 자기양자수

제만 효과 증명 실험

제만 효과를 실험적으로 증명한 것은, 1922년 슈테른(Otto Stern, 1888~1969)과 겔라흐(Walter Gerlach, 1889~1979)가 수행한 자기장내 입자의 휨 현상 실험이다. 은(Ag) 원자가 수증기처럼 되어 튀어 나가도록 하는 전기오븐 형태의 장치를 제작했고, 유리판에 선명한 무늬가 생길 때까지 충분한 실험을 시행했다. 이는 추후 비정상 제만 효과의 원인을 규명하기도 한 실험이 되었다. 실험 결과는 보어의 원자론과 양자조건을 보다 튼튼하게 해 주었고, 첫 번째 얻은 실험결과를

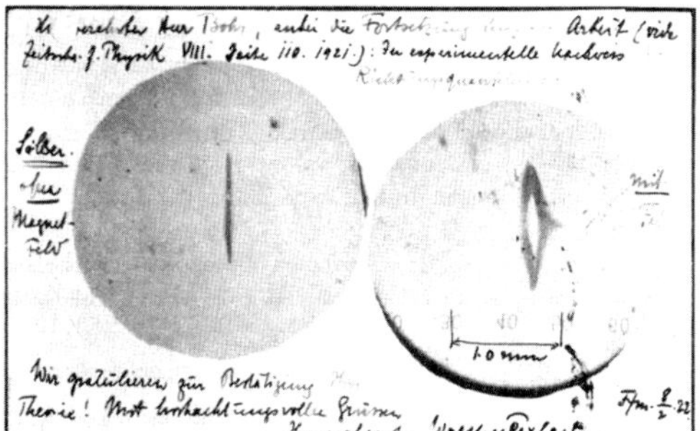
겔라흐가 보어에게 보낸 제만 효과 증명 실험 결과(오른쪽이 자기장을 걸었을 때)

겔라흐가 보어에게 보내 검증했다.

그들은 비대칭형 자기장(non-uniform magnetic field)을 형성하도록 한쪽 자극을 각지게 만들었다. 자극의 비대칭 모양으로 인해 양극사이의 수직 자기력선 이외의 다양한 자기력선이 형성되었다. 이 사이를 가열로(furnace)로부터 방출되는 열전자를 통과시키면 전자는 수평으로 날아가는 것과 상부, 하부로 휘는 점들이 스크린에 전사된다. m=+1인 전자는 아래쪽으로 휘고, −1인 경우는 위쪽으로 휜 결과를 보였다.

고전론에 의하면 한 무리의 점만이 스크린에 맺혔어야 하지만, 자기장에 의해 분리된 점은 상하 두 개가 찍히게 된다. 이로서 정상 제만 효과에 의한 휘선 분리가 증명된다. 더 강한 자기장을 인가시에는 비정상 제만효과인 전자의 공전 궤도내 자전 방향(스핀 방향)의 효과도 분리해 낼 수 있다.

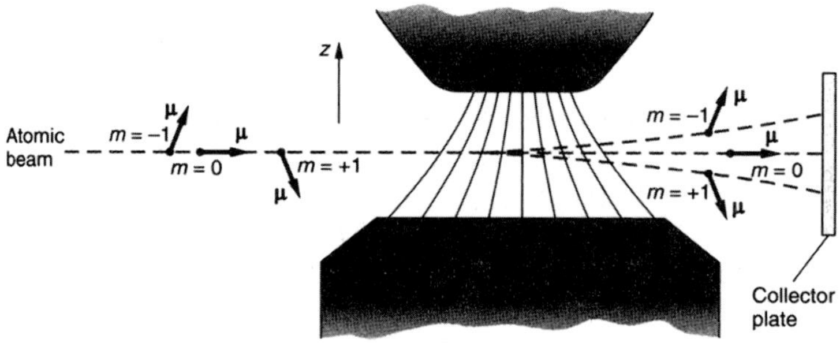

슈테른–겔라흐의 제만효과 증명 실험

등장인물 살펴보기

요하네스 케플러(Johannes Kepler, 1571~1630)

독일의 천문학자이다. 행성의 운동에 관한 제1법칙인 타원궤도의 법칙과 제2법칙인 면적속도 일정의 법칙을 발표하여, 코페르니쿠스의 지동설을 수정, 발전시켰다. 1601년에는 궁전의 수학자가 되기도 하였고, 갈릴레이식 망원경를 개선한 굴절 망원경(케플러식)을 개발하였다.

피터 제만(Pieter Zeeman, 1865~1943)

독일의 물리학자이다. 자기장 하에서 휘선이 여러개로 분리된다는 것을 관찰하고 로렌츠와 함께 해석한 제만효과(학위논문에는 Kerr 효과라고 제출) 발견으로 1902년 노벨 물리학상을 공동으로 수상한다. 로렌츠의 전자기복사 이론과 결합하여 실험을 이론적으로 증명하였다.

오토 슈테른(Otto Stern, 1888~1969)

독일의 물리학자이다. 제만효과를 실험적으로 증명하는 유명한 슈테른-겔라흐 실험으로 1943년 노벨 물리학상을 수상하였다. 이 과정에서 자기 양자수를 증명하였으며, 비정상 제만 효과에 관한 스핀 양자화(spin quantization)에 관한 연구에서도 훌륭한 업적을 남겼다.

월터 겔라흐(Walter Gerlach, 1889~1979)

독일의 물리학자이다. 자기장하에서 공간의 양자화(space quantization)에 관한 공동 발견자로 슈테른-겔라흐 실험으로 유명하다. 2차 세계대전 당시, 강압에 의해 원자폭탄 개발에 관한 연구를 진행해야만 했었다. 슈테른과는 다르게 노벨상을 수상하지는 못했다.

CHAPTER

13

원소의 배치

훌륭한 주장은 훌륭한 증명이 수반되어야 한다.

• 칼 세이건

비정상 제만 효과 실험

다른 물리적 영향을 받지 않은 고립된 원자는 오로지 주양자수(n)에 의해 에너지 준위가 결정된다. 그러나 다른 물리적 영향을 받으면, 오비탈 양자수, 자기 양자수 등이 나타나며, 아직 설명하지 않은 스핀 양자수(spin quantum number, s=±1/2)도 등장하게 된다. 정상 제만 효과 이론 및 증명 실험은 보어-좀머펠트 궤도 이론의 성공적인 뒷받침이 되었다. 슈테른-겔라흐 실험에서 자기장에 의한 제만 효과가 실제로는 더 많은 수로 분리되거나 그 간격이 기대한 것과 달라지는 비정상 제만 효과가 나타났다. 이에 관한 설명을 위해서는 전자의 자전이라는 개념이 필요했으며, 이는 가우드스밋(Samuel Goudsmit, 1902~1978)와 올렌베크(George Uhlenbeck, 1900~1988)가 제안한 전자의 자전-공전이라는 새로운 개념을 이용하였다.

고전론에서는 전자는 공간적인 구조를 가지지 않는 점입자로 이해되고 있었기에 전자의 스핀이라는 개념은 없었다. 이는 양자역학에 상대성이론이 결

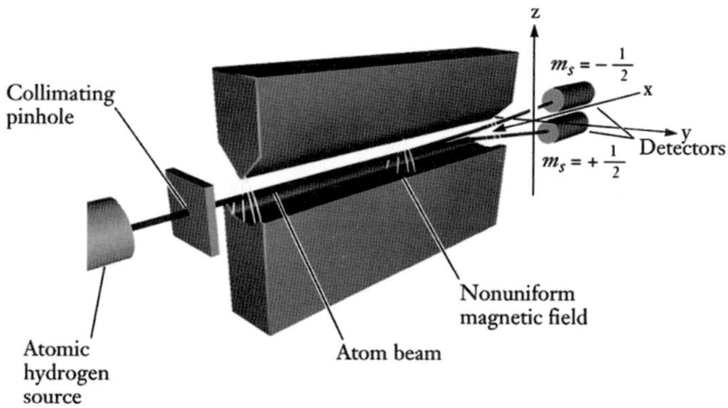

슈테른-겔라흐의 스핀 양자화 관측 실험

합된 결과물로 추가적인 휘선 분리를 해석하기 위해 태양계내 행성의 자전-공전 모델을 차용한 것이다. 지구가 태양 주변을 돌면서 자전축을 중심으로 자전하듯이 전자도 원자핵 주변을 공전하면서 자전하는 것이 아닌가라는 가설을 도입하였다. 가우드스밋과 올렌베크의 가설에 의하면, 비정상 제만 효과로 나타나는 추가적인 선은 궤도를 도는 전자가 지닌 어떤 새로운 양자수 때문이 아닌, 전자 자체가 회전하고 있기 때문이라고 생각했다. 그러나 사실 스핀은 구체의 자전과 같은 현상을 보일 뿐이지 미시적으로는 입자가 어떤 축을 중심으로 회전하고 있다는 것을 의미하지는 않는다. 즉 편의상 자전이라는 개념을 도입한 것이라고 할 수 있다.

제4의 양자수

좀머펠트의 학생인 파울리(Wolfgang Pauli, 1900~1958)는 슈테른-겔라흐의 실험에서 숨어 있는 어떤 회전(rotation) 효과가 비정상 제만을 일으키는 여분의 각운동량을 만들 것이라고 생각했다. 스핀에는 2가지 회전 방향이 존재한다고 보았다. 업스핀(up-spin, ↑)은 s=1/2이며 공전 방향과 일치한 것으로 가정하였고, 다운스핀(down-spin, ↓)은 s = −1/2이며 공전과 자전의 방향이 서로 반대인

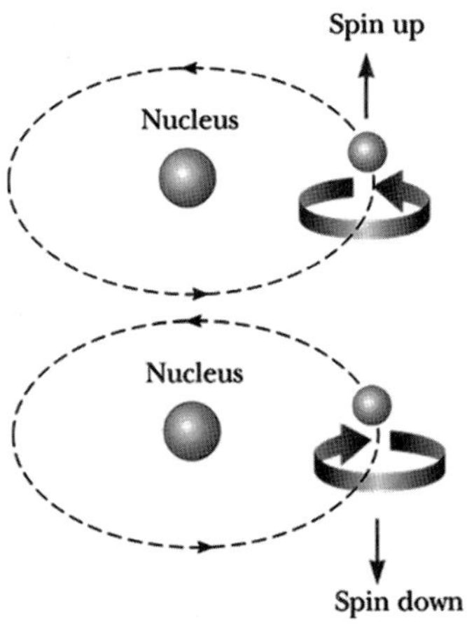

두 가지 스핀 종류

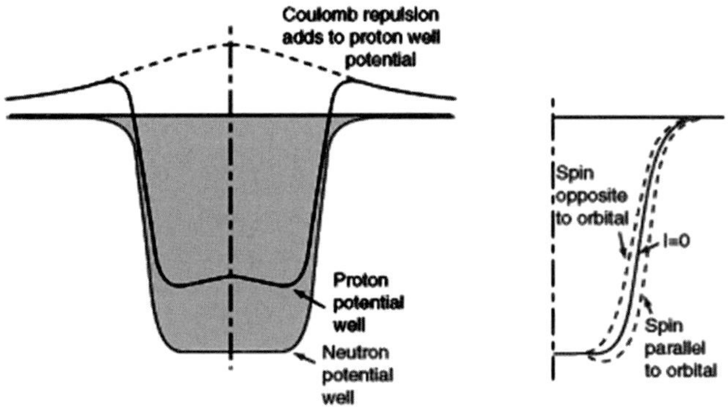

스핀 양자의 에너지 준위 차이

경우로 간주했다. 당연히 두 스핀은 공전-자전 방향의 차이로 인해 약간의 에너지 준위차이가 나타나며, 이로 인해 비정상 제만 효과가 나타나게 된다고 보았다.

스핀의 발견에는 한 가지 골치 아픈 측면이 있는데, 그것은 전자의 각운동량이 원자 궤도의 정상적인 값($h/2\pi$)의 절반에 불과하다는 것이다. 그래서 1/2 스핀이라는 말이 나왔다.* 이처럼 스핀으로 인한 스핀운동량(S)은 ħ의 절반으로서 고전 물리학의 개념에 들어맞지 않는 또 하나의 예이다. 두 스핀의 미소한 에너지 차이는 에너지우물(potential well) 모델로 쉽게 표현할 수 있다. 업스핀은 공전방향과 같기 때문에 다운스핀보다 더 적은 에너지량을 필요로 하게 되어, 에너지 준위가 더 크게 나타난다. 자기장이 인가되지 않았다면,

---

* 보어의 원자 모형에 의하면 전자는 공전과 자전을 하고 있다. 양자 초기에는 공전이 먼저 발견되었고, 그 각운동량이 ħ의 정수배이다. 추후에 자전이 발견되었고, 이것은 ħ/2의 정수배의 운동량을 갖는다. 이제 와서 ħ이 단위를 변경할 수 없기에, 스핀 각운동량은 ħ/2의 정수배가 되었다.

자기 양자수와 함께 스핀 양자수는 하나의 에너지 준위로 귀결된다.

초기의 스핀 궤도 모형은 3개 이상의 전자는 동일 궤도상에 있을 수 없다고 보았으나, 추후 동일 궤도상의 두 전자는 반드시 서로 반대 스핀을 갖는다고 스핀 모형을 수정하였다. 또다시 수정된 파울리 모델에서는 전자의 자기모멘트에 의해서 생기는 두 궤도는 동일하지 않고 각 궤도에는 한 개의 전자만이 허용된다고 설명하였다. 스핀 양자수를 설명하는 과정에서 그는 파울리 배타원리(exclusion principle)라는 유명한 개념을 이끌어 냈다.

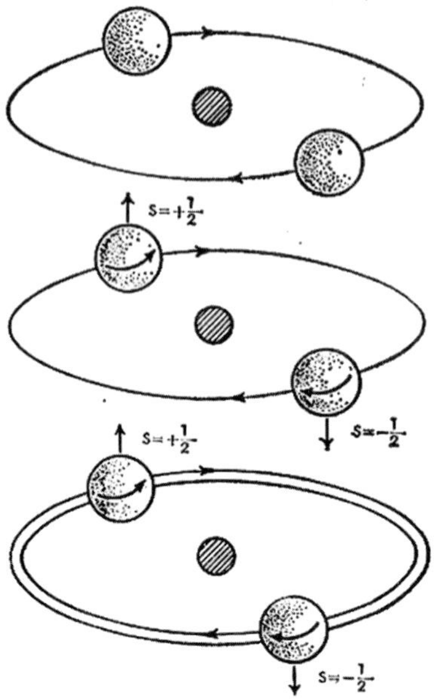

파울리 스핀의 변천사

이는 전자궤도의 전자 채움(electron filling)의 근본 원리로 이용된다. 이로서 공간의 양자화가 성립하게 되어, 전자가 바닥상태로 곧장 가지 않고 공간상에 배치되는 이유를 설명할 수 있게 되었다. 이로서 비정상 제만 효과를 포함한 4가지의 양자수가 모두 정의 되었다. 원자의 에너지 준위를 나타내는 주양자수(n), 원자 궤도의 각운동량을 표현하는 오비탈양자수(l), 외부 자성에 의해 나타나는 자기양자수(m), 전자의 스핀에 의한 스핀양자수(s)가 그것이다.

한 오비탈의 두 개의 전자를 같은 궤도에 두지 않는 것은 두 입자가 동시에 같은 위치, 같은 시간에 같은 상태로 있을 수 없다는 페르미온(Fermion)의 성질 때문이다. 페르미(Fermi) 입자라고도 하는 페르미온은 우주를 구성하는 물

Quantum number	Notation	Range	Remarks	Energy	Note
Principle	n	1, 2, 3, ...	Radius of orbit	Atomic energy level	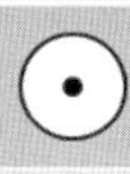
Orbital (Azimuthal)	l	0, 1, 2, ..., (n-1)	Shape of orbit	Angular momentum	
Magnetic	m_l, m	0, ±1, ±2, ..., ±l	Orientatio n of orbit	Z component of l	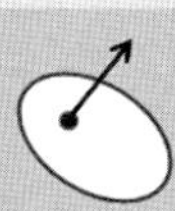
Spin	m_s, s	+1/2 or -1/2	Rotation of electron	Spin angular momentum	

4가지 양자수의 특성 정리

질*로서 전자, 양성자, 중성자, 중간자 등이 이에 해당하며, 스핀 양장수가 반정수(+1/2)인 집단이다. 페르미온 간의 작용력(4대 힘 : 중력, 전자기력, 약력, 강력)에 기여하는 매개입자를 보손(Boson)이라고 하며, 중력자(graviton), 광자(photon), 글루온(gluon) 등이 있다. 보손은 보스(Satyendra Bose, 1894~1974)-아인슈타인의 통계학을 만족시킨다. 또한 보손은 두 입자가 동시에 같은 위치, 같은 시간에 같은 상태로 있을 수 있기 때문에 힘의 매개입자가 된다.

---

* 우주는 무에서 탄생했다는 가설이 있다. 우주에 존재하는 양전하와 음전하의 총량은 관측 오차 범위 안에서 정확하게 같은 것으로 알려져 있다. 즉 우리의 우주가 아무것도 없는 무의 상태에서 출발했다고 생각하는 것이다. 천문학자들은 은하의 스핀을 모두 더하여 우주가 회전하고 있다는 것을 증명하려고 했지만, 우주의 총 스핀이 0이라는 사실만을 알게 되었다. 또한 우주에 존재하는 물질과 에너지 양이 너무나도 적다는 점이다. 우주의 크기를 감안할 때, 물질과 에너지의 양은 거의 0에 가깝다. 따라서 무에서 우주가 탄생했다는 것이다.

즉, 힘의 입자는 보손이 되고, 실제 구성하는 입자는 페르미온이 된다. 따라서 입자를 구성하기 위해서는 전자는 페르미온 성질이 적용되는 배타원리에 의해 채워져야 하며, 그들의 힘이 미치기 위해서는 보손 형태로 발생한다고 할 수 있다.

전자배치 원리

오비탈에 전자를 채워가는 원리는 파울리 배타원리를 비롯한 3가지 규칙을 따른다. 첫 번째 쌓임 원리(Aufbau, building-up principle)라는 것으로, 전자는 하나에 한번씩 낮은 에너지의 오비탈을 먼저 채운다는 것이다. 즉 1s → 2s → 2p → 3s → 3p → 4s → 3d → 4p → 5s → 4d → 5p* 순서의 낮은 에너지 준위부터 채워 나간다. 두 번째는 파울리 배타원리로, 한 오비탈에는 최대 두 개의 전자만을 채울 수 있으며, 채워진 두 전자의 스핀은 서로 반대 방향이어야 한다는 것이다. 이는 (↑↓)로 표시한다. 마지막은 훈트(Friedrich Hund, 1896~1997)의 규칙으로 동일 에너지의 오비탈을 모두 채운 후에는 최대 비공유전자를 만든 후에 반대 스핀 전자를 채운다는 것이다. 즉 산소의 경우, $2p_x$, $2p_y$, $2p_z$에 각각 1개씩의 업스핀을 모두 채운 다음에 남은 한 개의 전자를 $2p_x$에 다운스핀으로 채운다. 전자배치 원리들은 주기율표 완성에 크나큰 기여를

* 각 전자 궤도의 구분 표시인 s, p, d, f는 sharp, principle, diffusion, fundamental을 나타내며, 이러한 표현이 나온 것은 휘선 스펙트럼의 세기에 준한다. 그다음 궤도인 g부터는 알파벳 순으로 나간다.

Shell	Subshell	Number of Electrons in Filled Subshell	Number of Electrons in Filled Shell
K ($n = 1$)	$s(\ell = 0)$	2	2
L ($n = 2$)	$s(\ell = 0)$	2	8
	$p(\ell = 1)$	6	
M($n = 3$)	$s(\ell = 0)$	2	18
	$p(\ell = 1)$	6	
	$d(\ell = 2)$	10	
N ($n = 4$)	$s(\ell = 0)$	2	32
	$p(\ell = 1)$	6	
	$d(\ell = 2)$	10	
	$f(\ell = 3)$	14	

원자껍질 내 채운 전자수

하였다.

전자배치 원리로 원자껍질(shell)을 채우다 보면, 각 껍질이 포함하고 있는 총 전자의 개수가 2, 8, 18, 32로 $2n^2$이 됨을 알 수 있다. 이들을 매직넘버(magic number)라고 칭한다. 이러한 채움 원리는 모두 4가지의 양자수(n, l, m, s)에 의존되며, 특히 궤도내 전자의 개수는 m, s 양자수의 곱으로 정의된다. 2s 궤도는 4가지 양자수가 (2, 0, 0, 2)를 지녀 2개의 전자를 갖고, 2p 궤도는 (2, 1, 3, 2)의 양자수를 보여 6개의 전자를 지닌다. 따라서 두 번째 원자껍질은 8개의 전자가 채워진다. 1, 2족은 최외각 전자가 s 오비탈에 위치해 있고, 13~18족은 p 오비탈, 전이금속은 d 오비탈, 희토류(란탄족, 악티늄족)는 f 오비탈을 채우고 있다.

초기 주기율표

보어의 개념과 파울리 배타원리 등을 이용하여 현재의 주기율표가 완성되었다. 주기율표는 원자들간이 특성상 유사한 것들을 동일 족에 배열한 것으로, 이러한 시도는 1829년 되베르너(Johann Döbereiner, 1780~1849)에 의해 시작되었다. 되베르너의 3배열(Döbereiner triads)은 어떤 원소군을 짝지었을 때 양쪽 두 원소의 평균 원자량이 가운데 원소의 원자량과 같다는 점에 착안한 것이다. 그는 {Li, Na, K}, {Ca, Sr, Ba}, {S, Se, Te}, {Cl, Br, I} 등 4가지의 3배열을 정리하였다. 예로 원자량 7인 Li과 39인 K의 평균값은 Na의 원자량인 23과 일치한다는 것이다.

30여년 뒤, 프랑스 광물학자 샹쿠르투아스(Alexandre de Chancourtois, 1820~1886)와 영국의 공업화학자 뉴런즈(John Newlands, 1837~1898)는 각각 1863년(땅의 나선), 1864년(옥타브 규칙, Law of octaves)에 원소들을 원자량에 따라 나열하면 일정한 간격을 두고 원소들이 반복된다는 것을 독자적으로 발견하였다.

서유럽에서 발견되었던 원소들의 규칙성은 러시아의 멘델레예프(Dmitri Mendeleev, 1834~1907)에 의해 현대형 주기율표로 체계화 되었다. 63개 원소들의 순서를 재배열하여 자신의 유형에 들어맞게 하고, 당시에는 발견되지 않았던 원소들을 위해 주기율표에 빈 칸을 두었다는 것이다. 대표적으로 당시 발견되지 않았던 18족(8족) 원소들이 빠져 있다. 당시의 기술로는 비활성 기체들인 8족 원소들을 발견하기가 쉽지 않았을 것이다. 멘델레예프의 주기율표는 원자량 순서로 배열한 것이지만, 5쌍의 원자들(Ar-K, Co-Ni, Te-I, Th-Pa,

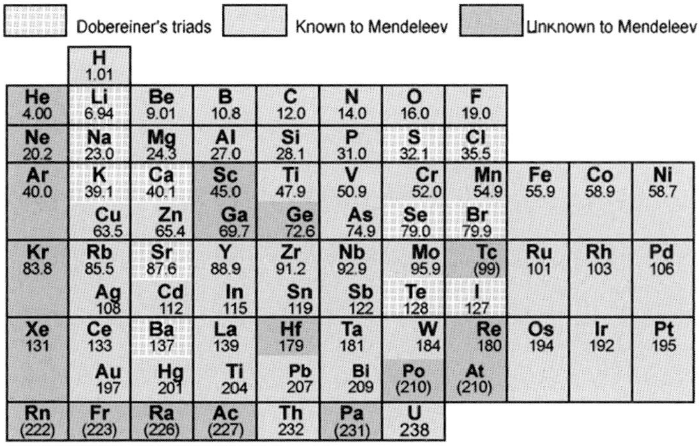

되베르너의 3배열과 멘델레예프 전후의 주기율표

U-Np)은 원자량의 순서가 의도적으로 뒤바뀌어 배열되어 있다. 이는 화학적 특성을 고려한 배열로, 멘델레예프가 주기율표의 발견자로 지목을 받는 이유이다. 주기율표는 단순히 원자량의 크기로 배열한 것이 아니라 원소의 특성을 좌우하는 양성자의 수로 배열하고 있다. 그가 주기율표상에 비워뒀던 몇가지 원소들은 추후 실제로 발견되었다. 1875년 갈륨(Ga), 1879년 스칸듐(Sc), 1886년 게르마늄(Ge)이 발견되어 주기율표의 빈자리를 메웠다.

원소들의 부가적인 이야기

주기율표내의 원소들은 대부분 고체이고 수소, 헬륨 등 11개의 원소는 기체이다. 상온에서 액체인 원소는 수은, 브롬이 있다. 조금 따뜻해지면 액체가 되는 원소가 있는데, 바로 녹는점이 낮은 갈륨(27.8℃), 세슘(28.4℃), 인(44.2℃)이다.

원소들의 이름은 주로 '-ium'으로 끝난다. 금속을 나타내는 라틴어 접미어이다. 헬륨, 우라늄, 타이타늄 등처럼 접미어를 쓰고, 액체나 기체 원소는 고유명칭을 사용한다.

주기율표에서 논란이 되고 있는 원소가 있는 데, 바로 수소이다. 수소는 1족인 알칼리족 제일 위에 있지만, 산소와 폭발적인 반응을 일으키는 특성이 없고 H^- 이온이 될 수 있어서 17족에 위치해야 한다고 주장이 있다. 또한 전기음성도(수소=2.20)가 붕소(2.04)와 탄소(2.55)의 중간이므로 그 사이에 위치해야 한다는 주장도 있다.

우주는 대부분 개체인 수소(71%)와 헬륨(27%)으로 구성되어 있다. 나머지 2%에는 의외로 탄소가 많은데 이는 ^{4}He과 ^{8}Be(분자량 9인 베릴륨의 동위원소)의 핵융합에 의한 ^{12}C가 발생될 수 있기 때문이다. 인간원리(anthropic principle)*와 같이 가능성은 희박하지만 실제로 존재하기 때문에 해당 핵융합이 가능하다. 지구에 가장 많은 원소는 O, Si, Al, Fe, Ca 순이며, 수소와 탄소는 10번째, 15번째를 차지할 정도로 생각보다는 적은 편이다. O, C, H, N, Ca, P, S의 순서로 구성된 대상이 있는데, 이는 바로 우리의 몸이다. 인체를 구성하는 원소를 기준으로 인간의 가격을 매겨보면, 약 13만 원 정도 밖에 되지 않는다.

---

* 인류가 존재하므로 자연 법칙이 지적 생명체의 존재를 허용해야 한다는 논법이다. 우주를 관찰할 수 있는 지적인 생명체가 존재하지 않는 텅 빈 우주 자체는 무의미 하다는 인간중심적인 가설이다. 우주는 빅뱅, 태양계내 행성의 배열 등은 모두 지적인 생명체의 발생을 위해 필연적으로 진화한 결과라는 것이다. He과 Be의 핵융합이 일어날 확률은 희박하지만 실제 핵융합의 결과인 C가 존재하므로 핵융합은 발생한다는 것과 동일하다.

주기율표 원소들의 어원(인명 기원)

Rutherford	→ Rutherfordium (Rf)	: 원자핵 발견 기여
Seaborg	→ Seaborgium (Sg)	: 9가지 원소 합성
Bohr	→ Bohrium (Bh)	: 보어 업적 기념
Meitner	→ Meitnerium (Mt)	: 마이트너 기념
Roentgen	→ Roentgenium (Rg)	: x-선 연구
Copernicus	→ Copernium (Cn)	: 2010년 지정, 코페르니쿠스 기념
Curi	→ Curium (Cm)	: 퀴리 부부 연유
Einstein	→ Einsteinium (Es)	: 아인슈타인 업적 기념
Fermi	→ Fermium (Fm)	: 페르미 업적 기념
Mendelev	→ Mendelevium (Md)	: 주기율표 연구
Nobel	→ Nobelium (No)	: 노벨상 기원
Lawrence	→ Lawrencium (Lr)	: 싸이클로트론 발명
Gadolin	→ Gadolinium (Gd)	: 희토류 연구 개척자

주기율표 원소들은 인명, 그리스어, 신화, 행성, 지명* 등 다양한 어원을 가지고 있다. 일례로 인명에 기원한 사례는 멘델레예프의 업적을 기린 멘델레븀(Md) 등이 있다. 이중 시보(Sg)는 당시 생존했었던 시보그(Glenn Seaborg, 1912~1999)의 이름을 따서 명명된 원소이다. 플루토늄(Pu)은 명왕성(Pluto)에

* 구소련 Dubna → Dubnium (Db), 독일 Hessen → Hassium (Hs), 덴마크 코펜하겐 (Hafnia) → Hafnium (Hf), 독일 Darmstadt → Darmstadtium (Ds), 그리스 Magnesia → Magnesium (Mg), 폴란드 → Polonium (Po), 미국 → Americium (Am), 프랑스 → Francium (Fr), 독일 라인강(Rhein) → Rhenium (Re), 유럽 → Europium (Eu), 스웨덴 (Scandia) → Scandium (Sc), 프랑스 Lutecia → Lutetium (Lu), 프랑스 Gallia → Gallium (Ga), 독일(Germania) → Germanium (Ge), 스톡홀름(Holmia) → Holmium (Ho), 스웨덴 Ytterby → Yttrium (Y), Terbium (Tb), Erbium (Er), Ytterbium (Yb)

서 왔으며, 넵투늄(Np)는 해왕성(Neptune), 우라늄(U)은 큰곰자리(Uranos), 텔루륨(Te)은 라틴어로 지구인 텔루스(tellus)에서 기원했다.

현대의 연금술

CERN의 LHC 중이온 가속기

멘델레예프 이후에 발견된 원소들 중 상당부분은 인공적으로 만들어진 원소로소 현대의 연금술이라고 할 수 있는 입자가속기를 이용한 것들이다. 입자가속기는 입자들간의 아주 가까운 거리에서만 일어나는 약한 상호작용(약력, weak force), 강한 상호작용(강력, strong force)을 관찰하기 위해 사용된다. 브라운관 TV의 CRT 역시 소형 입자 가속기라고 할 수 있다. 양성자 가속기로는 미국 페르미 국립연구소의 테바트론(Tevatron)이라는 강입자 가속기가 대표적이다.

중이온 가속기는 스위스 제나바의 유럽원자핵공동연구소(CERN)에 있는 LHC(강입자충돌기, large hadron colloider)가 가장 대표적이다. 모든 입자에게 질량을 부여하는 신의 입자인 힉스(higgs boson, Peter Higgs, 1929~)를 찾기 위한 연구에 사용되었고, 2012년 7월 4일 힉스로 추정되는 입자를 발견하였다.* 이러한 시설을 이용하여 새로운 원자를 찾기 위한 현대의 연금술이 진행되었다.

원자번호 112~118번(117번 제외)까지는 1996년부터 최근까지 인공으로 제조된 물질로 아직 원자명을 확정되지 않았다. 112번은 2010년에 주기율표 역사와는 무관한 코페르니쿠스(Nicolaus Copernicus, 1473~1543)의 이름을 따서 코페르니 (Cn)으로 명명되었다. ^{112}Uub는 우눈븀(ununbium), ^{113}Uut는 우눈트륨(ununtrium) 등과 같이 IUPAC에서는 우눈(unun-)는 임시적인 접두사를 붙여서 표기하고 있다. 117번 우눈셉튬(^{117}Uus, ununseptium)은 2006년까지 발견되지 않은 원소이다.

기존에 존재하는 서로 다른 금속 성분을 충돌시켜서 만드는 인공적으로 합성된 물질들은 불안정하여 자연상에 존재하는 시간 자체가 짧으며, 결국에는 보다 안정적인 물질로 귀결된다. 113번 Uut*를 예로 들자면, 아연(Zn)과 비

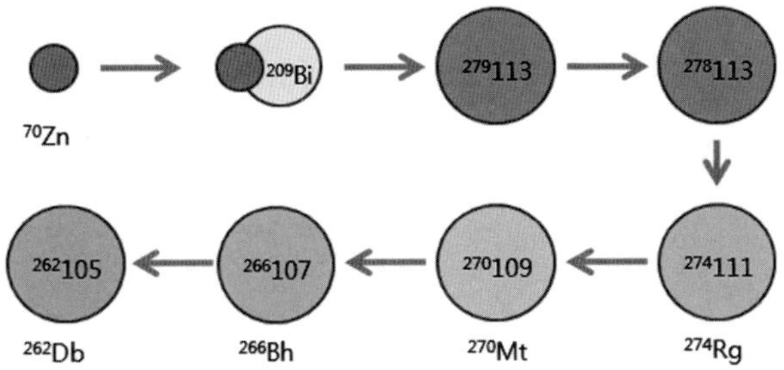

Zn와 Bi의 충돌로 113번 원소의 합성 과정

---

* 힉스 입자 발견에 사용된 LHC는 사실 일부 과학자들은 장비 사용을 반대했었다. LHC 내부에서 블랙홀이 생성돼 지구가 소멸될 수 있다는 주장을 내놓았었다. 양성자를 빛의 속도로 가속시켜 충돌시키면, 빅뱅을 재현하는 꼴이 되고 이 충돌로 인해 블랙홀이 생길 수 있다는 것이다. 그러나 그러한 일은 발생되지 않았다.

* Uut는 일본에서 발견되었기에 추후에 일본명을 딴 재패니움(Jp)이나 니뽀니움(Np)이

스므트(Bi)의 충돌로 형성되지만(2004년, 일본 RIKEN), 짧은 시간 뒤에 6번의 알파입자를 방출하면서 뢴트게늄(Rg), 마이트너륨(Mt), 보륨(Bh), 더브늄(Db)으로 붕괴한다.

멘델레예프의 주기율표에 준하여 만들어진 격자모양의 현대 주기율표 이외에도 다양한 형태의 주기율표가 존재한다. 주기율표는 원소의 화학적 특성들의 유사성에 준하여 배열한 것일 뿐이며, 또 다른 특징들이 발견되거나 새로운 주장이 나타난다면 충분히 바뀔 수 있는 가변성을 지닌 배열판이다. 즉 현재의 주기율표가 진리가 아님을 명심해야 한다.

원자의 구성입자

보어의 원자모델을 통해 원자의 내부는 전자와 핵으로 구성되어 있음을 모델화 하였다. 입자 가속기가 개발되어 원자핵 내부는 어떤 성분으로 이루어졌는

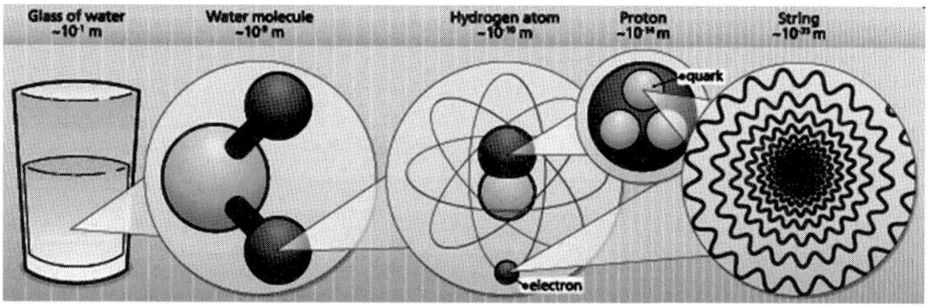

물질의 구성성분

될 수 있다. 발견되지 않은 Uus를 우리나라가 발견한다면 코리아니움(Ko)이 주기율표에 등장할 수도 있다.

지 관찰할 수 있게 되었다.

물질은 전자와 핵으로 이루어진 원자로 구성되어 있으며, 핵은 양성자와 중성자로 이루어져 있다. 중성자와 양성자는 3개의 쿼크(quark)* 로 이루어져 있으며, 업(up) 쿼크와 다운(down) 쿼크가 존재한다. 2/3 전하를 지닌 업 2개와 −1/3 전하를 지닌 다운 1개가 모여서 전자와 전하량은 같으나 양의 값(q_e=1.6×10−19 C=−q_p)을 지니는 양성자가 된다. 중성자는 다운 2개와 업 1개를 지녀서 전하가 0가 된다. 원자의 크기는 10^{-10} m정도이며, 전자는 10^{-18} m, 핵은 10^{-14} m, 중성자와 양성자는 10^{-15} m, 쿼크는 10^{-19} m 정도이다. 질량은 양성자와 중성자 모두 1.7×10^{-27} kg으로 전자의 2,000 배정도 무겁다.

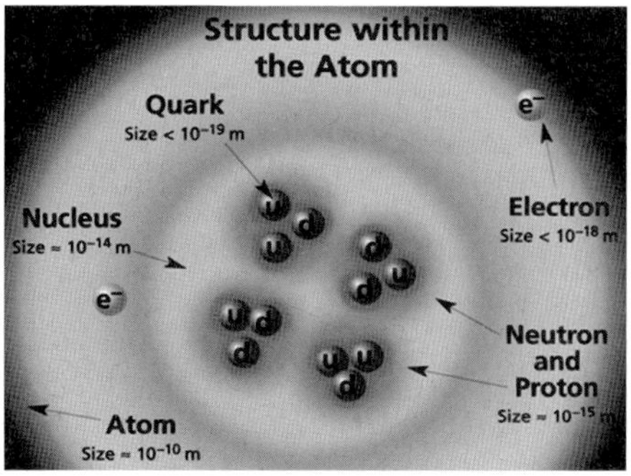

원자의 구성 입자들

입자가속기의 발달로 다양한 미립자에 대해 조사할 수 있었고, 60년대는 쿼크모델, 70년대 이후에는 입자 물리학에서 말하는 기본 입자는 표준 모델(standard model)로 정리되었다. 쿼크와 렙톤은 페르미온에 해당되고 보손은 게이지 보손(광자, Z, W, 글루온, 중력자)와 힉스** 보손으로 구성되어 있다. 아직 중력자는 미관측 상태이다.

---

* 쿼크라는 이름은 'Finnegans Wake'라는 소설에 나오는 구절에서 인용되었다.

* 힉스의 주장에 의하면, 빅뱅이 발생하던 바로 그 순간에는 물질은 전혀 질량이 없었다고 한다. 그러나 곧바로 물질은 질량을 얻게 되는 데, 입자들이 힉스 입자 장을 통과할 때 입자에 붙은 에너지 장이 질량을 부여한다고 주장했다.

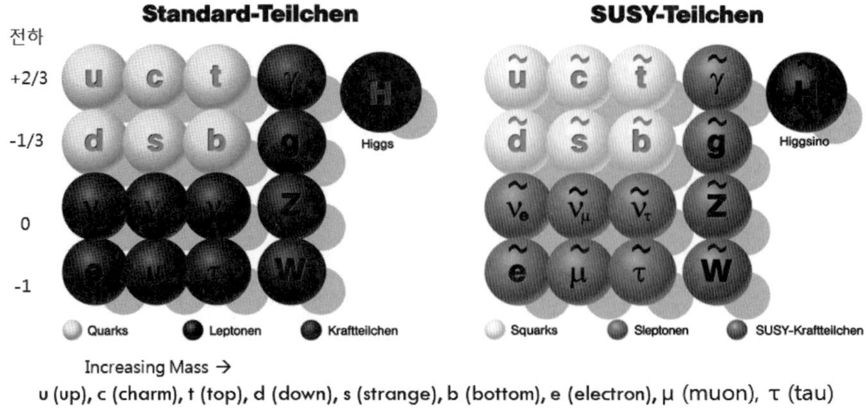

표준 모델(standard model)의 구성 입자들

구성입자 중, u/c/t/d/s/b는 쿼크라고 하며, e/μ/τ와 이에 대응하는 중성미자(뉴트리노, neutrino)는 경입자(lepton)로 약한 상호작용력을 지닌다. 이들은 다시 1세대 입자(1st family) 성분인 e/ν_e/u/d로 구분할 수 있는데, 이는 일정한 모양을 지닌 모든 입자가 여기에 속한다고 할 수 있다. 2세대 입자인 μ/ν_μ/c/s와 3세대 입자인 τ/ν_τ/t/b는 빅뱅이후에 발생한 것으로 우주선(cosmic ray)이나 입자가속기에서만 관찰이 가능하다. 이들이 원자를 구성하는 전체 성분이 아닐 수 있으며, 더욱 강한 입자가속기를 이용하여 또다시 새로운 입자가 발견할 수도 있다. 이상의 표준모델 입자는 보손과 페르미온 사이를 연결해주는 초대칭(super symmetric, SUSY) 동반입자를 지닌다.

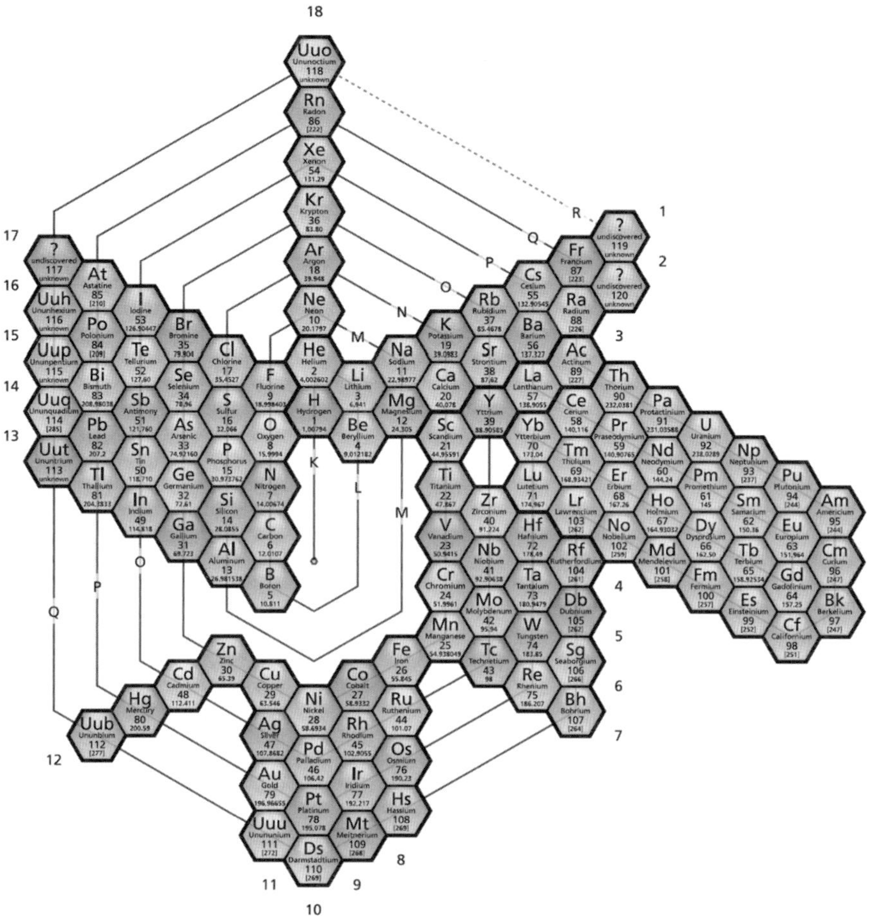

회전체 형태로 나타낸 spiralperiodic.com의 주기율표

등장인물 살펴보기

사무엘 가우드스밋(Samuel Goudsmit, 1902~1978)

독일계 미국의 물리학자이다. 울렌베크와 함께 전자스핀의 개념을 제안한 것으로 유명하다. 맨해튼 프로젝트에 참여하기도 하였다. 전후 노스웨스턴 대학의 교수로 재직하면서 여러 물리학회지의 편집장을 역임하였다.

조지 울렌베크(George Uhlenbeck, 1900~1988)

독일계 미국의 물리학자이다. 가우드스밋과 함께 전자스핀의 개념을 이끌어 냈으며, 이 공로로 1964년 막스 플랑크 메달을 수상하였다. 그의 또다른 업적으로는 유체내 입자의 브라운 운동이 마찰력에 어떻게 영향을 받는지에 관한 연구도 수행하였다.

울프강 파울리(Wolfgang Pauli, 1900~1958)

오스트리아의 이론물리학자이다. 좀머펠트의 제자였으며,스핀이론과 전자의 파울리 배타원리로 유명하다. 배타원리에 관한 아인슈타인의 의견으로 1945년 노벨 물리학상을 받는다. 스핀 궤도 모형을 도입하여 비정상 제만 효과의 원인을 규명하기도 하였다.

프레드릭 훈트(Friedrich Hund, 1896~1997)

독일의 물리학자이다. 원자와 분자에 관한 선구적인 업적을 남겼다. 원자내 전자배치의 3대원리인 훈트의 규칙을 만들어 오비탈내 전자배열을 정립하였다. 그는 막스 보른(Born)의 조교였으며, 분자의 스펙트럼을 양자역학적으로 해석하는데 기여하였다.

새텐드라 보스(Satyendra Bose, 1894~1974)

인도의 수리물리학자이다. 1920년대 초반에 보스-아인슈타인 통계학을 이용한 양자역학을 정립하는데 기여를 하였으며, 그의 업적을 길이기 위해 힘의 매개입자를 보손(Boson)이라고 명명하였다. 노벨상을 직접 받지는 못했지만 최근까지도 노벨상에 보손의 개념이 등장하고 있다.

요한 되베르너(Johann Dobereiner, 1780~1849)

독일의 화학자이다. 화학원소에 관한 선구적인 주기율 규칙을 찾아난데 큰 기여를 하였다. 3가지 원소들의 묶음인 4개의 triad를 정의하였다. 이는 1, 2, 6, 7족에 해당하는 원소들의 배열이었다. 또한 푸르푸랄(furfural)을 발견하였으며, 백금을 이용한 촉매 연구도 수행하였다.

알렉상드르 샹쿠르투아스(Alexandre de Chancourtois, 1820~1886)

프랑스의 광물학자이다. 뉴런즈와는 독자적으로 원소들간의 규칙성을 발견하였으나, 자신의 생각을 명확히 설명하지 못하여 그 당시 발견한 규칙성이 무시되었고, 멘델레예프에게 주기율표의 발견자 자리를 내주게 되었다. 또한 광물안전 규제에 관해서 관심이 컸다.

존 뉴런즈(John Newlands, 1837~1898)

영국의 공업화학자이다. 샹쿠르투아스와는 독자적으로 원소들간의 주기성을 음악에 비유한 옥타브의 규칙을 발견하였지만, 역시 당시의 발견이 학계에 받아들여지지 않았다. 그러나 멘델레예프가 훗날 주기율표 발견으로 데이브(Davy) 메달을 수여한 이후, 1887년 그도 영국왕립학회로부터 데이브 메달을 수여받았다.

드미트리 멘델레예프(Dmitri Mendeleev, 1834~1907)

러시아의 화학자이다. 주기율표를 최초로 작성한 사람중 일인으로 알려져 있다. 1869년 러시아학회에서 주기율표에 관한 논문을 최초로 공식 발표한다. 주기율표에 의해 아직 발견되지 않은 원소들의 성질까지도 예측할 수 있다고 주장하였다. 101번째는 그의 이름을 딴 Md이다.

글렌 시보그(Glenn Seaborg, 1912~1999)

미국의 핵화학자이다. 2차 세계대전 당시 맨해튼 계획에 참가했었고, 사이클로트론을 이용한 원자핵반응으로 플루토늄을 만들어 냈다. 그 후 원자번호 95에서103에 이르는 초우라늄 원소가 만들어졌다. 이러한 업적으로 1951년 노벨 화학상을 수상하였으며, 생전에 그의 이름을 딴 원소인 시보귬(Sg)이 명명되었다.

니콜라우스 코페르니쿠스(Nicolaus Copernicus, 1473~1543)

폴란드의 천문학자이다. 지동설을 주장하여 근대 자연과학의 획기적인 전환을 가져왔다. 지구가 더 이상 우주의 중심이 아님을 천명했으며 이는 당시 프톨레마이오스의 우주 체계에 정면으로 도전한 것이었다. 신의 영역으로 생각했던 중세의 우주관을 폐기시키는 결과를 가져왔다.

피터 힉스(Peter Higgs, 1929~)

영국의 이론물리학자이다. 1964년 물질이 어떻게 질량을 갖게 되는지 설명하기 위해 필요한 어떠한 기본 입자가 필요하며, 그것이 힉스라고 추측했다. 2012년 CERN의 발표를 통해 힉스로 추정되는 입자를 발견하였고, 실험적으로 증명되었기에 머지않아 노벨 물리학상을 받을 것으로 보인다.

CHAPTER

14

물질파

아무리 뛰어난 이론이라도 어린아이가 이해할 수 있는 수준으로 설명하지 못하면 아무 짝에도 쓸모없다.

• 알베르트 아인슈타인

드브로이 물질파

주기율표, 수소휘선, 파울리 배타원리 등은 보어 모델을 기반으로 하였으며, 이 모델이 성공한 데에는 모두 드브로이의 정상파와 물질파 개념이 있었기에 가능했다. 그는 역사학으로 학위한 뒤 재미삼아 3년간 배운 물리학을 바탕으로, 물질파에 관한 학위논문(1924년, 양자론에 대한 고찰)을 발표하고 몇 년 뒤 노벨 물리학상(1929년)을 수상하였다. 빛이 파동성과 입자성을 지니고 있다는 것에 착안하여, 아인슈타인에 의한 '파동의 입자성'과 대응되는 '입자의 파동성'을 물질파(matter wave)로 주장하였다. 즉 전자나 소립자, 심지어는 야구공과 같이 명백하게 입자라고 이해되는 물질도 파동의 성질, 또는 파동이 될 수 있다는 것을 제안하였다. 이는 빛을 이해하는 데 이중성이 필요할지도 모른다는 아인슈타인의 견해에 영향을 받은 것으로, 아인슈타인의 광량자설이 나온 뒤 20년 후이니 물질파(드브로이파)의 개념이 상당히 늦게 도출되었다고 할 수 있다.

파동이 가질 수 있는 성질로는 파장, 진동수, 진폭 등이 있으며, 입자로서의 성질로는 운동량, 위치, 속도, 가속도, 에너지 등이 있다. 드브로이는 이 상반된 두 성질사이에 광자라는 매개를 통해 파동이 곧 입자가 될 수 있음을 생각하고, 파동으로서의 특징인 파장(λ)과 입자로서의 특징인 운동량(1/p)이 서로 상등한다고 가정하였다. 즉 입자라고만 생각되던 것이 파동의 특성을 지닐 수 있음을 수학적으로 유도한 것이다. 상대성 원리에 의해 운동량과 에너지 관계식에서 광자의 경우 정지질량(m_o)이 0임을 이용하여, 광전자효과의 관계식과 결합시켜 광자의 파장과 운동량과의 관계식을 도출하였다. 드브로이는 광자에서만 적용된다고 보았던 기존 관점에서 더 나아가 전자뿐만 아니라 모든 입자에서도 λ는 h/p라고 생각하였다. 즉 모든 입자가 파장이 된다는 것이다.

드브로이 물질파 관계식

Relativity

$$E = mc^2 = \sqrt{p^2c^2 + (m_oc^2)^2} = pc$$

Photoelectric effect

$$E = h\nu = \frac{hc}{\lambda}$$

Momentum of photon → $\frac{E}{c} = p$

$\frac{E}{c} = \frac{h}{\lambda}$ **← Wavelength-energy relation**

For photon → $\lambda = \frac{h}{p}$

de Broglie hypothesis for electron → $\lambda = \frac{h}{p} = \frac{h}{mv}$

이를 보다 개념적으로 설명하자면, 드브로이가 한 일은 입자 내부의 주기적 행동에 진동수를 직접 부여한 것이 아니라, 시간과 공간 속에서 그 입자에 따라다니는 파동에다가 진동수를 부여한 것이다. 이러한 파일럿파(pilot wave)는 입자의 운동을 안내하는 역할을 하며, 해당 파동은 위상 속도와 파속(wave packet)의 집단 속도를 지니게 된다. 여기서 파속의 집단 속도(v_g)는 많은 파동들이 중첩되어 보강된 부분이 움직이는 것으로 입자의 속도(v)와 동일하다. 이 집단 속도는 입자의 모든 역학적 성질인 운

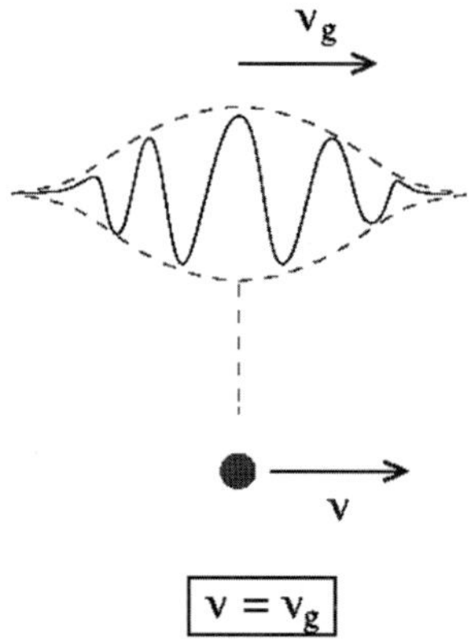

파속의 그룹속도와 입자속도

동량을 표현하게 된다. 드브로이는 물질파를 x-선을 이용한 결정 회절실험에서 관찰될 것이라고 생각하였고, 추후에 실험으로 물질파를 관찰하여 드브로이의 이론이 힘을 얻게 되었다.

물질파와 보어 원자 모델

물질파는 다른 종류의 파동과 동일하게 행동한다. 드브로이는 보어의 궤도가 전자파동의 정상파로부터 자연적으로 도출된다고 보았다. 전자가 원자 주위에서 움직일 때, 그 파일럿파는 정상파라고 생각하였다. 즉 보어의 전자 궤도는 전자파동의 파장이 원궤도 둘레의 정수배와 같을 때 존재해야 하며, 결과적으로 불연속적인 특정 진동수만이 발생할 수 있게 된다. 이러한 과정을 통해 보강간섭이 발생하며, 이경우만 정상궤도를 유지할 수 있다는 것이다. 파동이 정수배의 파장으로 원둘레를 완전히 감싸지 못하면 소멸간섭이 일어나 존재하지 않는 궤도가 된다. 따라서 원자궤도가 띄엄띄엄 있는 이유가 물질파의

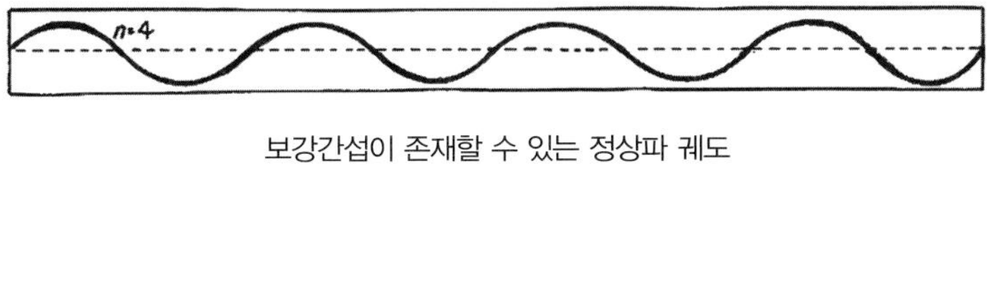

보강간섭이 존재할 수 있는 정상파 궤도

보강간섭을 일으키는 정상파만이 존재하기 때문이라고 보았다. 이로서 보어의 양자 조건은 더 이상 가설이 아닌 법칙이 되었다.

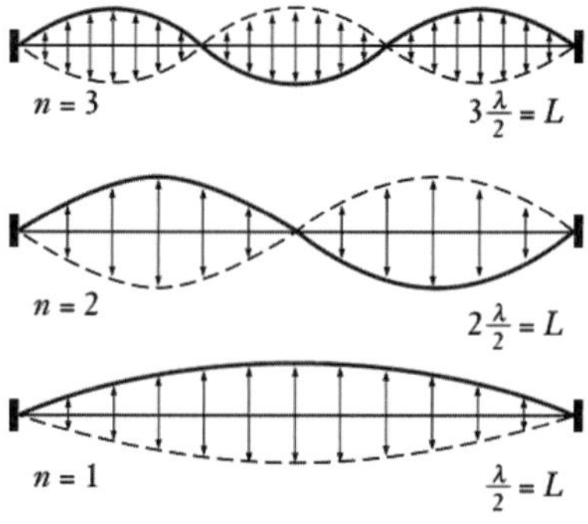

1차원 모델내 정상파

핵 주위의 원궤도를 돌고 있는 전자의 닫혀있는 경로에 존재하는 파장은 정상파의 형태로 유지된다고 하였다. 이를 다시 입자의 형태로 재해석할 수 있으며, 이를 1차원 상자속의 입자 모델로 볼 수 있다. 좁은 통로에 공을 집어넣고 양쪽 끝에서는 완전탄성을 하여 왕복운동을 한다고 볼 때, 마찰력이 없다면 처음 굴려준 속도 그대로 끝없이 왕복운동을 할 것이다. 이 과정에서 양끝을 연결해주면 연속된 궤도를 조화 진동 운동하는 것과 같은 결과를 얻을 수 있다.

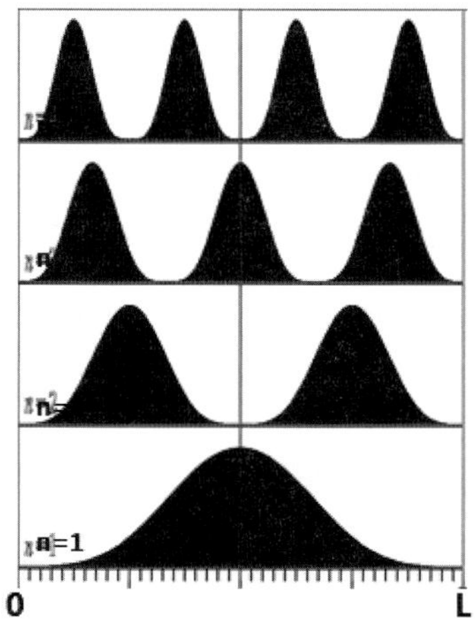

궤도별 확률밀도

1차원 상자의 길이를 L이라고 할 때, 해당 상자내에서 존재할 수 있는 정상파의 파장(λ_n)은 2L/n이 된다. 여기서 운동량($p_n=h/\lambda_n$)과 해당 속도($v_n=p_n/m$)는 각각 nh/(2L)과 nh/(2Lm)이 된다. 따라서 에너지 준위는 수소원자의 경우와는 다르게 n^2에 비례하는 형태인, $E_n=mv_n^2/2=h^2n^2/(8mL^2)$이 된다. 또한 해당 구간

$$P(x) = \frac{2}{L}\sin^2\frac{n\pi x}{L}$$

확률밀도함수

내에서 입자를 발견할 확률은 확률밀도함수(probability density function)에 의존하게 되며, 궤도별 확률밀도가 사인함수 형태로 나타난다.

드브로이 가설 실증

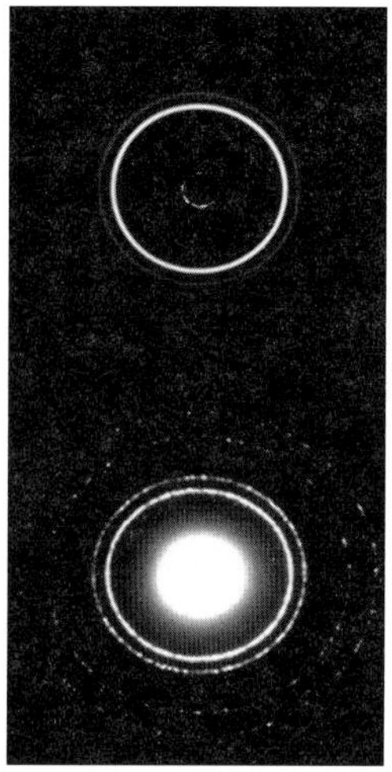
x-선(상)과 전자 회절

드브로이가 예상한 입자를 동반하는 파동인 물질파는 우연한 기회에 발견되었다. 1924년 물질파의 개념이 나왔지만 드브로이의 가설을 전혀 모르는 상태에서 진행된 두 과학자의 실험이 이를 입증하게 되었다. 데이비슨(Clinton Davission, 1881~1958)과 저머(Lester Germer, 1896~1971)는 당시 웨스턴 일렉트릭사(Western Electric Company, 추후에는 Bell Telephone Laboratories)의 진공관에 관한 특허분쟁 문제를 해결하고자 니켈 단결정을 이용한 전자 산란 실험을 실시하였다. 전자가 입자라는 가정을 버리고 파동으로 해석했을 때, 즉 브래그(William Bragg, 1862~1942) 방정식($n\lambda = 2d\sin\theta$)으로 계산했을 때 실험결과가 제대로 설명된다는 것을 알았다.

그들은 영국과학회에서 드브로이의 물질파 이론을 듣고 그들의 실험결과의 이론적 토대를 찾았으며, 아울러 드브로이의 물질파의 존재를 실험적으로 증명(1927년)하게 되었다. 더불어 1년뒤 톰슨(George Thompson, 1892~1975)은 x-선과 동일한 파장을 지닌 전자에 의한 두 가지 회절의 모양이 거의 일치

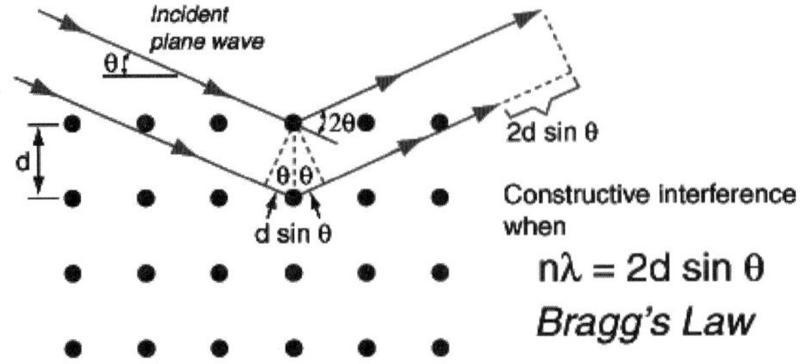

격자의 회절 및 산란에 관한 브래그 방정식

한다는 실험을 통해 다시 한 번 전자의 물질파 특성을 증명하게 된다. 그의 아버지 조제프 톰슨은 전자가 입자의 성질을 지녔음을 증명하였고, 30년이 지나서 아들 조지 톰슨이 전자의 파동 특성을 증명하였다.

파동-입자 이중성(wave-particle duality)에 관한 데이비슨-저머의 실험을 좀 더 자세히 살펴보면, 금속표면에서 산란된 전자의 에너지를 측정할 수 있는 진공장비를 이용하였다. 가열된 필라멘트에서 튀어나온 열전자는 인가된 전압에 의해 가속되고 니켈금속 표면을 타격하게 된다. 패러데이 상자(Faraday

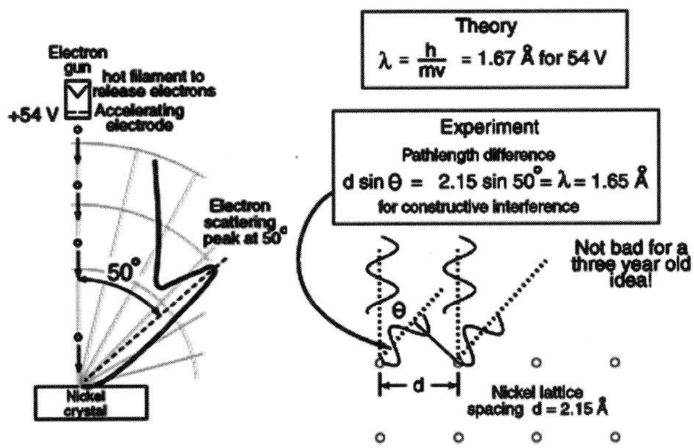

데이비슨-저머의 물질파 증명실험

box)라고 불리는 전자 검출기를 이용하여 산란각에 따른 전자의 에너지를 측정하였다. 이 결과 특정각도에서 산란된 전자의 에너지가 높게 나타났으며, 50°의 산란각에서 발견된 전자의 파장이 1.67Å이었다. 이를 격자간의 간격(lattice spacing, d)을 계산할 수 있는 브래그식을 이용하여 해석하면 정확히 1.65Å이 나오게 된다. 후자는 x-선과 같은 파동을 이용한 회절 또는 산란정보 해석을 이용했던 것으로, 전자에 의한 산란 또한 파동 관계식인 브래그식으로 해석되는 놀라운 결과였다.

전자의 파장과 가속전압간의 관계식은 드브로이식으로 쉽게 구할 수 있다. 가속전압에 따라 산란되는 전자의 세기를 측정하였을 때, 주기성을 보이는 피크를 얻을 수 있게 된다. 이는 곧 특정 전압에서 회절강도가 크다는 것으로 전자의 궤도를 표현하는 결과가 된다.

$$\frac{1}{\lambda} = \frac{n}{2d\sin\theta} = \frac{p}{h} = \frac{\sqrt{2mE}}{h} = \frac{\sqrt{2meV}}{h} = 0.815\sqrt{V}$$

Electron wavelength · *Bragg law* · *deBroglie relationship* · *Acceleration through voltage V*

가속전압에 따른 전자의 물질파 파장

다양한 물질파

물질파 개념에 의하면 움직이는 모든 입자는 파동의 성질을 지닌다는 것인데, 그렇다면 투수가 던진 야구공도 파동이 될 수 있는가라는 생각을 해볼 수 있다. 150 g인 야구공을 40 m/s로 던졌을 때 가질 수 있는 물질파의 파장은,

Object	Mass (g)	Wavelength (Å)
1-Volt electron	9.11×10^{-28}	12.3
10-Volt electron	9.11×10^{-28}	3.88
100-Volt electron	9.11×10^{-28}	1.23
Helium atom at room temperature	6.65×10^{-24}	0.73
α particle from radium	6.65×10^{-24}	0.000066
Average protein molecule	6.64×10^{-20}	0.0073
Floating chalk dust	$\sim 10^{-6}$	$\sim 6.6 \times 10^{-13}$
Driven golf ball	45	4.9×10^{-24}
Pitched baseball	140	1.9×10^{-24}
Chemistry professor, pacing	8×10^{4}	8.3×10^{-26}
Car at 30 mph	9×10^{5}	5.5×10^{-28}
Earth in orbit around sun	6×10^{27}	3.7×10^{-53}

다양한 물체의 드브로이 물질파 파장

h/mv 공식에 의해 1.1×10^{-34} m가 된다. 지구가 공전하면서 발생하는 물질파의 파장은 10^{-52} nm이고, 날아가는 골프공은 10^{-23} nm의 파장을 지닌다. 거시세계에서의 입자는 발생되는 물질파의 파장의 크기가 인지할 수 없을 정도로 작기 때문에 드브로이의 물질파는 무시된다. 그러나 100 V로 가속된 전자(5.9×10^{6}

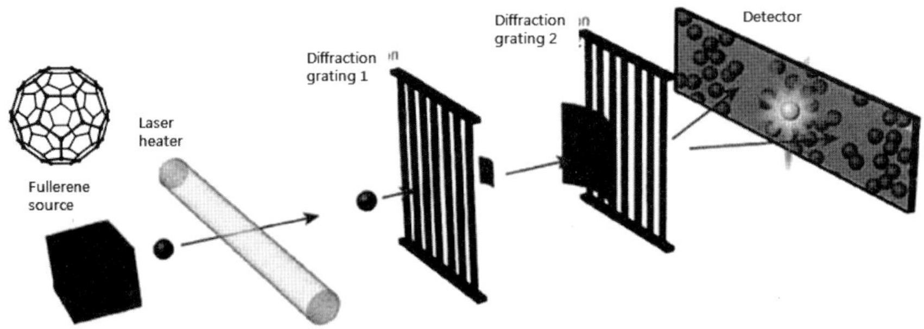

플러렌을 이용한 물질파 검증 실험

m/s, 9.11×10^{-31} kg)가 지닐 수 있는 파장은 0.12 nm가 된다. 이는 원자수준의 크기로 390 nm 정도의 가장 짧은 가시광 보다 더 짧다. 따라서 전자는 파동으로서의 특성을 지닐 수 있게 된다. 따라서 거시세계의 일반적인 물체는 빛의 속도로 달리지 않는 이상 물질파의 특성을 관찰하기 힘들다고 보아야 한다.

거시적으로 볼 수 없는 전자를 파동으로 볼 수 있다고 하는 것은 넘어가더라도, 정말로 입자로 여겨지는 대상에서도 파동의 특성이 그대로 나타날 것인가는 최근 실험결과로 확인되었다. 플러렌(C_{60})은 약 1 nm 정도의 크기를 지닌 탄소로 된 결정체로, 플러렌을 레이저히터를 통과시킨 뒤 회절격자 패턴을 통과시켰다. 이때 검출기에 나타난 결과는 영의 이중슬릿 실험과 일치하는 것으로 파동성을 그대로 표현해 주고 있다. 이로서 거시입자도 파동성을 지님이 증명되었다.*

빛의 이중성

양자역학의 태동과 확립이 시작되었던 역사적인 회동은 1차 세계대전이 발발하기 몇 년 전인 1927년 5차 솔베이(Ernest Solvay, 1838~1922) 회의에서 이루어졌다. 그동안 거론된 많은 물리학자들(당시 69세 최고령자 플랑크부터 25

* 원자 이상의 거시 세계에서도 파동의 성질이 나타나는 현상을 보스-아인슈타인 응축(Bose-Einstein condensation)이라고 한다. 극저온 상태에서 광자나 헬륨-4와 같은 보손 입자는 서로의 양자 상태를 공유할 수 있고, 파동의 중첩으로 인해 초원자로서의 행동을 하게 된다. 헬륨-4가 2.17K에서 점성이 0이 되는 초유동 현상도 이 응축의 일례이다.

5차 솔베이 회의(1927년, 레오폴드 공원)

세 디랙까지)이 이 회의에 대거 참석하였다. 솔베이 회의를 역사가들은 이렇게 얘기한다. '과학사에서 그렇게 짧은 시간에 그렇게 소수의 사람들에 의해 그렇게 많은 것이 밝혀진 적은 없었다'라고.

참석한 물리학자 29명중 18명이 노벨상을 수상하였으며, 참석자인 퀴리 부인은 노벨 물리학상과 화학상을 수상하였다. 이때 토론의 주축이었던 아인슈타인과 보어사이에 오간 유명한 담론인 (아인슈타인) "God does not play dice.",* (보어) "Einstein, stop telling God what to do."로도 유명하다. 아인

* 신은 주사위 놀이를 하지 않는다. 이 말은 양자론의 불완전성을 비꼬는 말이다. 양자론은 자연현상을 일정한 수준에서는 바르게 표현하고 있지만 완전하지는 않기 때문에 확률이라는 생각을 가지고 시작할 수밖에 없다. 즉 자연현상은 어떠한 물리량으로 결정되

슈타인은 하이젠베르크의 불확실성의 원리(uncertainty principle)를 크게 반대하면서 그와 같은 말을 했었다. 이 회의를 통해 양자역학의 발단이 되기도 했던 빛의 이중성이 더욱 명확해 졌다.

고전물리학(matter vs. energy)에서는 물질은 양적인 입자성을 지니면서, 파동의 특성을 지닌 연속 에너지와 차별화시켰다. 그러다 플랑크에 의한 흑체복사 현상 규명, 아인슈타인의 광전자효과 설명, 보어의 휘선 스펙트럼 증명 등으로 인해, 고전물리학에서 설명하지 못하는 내용을 에너지의 양자화라는 개념으로 설명하게 이르렀다. 즉 파동이라고 여겨졌던 빛이 불연속적인 에너지를 지닌 입자로 설명되었다. 다시 역전된 계기는 드브로이의 물질파의 개념을 데이비슨-저머가 입증하면서 입자가 파동이 되었다. 결국은 아인슈타인-드브로이 이론에 의해 물질과 에너지는 동일하며, 입자는 파동성을 지닐 수 있고 파동도 입자가 지니는 운동량을 가질 수 있다는 이중성을 제시하게 되었다. 그렇다고 두 가지 성질이 동시에 나타난다는 것은 아니다. 추후에 다시 다루겠지만, 입자성을 관측하는 수단으로 대상을 바라보면 입자의 성질을 볼 수 있고, 파동의 특성을 관측하는 도구였다면 파동으로 보인다는 것이다. 이것이 광자와 같은 양자가 지닌 이중성이라고 할 수 있다.

빛의 성질에 대해서 명확히 파동이다 입자다라고 말하지 못하고 이중성을 지녔다고 하는 것은 우리가 무지하기 때문이 아니다. 모든 관측에 관측자가

어 있다는 아인슈타인의 생각과 상반되는 양자론은 그의 입맛에 맞을 수가 없었다. 이에 아인슈타인은 우리가 아직 모르는 숨겨진 변수(hidden variables)가 있을 것이라고 생각하여, 보어와 종종 논쟁을 벌였다. 그러나 숨은 변수는 찾지 못했고, 여전히 양자론을 불신한 아인슈타인은 추후 EPR 역설을 주장하게 된다.

개입되고 관측자와 관측과정은 따로 분리될 수 없으므로 물리학은 필연적으로 자기참조(self-referential) 형식을 지니게 된다. 자기참조의 예를 들자면, '나는 거짓말쟁이다'를 들 수 있다. 내가 진실을 말하고 있다면 나는 거짓말을 한 셈이 되고, 거짓말을 했으면 진실을 말한 셈이 된다. 이를 거짓말쟁이 역설이라고도 한다. 양자론과 같은 이론물리는 실험을 통해 검증되지만, 이처럼 거짓말쟁이 역설(liar paradox)에 빠질 수도 있다.

등장인물 살펴보기

클린턴 데이비슨(Clinton Davisson, 1881~1958)

미국의 물리학자이다. 저머와 함께 수행한 전자회절에 관한 발견으로 드브로이의 물질파의 가설을 입증하였으며, 1937년 톰슨과 함께 노벨 물리학상을 수상하였다. 밀리컨의 추천으로 프린스턴 대학에서 교수를 지내다가 웨스턴 일렉트릭사에서 퇴직하였다.

레스터 저머(Lester Germer, 1896~1971)

미국의 물리학자이다. 데이비슨과 함께 실험한 물질의 파동-입자 이중성 실험으로 유명하다. 또한 전자현미경을 개발하는 데 크게 일조를 하였다. 금속의 부식, 열전자(thermionic)에 연구를 수행하였다. 벨 연구소에서 근무하였으며, 등산을 좋아했다. 산행중 심장마비사 하였다.

윌리엄 브래그경(William Henry Bragg, 1862~1942)

영국의 물리학자, 화학자이다. 방사 현상을 연구하여 입자가 일정한 방사 거리를 가지고 있다는 사실을 브래그 곡선으로 나타냈다. 그의 제자이자 아들인 브래그와 함께 x-선을 이용한 결정 구조 연구 결과로 브래그식을 만들었으며, 1915년 아들과 함께 노벨 물리학상을 수상하였다.

윌리엄 브래그(William Lawrence Bragg, 1890~1971)

오스트렐리아의 물리학자이다. 그의 아버지 브래그와 함께 1915년 노벨 물리학상을 수상하였다. 당시 25세로 역사상 가장 어른 나이에 노벨상을 수상한 것으로 기록되어 있다. 아버지와 조제프 톰슨이 공동 지도교수를 맡았으며, 아버지와 함께 브래그식을 만들었다.

조지 톰슨(Geroge Thomson, 1892~1975)

영국의 물리학자이다. 전자회절에 관한 데이비슨과는 독립적인 실험으로 드브로이의 물질파 가설을 입증하였으며, 데이비슨과 함께 노벨 물리학상을 수상하였다. 노벨상 수상자인 조제프 톰슨의 아들이기도 하다. 그의 아버지는 전자를 입자로 보았다면, 아들은 파동으로 보았다.

어니스트 솔베이(Ernest Solvay, 1838~1922)

벨기에의 화학자이자 사업가이다. 1861년 솔베이법로 알려진 암모니아-소다 공정을 개발하였고, 이를 계기로 Solvay & Cie를 설립하였으며, 솔베이 공정은 여전히 전세계적으로 운전되고 있다. 1911년부터 저명한 물리학자들을 초빙하여 솔베이 회의를 개최하여 양자역학 발전을 위해 후원하였다.

CHAPTER

15

하이젠베르크의 해석

양자역학을 제대로 이해하는 사람이
이 세상에 단 한명도 없다는 것만은 자신있게 말할 수 있다.

• 리처드 파인만

대응원리에 의한 해석

고전물리학에서는 빛의 세기를 진폭의 제곱에 비례하는 것으로 정의하였다. 그러나 초기 보어의 양자론 시절에는 빛을 파동이 아닌 입자로 보았기 때문에 불연속적이고 파동이 아니므로 진폭을 구할 수 없었다. 따라서 진폭을 대신할 입자의 어떤 물리량이 빛의 세기 해석을 위해 등장해야만 했다. 이에 보어는 궤도사이의 전이확률로서 이를 해석하고자 하였다.

보어의 대응원리 개념에 의해 n이 클 때는 양자역학(QM)으로 보는 물리량과 고전역학(CM)의 물리량이 같아지므로, 전자나 광자의 운동을 파동과 같은 주기적인 운동을 한다고 보는 고전물리학으로 해석할 수 있다. 즉 큰 n 궤도에서 전자가 n+1에서 n 궤도로 떨어지면서 방출하는 빛(QM)은 전자가 회전하면서 빛(CM)을 방출하는 것처럼 보이게 된다. 따라서 발생되는 복잡한 파동은 기본진동수의 정수배(τ)를 지닌 단순 파동의 합으로 표현된다는 푸리에(Joseph Fourier, 1768~1830) 파동합으로 정의할 수 있다. CM에서 전자의 위치(q)는 진폭[Q(n, τ)]과 진동수[ν(n,τ)]의 합으로 표현하였다. 전자의 위치성분을 뉴턴역학(F=mq'')에 적용하여 힘 성분을 구할 수 있으며, 전자회전시 시간에 따른 전자위치 변화를 예측할 수 있다. 스프링의 수축-이완처럼 조화진동을 하는 경우, 위치성분을 뉴턴-후크 관계식에 넣어 정리할 수 있고, 이를 다시 보어의 양자

$$q = \sum Q(n,\tau)e^{i2\pi\nu(n,\tau)t}$$

$$q = \sum Q(n,n-\tau)e^{i2\pi\nu(n,n-\tau)t}$$

CM의 전자위치(상)와 QM의 전이성분

$$F = ma = m\frac{d^2q}{dt^2} = -kx = -kq$$

$$\rightarrow \frac{d^2q}{dt^2} + \frac{k}{m}q = 0\ ,\ \frac{k}{m} = 4\pi^2\nu^2$$

조화진동에 관한 뉴턴-후크 관계식

조건에 넣을 수 있다. 이는 보어의 양자조건에서도 운동량(p)과 위치량(q)이 나오기 때문으로, CM의 q를 QM의 양자조건에 넣어 적분이 가능하다. 여기서 k/m은 가장 기본이 되는 진동수인 $\nu=\nu(n, n-1)$의 의존항으로 정의된다.

전자궤도가 클 때는 최외각 전자가 회전하면서 빛을 방출하는 것과 전이하면서 방출하는 것이 동일하게 보이므로, CM으로 해석해도 무방하다. 즉 불연속적인 에너지로 보아서 생기는 입자성을 파동성의 해석으로 대체시킬 수 있다. 푸리에 방정식을 QM에 접목시키면, CM의 위치성분은 전이성분으로 변하게 된다. 즉 한번 전이시 하나의 진동수의 빛만을 방출하므로, 진폭과 진동수의 의존항이 $Q(n, n-\tau)$, $\nu(n, n-\tau)$로 바뀐다. 따라서 CM의 단순파동 하나가 QM의 정해진 전이에서 방출되는 스펙트럼 하나와 대응하게 된다.

하이젠베르크의 등장

그러나 n이 작은 궤도에서는 더 이상 대응원리를 적용하기 어려워진다. 회전하면서 빛을 방출하는 것이 아니라 전이시에 빛을 방출하는 것이 더욱 명확해지기 때문이다. 이때는 전자의 위치성분을 모르기 때문에 어떤 경로로 전자가 전이되는지를 알 수 없다는 한계를 지닌다. 위치성분이 없기 때문에 뉴턴의 운동방정식에 q를 대응시킬 수 없다는 것이 일반적인 생각이었다. 이 문제로 인해 어느 누구도 빛의 세기 해석에 관한 명확한 해답을 제시하지 못했다. 큰 궤도에서는 그럭저럭 대응원리로 설명되지만 작은 궤도에서는 전이시의 위치성분이 필요했기 때문이다. 이때 등장한 인물이 하이젠베르크이다. 그는 보어의 원자 모델에서 전자 궤도라는 개념을 싫어했지만 추후 보어의 양자조건을 재증명한다.

하이젠베르크의 잔류성분 찾기

전이성분의 위치성분화

$$\frac{d^2q}{dt^2}+\frac{k}{m}q=0$$

$$q=\sum Q(n,n-\tau)e^{i2\pi\nu(n,n-\tau)t}$$

$$q'=\sum i2\pi\nu(n,n-\tau)Q(n,n-\tau)e^{i2\pi\nu(n,n-\tau)t}$$

$$q''=\sum -4\pi^2\nu(n,n-\tau)^2Q(n,n-\tau)e^{i2\pi\nu(n,n-\tau)t}$$

$$4\pi^2\left[\nu^2-\nu(n,n-\tau)^2\right]Q(n,n-\tau)=0$$

진동수 변경법칙(리드버그 식)

$$\nu(n,n-\tau)=\frac{Rc}{(n-\tau)^2}-\frac{Rc}{n^2}$$

$$-\nu(n,n-\tau)=-\left[\frac{Rc}{(n-\tau)^2}-\frac{Rc}{n^2}\right]=\frac{Rc}{n^2}-\frac{Rc}{(n-\tau)^2}=\nu(n-\tau,n)$$

$$\nu(n,n-1)=\nu$$

$$\nu(n-1,n)=-\nu$$

그는 위치성분이 아니지만 전이성분을 위치성분으로 간주하고 뉴턴의 운동 방정식에 그 값을 대입해 보았다. 과감한 시도였으며, 결국에는 n의 크기에 무관하게, 또한 대응원리에 무관하게 보어의 원자모델을 이용한 빛의 세기 해석을 확립하게 되었다. 그는 빛의 세기 또한 광자에너지, 또는 플랑크상수에 의존하는 어떤 물리량으로 표현되어야 함을 직감적으로 알고 있었다.

진폭항이 0이 아닐 때

$$\nu(n,n-1)=\nu \qquad Q(n,n-1)\neq 0$$
$$\nu(n-1,n)=-\nu \qquad Q(n,n+1)=Q(n-1,n)\neq 0$$

진폭항이 0일 때

$$Q(n,n-1)=0 \quad @\tau\neq\pm1$$

최종 잔류성분의 0이 되는 조건

보어 양자조건 변형

$$\oint pdq=\oint mvdq=\oint mv^2dt=\int_0^{\frac{1}{\nu}} m(q')^2dt=nh$$

$$\begin{aligned} q&=\sum Q(n,n-\tau)e^{i2\pi\nu(n,n-\tau)t}\\ &=Q(n,n-1)e^{i2\pi\nu(n,n-1)t}+Q(n,n+1)e^{i2\pi\nu(n,n+1)t}+0\\ &=Q(n,n-1)e^{i2\pi\nu t}+Q(n,n+1)e^{-i2\pi\nu t}\\ q'&=i2\pi\nu Q(n,n-1)e^{i2\pi\nu t}-i2\pi\nu Q(n,n+1)e^{-i2\pi\nu t}\end{aligned}$$

$$\int -4m\pi^2\nu^2\left[Q(n,n-1)^2\underline{e^{i4\pi\nu t}}+Q(n,n+1)^2\underline{e^{-i4\pi\nu t}}-2Q(n,n-1)Q(n,n+1)\underline{e^{i4\pi\nu t-i4\pi\nu t}}\right]dt=nh$$

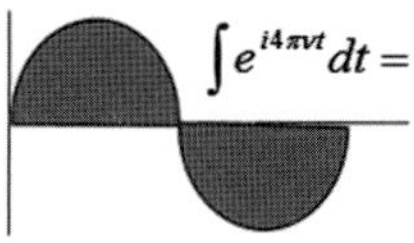

$$\int e^{i4\pi\nu t}dt=\int e^{-i4\pi\nu t}dt=0$$

$$\int 1dt=\frac{1}{\nu}$$

$$-4m\pi^2\nu^2\left[-2Q(n,n-1)Q(n,n+1)\frac{1}{\nu}\right]=nh \qquad Q(n,n-1)Q(n,n+1)=|Q(n,n-1)|^2=\frac{h}{8m\pi^2\nu}n$$

하이젠베르크는 전이성분을 모두 위치성분처럼 간주하여 운동방정식에 모두 대입하여 최종 잔류성분의 두 묶음 형태로 만들었다. 리드버그 식을 이용한 진동수 변경법칙을 통해 바깥 궤도로의 전이($-\nu$)와 안쪽 궤도로의 전이(ν)를 구분하였다. 최종 잔류성분에 관한 식은 진폭항(Q)이나 진동수항[$\nu^2-\nu$(n, n−τ)^2]이 0이 되어야만 했다. 진폭항이 0이 아닐 때는 진동수 변경법칙을 따르고, 진폭항이 0일 때는 τ=±1이 아닌 경우만 해당하게 된다.

하이젠베르크는 앞에서 구한 잔류성분의 관계를 이용하여 보어의 양자조건을 변형시키고자 하였다. 전이성분의 미분값을 보어의 양자조건에 모두 대입하여 정리하면, τ=±1일 때의 1주기 단순파동의 적분 2가지와 그들의 진폭의 곱 형태로 정리된다. 이때 1주기 단순파동의 적분은 x축을 중심으로 상부와 하부가 대칭되므로 적분값은 0이 된다. 따라서 τ=±1일 때의 진폭의 곱 형태만 남게 된다. 진폭은 서로 방향은 다르지만 그 크기가 같으므로 Q(n, n−1)Q(n, n+1)=|Q(n, n−1)|^{2}으로 표현할 수 있다. 이는 고전물리학에서 말하는 진폭의 제곱이 빛의 세기가 된다는 것과 동일하게 된다. 결국 하이젠베르크는 빛의 세기를 여전히 진폭의 제곱 형태로 유도했으며, 그 값을 플랑크상수에 의존하는 양자조건을 잘 맞도록 하였다. 이는 또한 n 궤도의 크기에 무관하게 모두 적용 가능한 결과이다.

행렬역학

슈뢰딩거(Erwin Schrodinger, 1887~1961)와 보른(Max Born, 1882~1970)은 파동방정식에 등장하는 Ψ를 서로 다르게 해석하였다. 슈뢰딩거는 Ψ를 양자라는 실체를 나타내는 파라고 생각했고, 보른은 양자 그 자체가 아니라 양자가 존재할 확률의 파(코펜하겐 해석)를 나타낸다고 보았다. 지금은 보른의 해석이 옳다고 입증되었다.

보른은 정상상태 사이의 에너지 준위 차이가 진동수에 비례하는 것에 주목하고, 이를 미분식으로 바꾸는 방법을 찾는다. 이를 이용하여 보른은 1924년 양자론에서 미분역학(difference mechanics)이라는 새로운 양자역학을 구축한다. 1925년에는 보른의 사강사(객원강사, privatdozent)였던 하이젠베르크가 빛의 세기해석을 통해 행렬역학(matrix mechanics)의 기본 개념을 얻는데 성공했다. 보른은 하이젠베르크가 제시했던 개념이 바로 행렬곱셈임을 인식하고, 이를 구체화하기 위해 보른은 그의 박사학위 제자인 요르단(Pascual Jordan, 1902~1980)과 함께 하이젠베르크의 생각을 정리하여 행렬역학을 완성한다.

양자역학적 입자의 위치나 운동량은 무한정사각 행렬항으로 기술되고, 임의의 양자수 m, n에 의하여 지정되는 2개의 정상상태에 걸친 무한한 모임으로 간주된다고 보았다. 행렬역학 연구에 도움을 달라는 보른의 요청을 거절했던 그의 제자 파울리는 추후 행렬역학의 가치를 인정하고, 수소의 발머 계열식을 행렬역학적인 방법을 이용하여 성공적으로 풀어낸다.

행렬역학 확립에서 하이젠베르크는 물리학의 이론을 구성하는 요소는 직접 관측이 가능한 물리량이어야 한다는 기존의 경험주의적 입장을 역설하였다. 그러나 이를 극도로 싫어하던 슈뢰딩거는 심상으로 표현 가능한 물리량만이 자연현상을 증명할 수 있다고 보았고, 그 자신만의 양자역학 체계인 파동역학(wave mechanics)을 구축한다. 사실 나중에 행렬역학과 파동역학은 수학적으로 완벽히 일치한다는 것이 다시 밝혀지게 된다.

PQ-QP=0인가

고전물리학에 의하면, 운동량과 위치량의 곱인 pq와 qp는 같은 값(pq-qp=0)이 되어야 한다. 그러나 pq와 qp 값이 모두 클 때 두 값의 차이가 반드시 0이 되지는 않을 것이다. 즉 무한대에서 무한대를 뺀다고 해서 분명히 0이 될 수 없다는 것이다. 양자역학에서도 이것이 성립되어, 운동량과 위치량의 곱에서 주관이 어디냐에 따라서 값이 달라진다.

비오는 날 연인과 인도를 걷다가 지나가는 차량에 의해 물이 튀겼다고 했을 때, 둘 중에 한명이 젖는다는 관점에서는 ♂=♀이겠지만, 차도쪽으로 누가 있었냐에 따라서 연인사이에 짜증내는 정도는 서로 다르게 된다(♂♀≠♀♂). 이를 잘 보면, 행렬곱에서 교환법칙 성립하지 않는 AB≠BA과 일치하는 것을 알 수 있다.

하이젠베르크는 행렬역학 관점에서 운동량과 위치량을 각각 개별적인 무한 정사각 행렬로 보았기에 당연히 두 행렬곱의 차이는 0이 될 수 없었다. 즉 값의 차이 또한 어떤 물리량에 비례할 것이라고 보았고, 이는 곧 행렬곱의 차이가 PQ-QP=h/(2πi)=ħ/i=-ħi라는 하이젠베르크 방정식(보른의 묘비에 이 수식이

임의의 함수

$$f(p,q)=2p+3q^2+pq \rightarrow \textbf{미분항}\ \frac{\partial f(p,q)}{\partial q}=6q+p$$

$$pf-fp=\frac{h}{2\pi i}(6q+p)=\frac{h}{2\pi i}\frac{\partial f(p,q)}{\partial q}$$

$$\rightarrow \frac{\partial f(p,q)}{\partial q}=\frac{2\pi i}{h}(pf-fp) \qquad \frac{\partial f(p,q)}{\partial p}=-\frac{2\pi i}{h}(qf-fq)$$

임의식에 대한 하이젠베르크 식 도입

새겨져 있다)을 도출해 낸다. 이 식을 정준교환 원리(canonical commutation relation)이라고 한다.

임의의 운동량과 위치량을 가진 대상의 함수에 정준 교환식을 도입하여, 운동량 및 위치량에 관한 각각의 미분항을 유도하면, (pf−qf) 또는 (qf−fq)가 미분값을 대변함을 알 수 있다. 즉, 편미분이라함은 다른 변수들을 고정하고 한 가지 변수량을 관찰하는 것으로 q를 고정하고 p을 관찰하고자 할 때는 df/dp로 정의한다.

입자나 계의 에너지를 좌표와 운동량으로 표현한 것을 에너지연산자 또는 헤밀토니안(Hamiltonian)이라고 부른다. 운동에 관한 헤밀토니안을 살펴보면, dH/dp는 결국 dq/dt인 속도항이 나오며, dH/dq는 dp/dt이 됨을 알 수 있다. 이를 다시해석해 보면, 시간에 따른 위치성분을 구하려고 하니(dq/dt), 운동량성분(dH/dp)이 튀어나온다는 것으로, 헤밀토니안 함수내의 위치량과 운동량은 상호 독립적일 수 없음을 말한다.

$$\left.\begin{aligned} \frac{dq}{dt} &= \frac{\partial H}{\partial p} \\ \frac{dp}{dt} &= -\frac{\partial H}{\partial q} \end{aligned}\right\} \quad H(p,q) = E_k + E_p = \frac{1}{2m}p^2 + \frac{k}{2}q^2 \quad \left\{\begin{aligned} \frac{dq}{dt} &= \frac{\partial H}{\partial p} = -\frac{2\pi i}{h}(qH - Hq) \\ \frac{dp}{dt} &= -\frac{\partial H}{\partial q} = -\frac{2\pi i}{h}(pH - Hp) \end{aligned}\right.$$

운동에 관한 헤밀토니안 식

불확실성의 원리

하이젠베르크의 행렬역학을 바탕으로 도출된 정준교환 원리는, 위치와 운동량을 동시에 정확히 측정하는 것은 불가능하다는 결론에 도달하게 한다. 즉, 전자의 위치를 관찰하는 순간, 시간은 거의 0에 가까워지므로 운동량이 사라지고, 운동량을 관찰하고자 하면 위치가 계속 변하기에 위치량이 사라진다. 측정하는 수단 자체가 대상이 지니고 있는 본연의 성질을 왜곡하기에 정확한 정보는 알 수 없다는 것이다. 달리 얘기하면, 빛은 파동성과 입자성을 동시에 지니므로 관측 방법에 따라서 어떤 때는 파동으로 어떤 때는 입자로 관측되며 양쪽 성질이 동시에 관측되는 일은 없다는 것이다.

이런 관측상의 불확실성은 우리주변에도 많이 있다. 온도계는 실제 물의 온도를 측정하는 것이 아닌 온도계로 인한 온도변화가 발생된 상태를 온도계내의 수은(또는 알콜)의 부피변화로 알려준다. 관찰자의 관찰이라는 행동 자체가 양자에 영향을 준다는 것이다. 이를 하이젠베르크의 불확실성의 원리라고 한다.

이에 관해 하이젠베르크는 감마선을 분석할 수 있는 가상의 현미경 장비를 고안하였다. 상자내부에는 전자가 운동을 하고 있으며, 운동량 또는 위치량을 파악하기 위해 감마입자를 사용한 것이다. 이때 운동량의 불확실성은 양자조건에 의해 $\Delta p \approx h/\lambda$가 된다. 감마선은 두 개의 전자를 구분할 수 있을 정도의 파장을 지니므로, 위치량의 불확실성은 $\Delta q \approx \lambda$가 된다. 따라서 측정상의 불확실성은 $\Delta p \Delta q \approx h$가 된다. 엄밀히 말해서는 $\Delta p \Delta q \geq \hbar/2 = h/4\pi$가 된다.

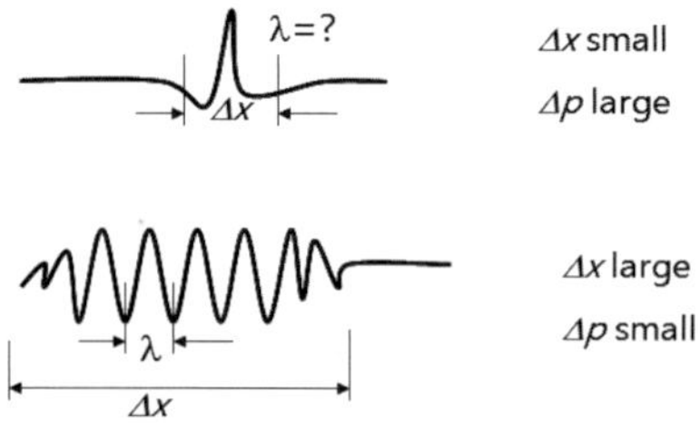

파속의 크기에 따른 정보의 불확실성

개념적으로 익숙한 파동으로 이를 설명하면, 파속을 등장시킬 수 있다. 전자를 물질파의 개념으로 본다면, 자유전자는 입자로서의 운동과 함께 파동으로서의 파장 특성을 지니는 파속의 개념으로 해석할 수 있다. 이때 폭이 좁은 파속에서는 Δx가 작아서 위치성분이 명확하지만, λ를 파악하기 힘들어져서 Δp의 정보가 불명확해진다. 즉 입자성이 나타나게 된다. 반대로 파속이 크면 반대현상이 발생한다.

빛의 이중성에서와 같이 관찰하기 전에는 p, q 성질이 공존하지만 관찰하는 순간, p 관찰시 q가 소멸되고 q 관찰시 p가 소멸된다. 이러한 불확실성은 운동량과 위치량에만 국한되는 것이 아닌, 에너지와 시간에서도 불확실성의 원리가 성립된다. 즉 $\Delta E \Delta t \geq \hbar/2$가 되며, 같은 차원을 갖는다. 매우 짧은 시간 간격 동안은 에너지의 불확실성이 커지므로 에너지 보존 법칙이 성립하지 않아도 된다. 그 짧은 시간 동안에는 불확실성의 원리에 의해 모든 가능한 에너지를 지닐 수 있다. 거시세계에서 발생하는 현상은 시간 간격이 충분히 길기 때문에 언제나 에너지 보존 법칙이 성립하지만, 방사능 붕괴와 같은 미시세계에서는 기본적인 보존 법칙이 성립되지 않는다. 이는 열역학 제3법칙인 0K에서는 무질서도가 0에 가까워져서 에너지가 0인 된다는 원리를 해석하는데도 사용된다. 즉 에너지(ΔE)가 0에 접근하더라도 불확실성에 의해 특정값(ħ/2) 이상을 지녀야 하므로 시간(Δt)은 무한대에 이르게 되며, 이는 있을 수 없기에 0K에 도달할 수 없다는 것이 열역학 제3법칙의 또 다른 해석이 된다.

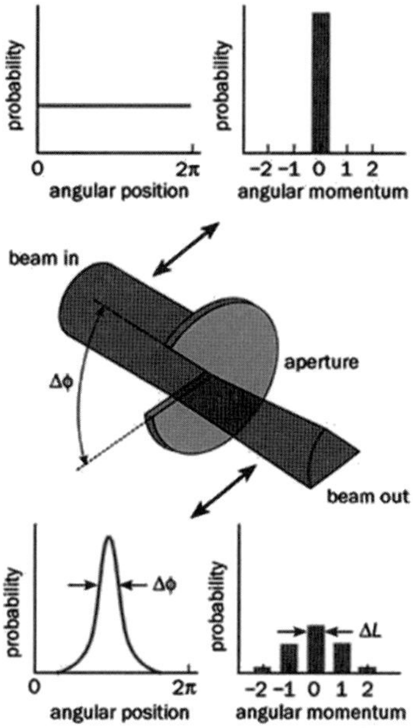

각운동량/위치 불확실성

회전판에 구멍을 뚫고 빛을 비췄을 때, 각운동량과 구멍의 위치 정보간의 확률값으로 불확실성을 해석할 수 있다. 빛이 회전판을 통과하기 직전에는 입사광의 수직평면 전체(180°)에 걸쳐서 위치 확률은 일정하다. 즉 개개의 각도별 위치 성분은 명확히 알 수가 없지만, 회전체의 각속도가 일정하므로 각운동량은 하나의 값으로 귀결된다. 반면 회전판을 통과하는 순간, 180° 전체에 걸쳐서 존재하던 빛의 성분이 회전체의 구멍을 일부만 통과하므로, 위치정보가 하나의 점으로 귀결된다. 반면 각운동량 성분은 구멍 주변에서 다양한 분포를 보이게 된다. 각운동량(L)은 $2\pi\nu=2\pi/\lambda=2\pi p/h=p/\hbar$가 되며, 결국 $\Delta L \Delta x=\Delta p \Delta x/\hbar=1/2$이 된다. 따라서 각운동량과 위치성분간의 동시측정은 불가능하다는 것도 확인할 수 있다.

전자구름 해석

전자를 원자 및 핵에 가두는 데 필요한 에너지(영점 에너지*)

Confinement in atom

Assume atomic size = 4 Å = Δx

$$\Delta p = \frac{h}{\Delta x} = 1.66 \times 10^{-24}\ \text{kg m/s}$$

$$\Delta p = p\ ;\ E = \frac{p^2}{2m}\ ;$$

For electron:

$$E = \frac{(1.66 \times 10^{-24}\text{kg m/s})^2}{2(9.11 \times 10^{-31}\ \text{kg})(1.6 \times 10^{-19}\text{J/eV})}$$

$$E = 9.4\ \text{eV}$$

Confinement in nucleus

Nuclear size = $\frac{1}{20{,}000} \times 4\ \text{Å} = \Delta x$

$$\Delta p = \frac{h}{\Delta x} = 3.31 \times 10^{-20}\ \text{kg m/s}$$

For electron:

$$E = \frac{(3.31 \times 10^{-20}\text{kg m/s})^2}{2(9.11 \times 10^{-31}\ \text{kg})(1.6 \times 10^{-19}\text{J/eV})}$$

$$E = 3.77 \times 10^{9}\ \text{eV} = 3.77\ \text{GeV}$$

For proton, divide by $m_p/m_e = 1836$:

$$E = 2.05 \times 10^{6}\ \text{eV} = 2.05\ \text{MeV}$$

그렇다면 임의의 운동량을 지닌 전자가 위치정보가 불확실 하다면, 원자내에 귀속된 전자는 원자내부의 어느 공간 영역에서 존재할 것인가에 관해 생각해 보아야 한다. 우선 전자를 원자내부에 가둬 둘 수 있는지 평가할 수 있다. 원자의 크기를 4Å으로 가정했을 때, 불확실성의 원리에 준해 운동량을 계산

* 고전역학에서 평형의 위치는 위치에너지(퍼텐셜에너지)가 최소인 점이나, 양자역학에서는 불확정성원리에 의해 위치와 운동량을 동시에 확정할 수 없으므로 위치에너지가 최소인 경우에도 입자가 정지된 상태(즉 위치에너지 0일 때 운동에너지가 0이 되는 상태)를 실현시킬 수 없고, 에너지가 아무리 낮더라도 0보다 크게 된다. 이 경우 에너지가 가장 낮은 상태, 즉 바닥상태가 지니는 에너지가 영점에너지이다.

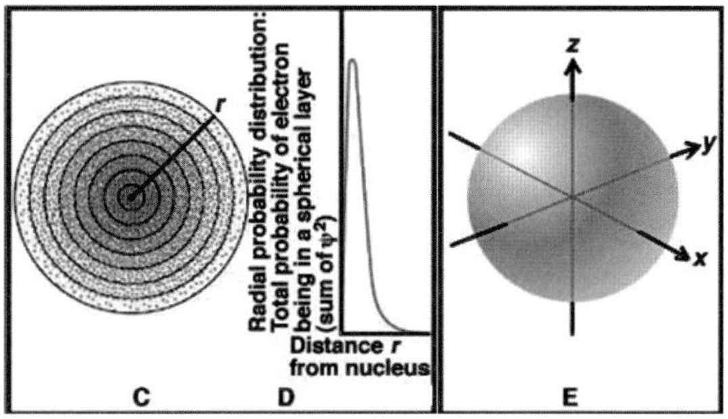

바닥상태 궤도의 수소내부의 전자확률

할 수 있다. 갇혀 있는 전자의 조화진동이 운동에너지보다 작다고 보면, $E=p^2/2m$이 된다. 계산 결과, 전자를 원자에 가두는 데 필요한 에너지는 9.4 eV가 되며, 핵에 가두는 데는 3.77 GeV가 소요된다. 따라서 전자는 핵내에 가둘 수 없지만 원자내부에 가둘 수는 있다. 반면 양성자는 2.05 MeV로 전자보다는 훨씬 수월하게 핵내에 가둘 수 있다.

전자는 이상의 계산과 같이, 해당 에너지가 미치는 범위 내에서만 운동량을 가지며 존재(위치)할 수 있게 된다. 또다시 보어의 원자모델은 변형되어, 불확실성의 원리에 의해 확정된 궤도가 아닌 존재 확률분포로 표현되어야 함을 알 수 있다. 이는 전자의 궤도에 따라서 존재확률이 틀려지며 이를 확률밀도로 표현하는 전자구름(electron cloud) 모델로 나타낼 수밖에 없게 된다. 핵과 가장 가까운 곳에는 전자가 존재할 수 없고, 그 주변에 전자를 발견할 확률이 높아지는 형태로 구름모델이 성립된다.

전자구름 모델이라고 해서 전자가 모든 위치에 분포한다는 것은 아니다. 특정 좌표에 10%의 확률로 존재한다는 것은, 실제로 관측 장치를 이용하여 100번 정도 전자의 위치를 측정하면 10번은 해당 좌표에 존재한다는 것이다. 확률상 해당하는 위치에 존재할 수 있을 뿐, 전자의 위치를 관찰하는 순간 확률파 또는 확률분포는 관측에 의해 한 점을 중심으로 수축한다. 다시 관찰행위를 그만 두게 되면, 전자는 또다시 전자구름 형태로 존재하게 된다.

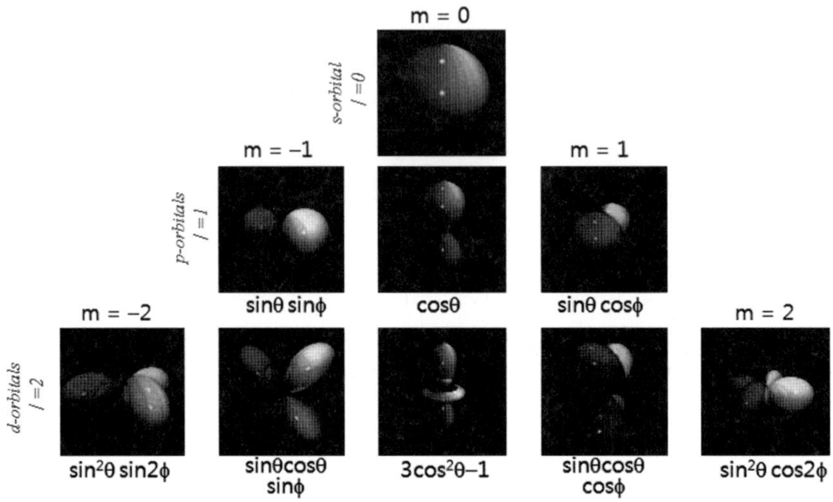

오비탈에 따른 전자 확률 분포

등장인물 살펴보기

조제프 푸리에(Joseph Fourier, 1768~1830)

프랑스의 수학자이자 물리학자이다. 고체 내의 열전도에 관한 열전도 방정식을 유도하였으며, 이 방정식을 풀기 위해 주기함수 형태인 푸리에 방정식을 도출하였다. 푸리에 변환을 이용해 어떤 함수를 해석하는 것, 특히 주파수성분으로 분해해 조사하는 푸리에 해석은 빛, 소리, 진동을 연구하는데 필수적이다.

에르빈 슈뢰딩거(Erwin Schrödinger, 1887~1961)

오스트리아의 이론물리학자이다. 양자역학분야에서 파동역학이라는 새로운 분야를 개설하였으며, 이에 관한 업적으로 1933년 노벨 물리학상을 수상하였다. 그는 드브로이의 물질파의 개념을 도입하여 고전역학이 파동역학으로 옮겨간다는 생각을 기초로 하여 파동방정식을 완성하였다.

막스 보른(Max Born, 1882~1970)

독일의 물리학자이다. 하이젠베르크, 요르단과 함께 행렬역학의 정식화로 유명하며, 이에 관한 업적으로 1954년 파동함수의 통계적 해석으로 노벨 물리학상을 수상하였다. 독일에 있는 동안 결정물리학을 연구했으며, 나치에 의해 영국으로 추방된 뒤로는 전자기장이론을 연구했다.

파스쿠알 요르단(Pascual Jordan, 1902~1980)

독일의 이론물리학자이다. 보른과 함께 하이젠베르크의 방정식을 해석하면서 통계역학의 장을 마련하였다. 또한 조단 대수학(Jordan algebra)을 개발한 것으로 유명하다. 그는 나치의 파티문화를 즐겼으며, 2차대전 이후 그의 관심사는 양자역학에서 우주학으로 바뀌게 된다.

CHAPTER

16

파동방정식

시련이란 우리의 우아하고 현명한 의사가 처방해주는 약이다.
그는 경우에 따라 약의 용량과 빈도를 조절한다.
우리는 그의 능력을 믿고 처방에 감사해야 한다.

• 아이작 뉴턴

양자의 시각화

하이젠베르크는 원자를 입자나 파동으로 나타내려는 시도를 거부하고, 원자의 에너지 준위를 순전히 수로만 나타냈다. 그리고 존재확률로서만 전자분포도를 해석하였다. 이를 바탕으로 하이젠베르크는 양자의 수식화를 통해 순수한 수로만 표현 가능한 행렬역학을 확립했다. 이에 슈뢰딩거는 그림은 없고 복잡한 수식만 가득한 하이젠베르크의 결과를 심상이 없는 역학이라며 경멸하였고, 양자의 시각화가 가능한 파동역학과 상자속 고양이라는 사고실험을 내놓게 된다. 슈뢰딩거는 보어의 원자모형에 기초하면서 드브로이의 물질파 개념을 확장한 미시계의 운동방정식을 만들고자 하였다.

보어의 원자모델을 준하면서도 원자내 불연속적인 양자도약을 시각화하기 어려워 이를 배제하고자 하였다. 즉, 전자전이시 빛이 발생하는 것은 에너지 입자가 아닌 한 진동에서 다른 진동형태로의 연속적인 전달이 이루어진ㄴ 것으로 보았다. 전이과정에서 빛을 방출하여 에너지를 잃게 되면 파동의 파장이 길어지게 되는 것으로 보았으며, 모든 입자를 파동의 중첩으로 설명하고자 하였다. 휘선 스펙트럼이 발생하는 것도 서로 다른 두 양자 상태의 진동들 사이의 맥놀이 현상이라고 보았다. 따라서 입자는 모든 방향으로 작은 크기만큼 존재하는 파동집단이라고 하였다. 이에 관하여 로렌츠는 파속은 시간이 지나면 확산되어 줄어들게 되는데 파속의 집단이 줄어들면 입자가 사라지게 되는 결과를 낳는다고 지적하였다.

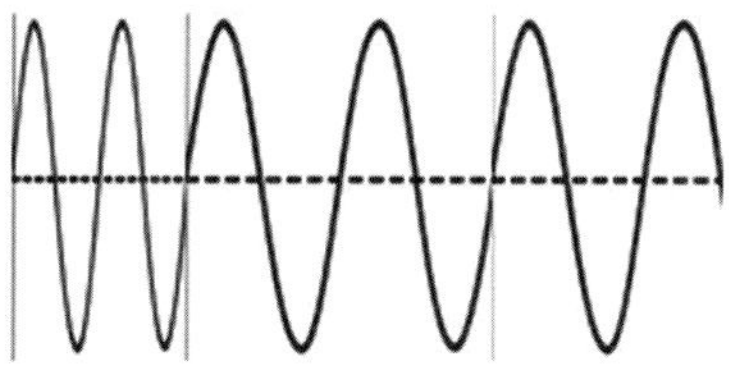
전자전이로 인한 파장의 변화

파동방정식

슈뢰딩거가 도입하고자 하였던 전자의 물질파는 파동함수[$\Psi(x, y, z, t)$]로 표현되는 데, 3차원 공간좌표[$\Phi(x, y, z)$]와 1차원 시간좌표[$\exp(-i2\pi\nu t)$]로 구성된다. 드브로이는 파동량이 곧 입자 자체의 밀도라고 하였으나, 보른이 해석하기를 파동량의 제곱은 그 지점, 시간에서의 입자를 발견할 확률(확률진폭)이라고 하였다. 슈뢰딩거는 드브로이의 물질파 개념을 보다 확대한 보른의 해석을 바탕으로 자신만의 파동방정식을 유도하고자 하였다.

$$P = \Psi\Psi^* = \Phi e^{-i2\pi\nu t}(\Phi e^{-i2\pi\nu t})^*$$
$$= \Phi\Phi^* e^{-i2\pi\nu t + i2\pi\nu t} = |\Phi|^2 = I$$

확률밀도와 빛의 세기관계

드브로이 1차원 현위의 정상파 모델에서 보았듯이, 에너지(E_n)는 n^2에 비례하여 $E_n=E_1n^2$이 되고 확률밀도는 $\sin^2(n\pi x)$에 비례하게 된다. 입자를 발견할 확률은 $P(x, t)=|\Psi(x, t)|^2$으로 이는 바로 $|Q|^2$인 빛의 세기와 같다는 것이 증명된다. 따라서 하이젠베르크와 슈뢰딩거에 의해 양자역학에서 빛의 세기 문제가 해결되게 된다.

파동함수(Ψ)는 그 구성성분인 확률진폭(Φ, probability amplitude)을 지니고 있으며, 이는 t 시간과 (x, y, z) 위치에서 입자를 발견할 확률 진폭으로 칭한다. 복소수(complex) 좌표에서는 x=a+bi라면 이의 공액복소수 x*=a−bi가 된다. 하이젠베르크의 해석에서 파동확률은 파동의 제곱형태, 엄밀히는 복소수(Ψ)와 공액복소수(Ψ^*)의 곱으로 정의된다.

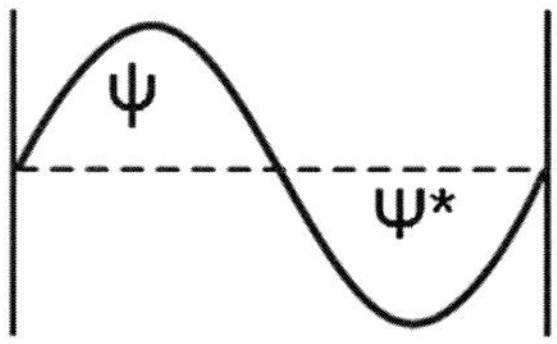

복소수 평면 내 파동

슈뢰딩거 방정식 유도

임의의 파동방정식

$$\Psi(x,t) = Ae^{i(kx-\omega t)} = Ae^{i2\pi\left(\frac{x}{\lambda}-\nu t\right)} = Ae^{i\left(\frac{p}{\hbar}x-\frac{E}{\hbar}t\right)}$$

Where, $k = \frac{2\pi}{\lambda},\ \omega = 2\pi\nu,\ \lambda = \frac{h}{p},\ \hbar = \frac{h}{2\pi} \quad E = \frac{p^2}{2m} + V$

Time derivative → $\frac{\partial\Psi}{\partial t} = -i\frac{E}{\hbar}\Psi \quad \rightarrow \quad E\Psi = -\frac{\hbar}{i}\frac{\partial\Psi}{\partial t} = i\hbar\frac{\partial\Psi}{\partial t}$

Position derivative → $\frac{\partial^2\Psi}{\partial x^2} = -\left(\frac{p}{\hbar}\right)^2\Psi = -\frac{2m(E-V)}{\hbar^2}\Psi$

1D 파동방정식 : $-\frac{\hbar^2}{2m}\frac{\partial^2\Psi}{\partial x^2} + V\Psi = i\hbar\frac{\partial\Psi}{\partial t} = E\Psi$

3D 파동방정식(슈뢰딩거 파동방정식)

$$-\frac{\hbar^2}{2m}\nabla^2\Psi + V\Psi = i\hbar\frac{\partial}{\partial t}\Psi = E\Psi$$

가장 간단한 파동인 1차원 파동함수를 이용하여 슈뢰딩거방정식을 유도할 수 있다. 조화 진동(simple harmonic oscillation)하는 물체가 지니는 운동에너지와 내부에너지의 합을 E로 표현하고 이를 다시 p^2 형태로 바꿔준 뒤, 위치량의 2차 편미분항에 대입한다. 또한 시간에 따른 파동함수의 1차 편미분항을 적절히 조절하여 $E\Psi$의 관계식을 찾고, 앞서 구한 2차 편미분항에 대입하면 1차원 파동방정식을 유도할 수 있다. 이를 다시 3차원으로 확대하면 슈뢰딩거의 파동방정식이 도출된다.

파동방정식을 유도하는 과정에서 다양한 연산자(operator)들이 등장한다. 운동량, 에너지, 헤밀토니안 연산자들이 등장하며, 특히 슈뢰딩거 방정식은

Momentum operator

$$\frac{\partial \Psi}{\partial x} = (ip/\hbar)\Psi, \qquad p\Psi = -i\hbar\frac{\partial}{\partial x}\Psi \qquad\qquad p = -i\hbar\frac{\partial}{\partial x}$$

Energy operator

$$\frac{\partial \Psi}{\partial t} = (-iE/\hbar)\Psi, \qquad\qquad E = i\hbar\frac{\partial}{\partial t}$$

Hamiltonian operator

$$E = \frac{p^2}{2m} + V \qquad\qquad H = -\frac{\hbar^2}{2m}\frac{\partial^2}{\partial x^2} + V$$

Simple Schrodinger equation

$$-\frac{\hbar^2}{2m}\nabla^2\Psi + V\Psi = i\hbar\frac{\partial}{\partial t}\Psi = E\Psi \qquad\qquad H\Psi = E\Psi$$

다양한 연산자들

헤밀토니안 연산자와 결합하여, HΨ=EΨ 형태로 단순화된다. 여기서 E는 고유값(eigenvalues)을 나타내며, 헤밀토니안을 만족시키는 파동함수는 특정값의 에너지만을 갖는다. 즉 특정파장에서만 전자 전이에 따른 에너지 방출이 발생한다는 것이다.

개별 전자궤도에 존재하는 정상파의 파동은 각각 1개씩의 고유값을 갖기 때문에, 전체 파동방정식(일반해)은 그들의 합 형태로 나타낼 수 있다. 따라서 특정 에너지(E_1, E_2 등) 궤도에 제한되어 있는 전자는 슈뢰딩거 식을 만족하면서 존재해야 하며, 이때 양자화 되어 있다고 할 수 있다.

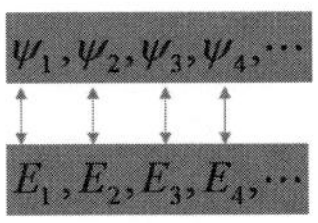

파동함수

$$\Psi_1 = \psi_1 e^{-i(E_1/\hbar)t}, \quad \Psi_2 = \psi_2 e^{-i(E_2/\hbar)t} \ldots\ldots$$

일반해 $\Psi = c_1\Psi_1 + c_2\Psi_2 + c_3\Psi_3 + \cdots$

원자내 정상파의 파동함수 일반해

이때 존재하는 영역은, 앞서 보았던 불확실성의 원리에 의해 개념적으로 전자들의 확률분포가 제안되며, 슈뢰딩거의 파동방정식을 통해 전자들의 존재위치가 전자구름 모델 형태로 표현되었다. 전자구름은 전자들이 움직이는 궤적을 나타내는 것이 아니라, 위치할 수 있는 확률을 나타낸다. 만약 원자내부에 갇혀 있지 않은 자유전자라면 이 또한 파동방정식을 만족시킬 것인가 생각해봐야 한다. 우리가 펜을 들고 똑바른 직선을 그었다고 하더라도 그것을 아주 자세히 들여다보면 수많은 지점에서 똑바르지 않은 직선이 나타난다. 더욱 자세히 들여다보면, 각 직선은 사실 연결되어 있지 않은 점들의 결합으로 보일 수 있다. 입자의 궤적도 연속적으로 보이지만, 그 위치에서 존재확률의 흔적이 바로 궤적이 될 뿐이다. 거꾸로 얘기해 보면, 시력이 나쁘면(나쁜 관찰 수단) 저 멀리 보이는 큰 글자의 테두리가 뿌옇게 보이게 된다. 즉 글자가 더 커 보이지만, 실제로 안경을 쓰거나 가까이 다가가면(좋은 관찰 수단) 글자의 테두리가 명확히 보이면서 위치가 하나의 형태로 귀결된다.

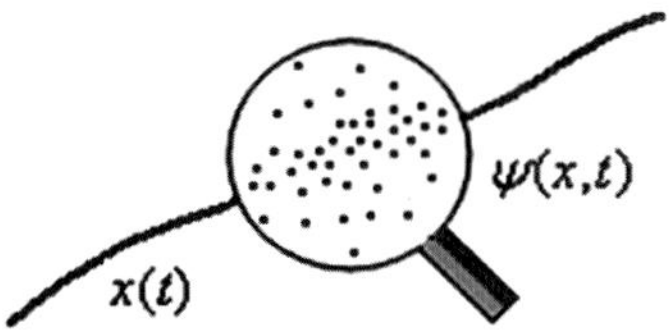

입자의 궤적과 존재확률

보어가 제시한 원자 내에서의 불연속적인 양자 도약이라는 개념 대신에, 서로 다른 두 양자 상태의 진동의 맥놀이로 시각화하는데 이용되었다. 즉 양자 전이가 일어날 때, 에너지가 설명하기 힘든 전자들의 도약을 통해 전달된다는 개념보다는 한 진동 형태에서 다른 진동 형태로 연속적으로 전달되는 개념을 이끌어 냈다. 심지어 입자를 드브로이가 묘사한 것처럼 수천 개의 파동이 중첩된 것으로 보기도 하였다. 이는 본질적으로 물질파에 대한 고전 물리학적 이론을 제시한 것이라 할 수 있다.

좀머펠트가 주최하는 세미나(1926년)에서 하이젠베르크와 슈뢰딩거가 만났을 때, 하이젠베르크는 슈뢰딩거의 질문(연속체 파동 모형에 기초하여 광전효과나 흑체 복사와 같은 양자화된 과정을 설명할 수 있는가)에 답하지 못하였다. 이는 보른에 의해 새롭게 해석되어 추후 확률역학이나 파동역학이나 동일하다는 것으로 증명되는 계기를 만들어 주었다. 보른은 한 상태의 존재 확률은 개개 파동함수의 진폭의 제곱으로 주어진다고 주장했다. 보른의 확률 개념의 도입으로 입자와 파동을 조화시킬 수 있는 방법을 찾아냈다. 파동 (Ψ)은 전자가 특정 위치에 있을 확률을 결정한다는 것이다. 보론의 논문이 발표되고 나서 양자 상태들의 중첩 확률이라는 개념은 일반적으로 받아들여지게 되었다.

에너지 우물 모델

파동방정식을 이용하여 해당궤도에 갇혀 있는 에너지를 정의하였다. 정상파는 상자안에 갇혀 있는 파동으로 양끝이 고정된 현을 진동시킬 때와 동일하게 모사할 수 있으며, 이때 정상파는 사인파를 갖는다.* 또한 벽에서의 파동함수를 0이라고 할 수 있다. 에너지 우물 모델에서는 벽의 높이가 무한대라서 에너지가 벽을 뛰어넘지 못하는 것으로 묘사한다.

정상파의 복소수곱 적분은 존재확률로서 규격화(normalization)에 의해 이

* 사인파 또는 정현파(sine wave)의 파장이나 진폭을 바꿔 여러파를 겹쳐(합성) 만들 수 있는 데, 이것을 이용한 것이 전자악기인 신시사이저(synthesizer)이다.

값은 모든 존재확률의 합이므로 1이 된다. 사인값을 적분하여 정리하면, 상수인 A의 관계식을 찾을 수 있다. 이로서 일반적인 정상파의 파동방정식을 완성할 수 있다. 반면, 유한한 에너지 벽을 지닌 경우 또는 파동입자가 에너지 벽을 넘어서 발견될 경우가 있을 수 있다. 이는 에너지 전이 과정이라고 할 수 있다. 에너지 전이를 반영한 파동방정식은 사인파들의 합으로 표현된다.

파동의 에너지 우물 모델

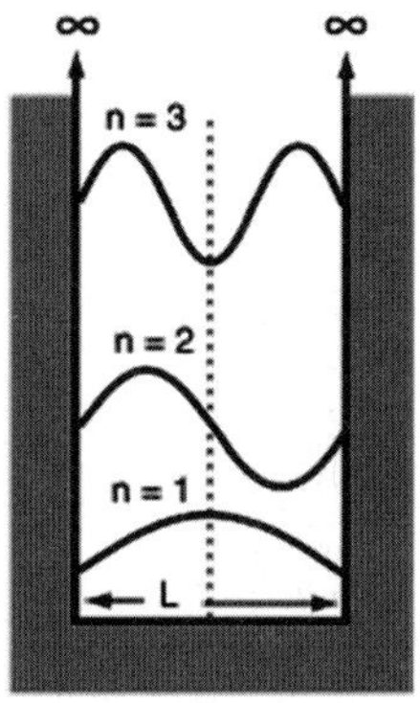

x = 0 at left wall of box.

$$\Psi(x) = A\sin kx, \quad \Psi(0) = \Psi(L) = 0$$

$$\int \Psi^* \Psi dx = \int_0^L A_n^2 \sin^2\left(\frac{n\pi}{L}x\right)dx = 1 \qquad k = \frac{n\pi}{L}$$

$$= A_n^2\left[\frac{x}{2} - \frac{\sin\left(\frac{n\pi}{L}x\right)}{4n\pi / L}\right]_0^L \qquad A_n^2\frac{L}{2} = 1$$

$$\Psi_n(x) = \sqrt{\frac{2}{L}}\sin\frac{n\pi}{L}x \qquad n = 1,2,3,...$$

에너지 우물 모델을 조화진동에 대해서도 설명할 수 있다. 바닥상태의 에너지*를 구하기 위해 해당 궤도가 지닌 에너지의 위치에 따른 미분값을 최소화

* 불확실성원리에 의해 바닥상태라고 에너지가 0이 될 수 없고 최소한의 에너지를 갖게 된다. 이로 인해 절대영도에서도 초전도현상(superconductivity, 극저온에서 물체의 전

했을 때, 위치량에 관한 불확실성 값이 구해지고, 이를 이용하여 E_0값이 $\hbar\omega/2=h\nu/2$임을 구하게 된다. 따라서 조화진동의 경우는 해당 궤도의 파동에너지는 $(n+1/2)\hbar\omega$가 된다.

이상의 파동방정식(Ψ)을 풀다 보면 최대 난관인 에너지 벽의 무한대 값과 그것을 유한한 양으로 만드는 규격화($\Psi\Psi^*$의 적분 값이 1이 되도록 하는 방법)를 만나게 된다. 이는 무의미한 무한대에서 의미 있는 유한한 양을 도출하는 방법을 말한다. 자세한 내용은 복잡한 수학적 과정이 필요하고, 자세한 내용은 Griffiths의 '양자역학' 서적을 참고하기 바란다.

$$\int_{-\infty}^{+\infty} \Psi\Psi^* dx = 1$$

파동방정식의 규격화

에너지 투과

슈뢰딩거의 파동방정식을 풀면 '원자핵 주변의 에너지 벽을 넘어서 에너지 벽 외부에서도 α 입자가 존재(방사능 붕괴)'할 수 있는 확률이 있다는 것을 알게 된다. 본래 넘을 수 없는 에너지 벽을 넘는 것을 터널 효과(터널링, tunneling effect)라고 한다. 즉 미시 입자가 평상시에는 넘을 수 없는 에너지 벽을 때때로 빠져나오는 현상을 말한다. 고전물리학에 의하면 입자는 벽을 통과할 수 없다. 그러나 전파는 벽을 쉽게 통과하고 멀리까지 정보를 전달할 수 있다. 즉

기 저항이 완전히 0이 되는 현상)이나 초유동현상(superfluidity, 액체 헬륨의 점성이 없어지는 것으로, 유체에 대한 저항이 소멸되는 현상)이 일어난다.

사방이 막힌 공간에서도 핸드폰 수신이 가능한 것도 파동의 효과이다.

입자라고 보았던 전자가 에너지 벽을 뚫고 지나갈 수 있는 것도 파동성질을 이용한 것이라고 할 수 있다. 전자가 10 nm의 벽을 넘을 수 있는 확률은 무려 60%나 될 정도로 전자의 입자성은 언제든지 파동성으로 바뀔 수 있다. 절연체 사이에서 나타날 수 있으며 번개*가 치는 것도 이러한 효과 때문이고, 반도체 소재와 주사형터널현미경(scanning tenneling microscopy)에 터널링이 응용되고 있다.

원자핵이 붕괴해서 방사선의 하나인 α 입자를 방출하는 현상인 α 붕괴 현상도 터널 효과로 설명할 수 있으며, 이는 가모프(George Gamow, 1904~1968)가 처음으로 사용한 용어이다. 강한 핵력으로 결합되어 있는 양성자 2개와 중성자 2개로 구성된 α 입자는 일정 확률로 에너지 장벽을 넘어설 수 있게 된다. 이는 입자가 파동으로서 성질을 갖게 될 때 더욱 명확해 진다.

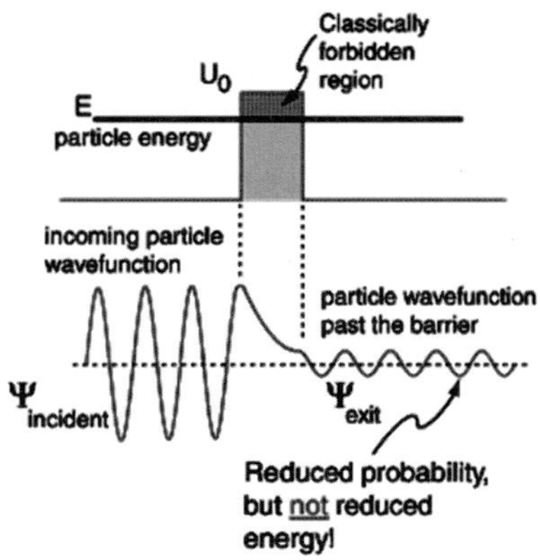

파동의 투과현상

---

* 구름과 구름, 구름과 대지 사이에 일어나는 방전현상을 번개라고 한다. 소나기구름내 물방울이 양으로 대전되고 주의의 공기가 음으로 대전된다. 양의 전하를 지닌 물방울은 구름의 상부로 올라가고, 음의 전하를 지닌 물방울은 구름의 하부에 머무른다. 하부에 몰린 음전하는 지상의 양전하가 있는 곳으로 떨어지려고 한다. 이러한 전하의 투과 현상으로 번개가 발생하면 그 주변에 자기력이 발생한다. 이 때문에 번개 치는 순간에는 나침반이 심하게 흔들리게 된다.

슈뢰딩거 고양이

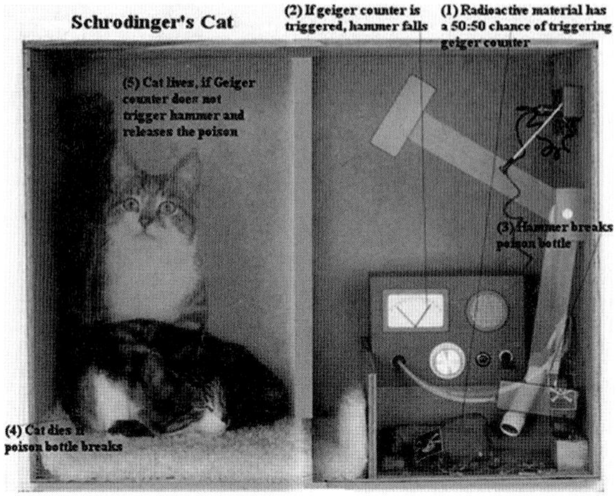

슈뢰딩거 고양이 실험

거시세계에서 물질파를 관찰할 수 없다는 것도 물체의 느린 속도 때문으로 인한 무한히 짧은 파장 때문이라고 이해했다. 파장의 길이가 10^{-50} nm 정도라면 우리는 해당 파동을 요동치는 것이 아닌 연속적인 선처럼 인식하게 된다. 그러나 미시세계에서 입자였던 전자가 파동이 된다는 것은 이해했다고 하더라도, 해당 개념을 거시세계로 확장할 수 있을 것인지 생각해 봐야 한다. 이에 관한 대표적인 논의가 바로 사고실험인 슈뢰딩거 고양이이다.

알파입자 가속기에서 1/2 확률로 발생된 알파입자가 상자내에 장착된 망치를 동작시켜 청산가리 병을 깰 수 있도록 준비해 두었다. 이 상자에 고양이를 함께 넣어두었다고 하자. 시간이 지난 뒤 고양이의 생사는 어떻게 얘기할 수 있을 것인가가 문제이다. 실재론자들은 시간이 지난 뒤 확인(관찰)에 무관하게 고양이는 죽었거나 안 죽었을 것이라고 얘기한다. 즉 0과 1의 둘 중의 한가지 상태로만 존재해야 한다는 것이다. 그러나 양자역학적 해석에서는 생사는 동시에 존재하고, 관찰시에만 의미 있는 결과를 얻는다고 보았다. 즉 관찰하기 전까지는 0과 1상태가 아닌 두 상태가 중첩되어 있다가 관찰하는 순간 파동함수의 붕괴로 인해 둘 중의 한가지 상태로 귀결된다는 것이다.

사실 슈뢰딩거가 제시한 사고실험은 보른이 제시한 양자 상태의 중첩이 있을 수 없음을 보이고자 구상하였지만, 궁극적으로 고양이의 생사에 관한 역설은 양자 확률과 양자 상태들의 중첩이라는 개념을 가르치는 좋은 예로 사용되고 있다.

파동함수의 확률로 해석하자면, 전자를 관측하면 전자파는 수축하고 관측하지 않으면 전자는 파도와 같이 퍼져있다고 본다. 즉 전자파가 퍼져 있을 때에는 전자가 A 장소에 있는 상태와 B 장소에 있는 상태가 서로 겹쳐있다는 것이다. 이것은 '전자가 A 장소와 B 장소 양쪽에 동시에 있다'는 뜻도 아니며, '전자는 A 장소나 B 장소 어느 한쪽에 있지만 어디에 있는지 모르며, 또한 확률적으로 말할 수밖에 없다'라는 것도 아니다. 그저 A 장소에 있는 상태와 B 장소에 있는 전자의 상태가 중첩되어 있다는 것이다.

슈뢰딩거의 해석은 거시세계의 고양이를 미시세계로 확장하여 파악하고자 한 사고실험이었다. 거시세계에서는 중첩이 안 되는 이유는 다음과 같이 설명할 수 있다. 파동이 어느 정도 구분 가능한 미시세계는 중첩이 자연스럽게 발생할 수 있으나, 고양이와 같은 실제 거시세계에서는 고양이가 지닌 파장이 너무 짧아서 고전물리학에 의거 중첩되지 않고 둘 중 하나의 상태를 갖게 된다. 이는 파동의 확률해석을 강조한 결과가 된다.

이처럼 파동수축과 확률해석을 두 개의 축으로 하여 전자를 관찰하기 전과 후의 상태로 구분하여 이해하고 있다. 관측하기 전의 전자는 여러 위치에 있는 서로 중첩된 상태(확률분포)이나 전자를 관측하는 순간 한 점으로 귀결(파동수축)하여 전자는 한 곳에서 발견된다. 이를 코펜하겐 해석(Copenhagen interpretation)이라고 한다.

20세기 최고의 수학자이자 컴퓨터 원리를 만들어낸 폰노이만(John von Neumann, 1903~1957)은 '양자역학의 수학적 기초'를 통해 코펜하겐 해석의 기본가정인 파동수축은 수학적으로 설명할 수 없다고 주장했다. 슈뢰딩거 방정식은 물질파가 시간의 경과와 함께 어떻게 퍼져 나가는지를 설명하는 식이라서 파동의 수축도 표현할 수 있을 것이라고 생각했다. 그러나 파동방정식으로는 파동수축을 표현하지 못했다. 방정식에서 파동이 수축을 하지 않는다는 것은 물질의 행동 안에서 파동의 수축이 일어나지 않는다는 것을 말한다. 이에 폰노이만은 파동의 수축은 인간의 의식, 즉 관측했다고 의식하는 순간 파동수축이 일어난다고 생각했다. 식에 의해 증명되듯이 물질 내에서는 파동수축이 일어나지 않고 실험적으로는 발생하니, 이는 우리의 의식 안에서만 존재한다는 것이다.

등장인물 살펴보기

조지 가모프(George Gamow, 1904~1968)

러시아 출신의 미국 물리학자이다. 터널 효과를 이용하여 α 붕괴 현상을 설명하였다. 우주 배경복사의 존재를 예언하기도 했으며, 팽창 우주론을 발전시켜 빅뱅 이론을 제안했다. 분자 생물학에도 관심을 가져 유전자에 대한 많은 연구를 했다.

존 폰노이만(John von Neumann, 1903~1957)

헝가리 출신의 미국 수학자이다. 게임이론을 제창했고, 원자폭탄 개별 연구에도 참여했다. 컴퓨터 원리를 만들어 냈고, 오늘날의 모든 컴퓨터가 폰노이만형이다. 1932년 '양자역학의 수학적 기초' 라는 책을 출판하여 양자역학 분야에도 많은 기여를 하였다.

CHAPTER

17

QM의 정리

인간이 겪을 수 있는 경험 중 가장 아름다운 것은 신비이다.
신비는 예술과 과학의 근본을 이루는 진정한 모태이다.
이 사실을 깨닫지 못하고 확실한 길만을 추구하는 과학자는
결코 우주를 맑은 눈으로 바라볼 수 없다. • 알베르트 아인슈타인

디렉의 QM 정리

심상이 없다고 여긴 하이젠베르크의 행렬역학에 반하여 심상을 위한 슈뢰딩거의 파동역학은 사실상 서로 대응(일치)한다는 것을 디랙(Paul Dirac, 1902~1984)이 밝혀낸다. 연산자들로 구성된 디렉의 변환원리에 의해 수학적으로 두식이 일치함을 발견한다. 이에 디렉은 맥스웰의 전자기학과 아인슈타인의 상대성이론, 슈뢰딩거의 파동역학을 반영한 현대 양자역학을 집대성하게 된다. 이 과정에서 그는 반물질(anti-matter)의 개념을 도입하고, 실제 존재할 수 있음을 예견한다. 음전하를 띤 전자와 쌍을 이루는 양전하를 갖는 양전자의 존재를 예측한 것이다.

디랙이 보기에 슈뢰딩거 식은 파동의 성질을 잘 표현하다 보니, 빛의 속도에 가까운 운동을 하는 입자의 성질을 표현하는 데에는 조금 미약하다고 보았다. 특수상대성 이론을 접목시켜 광자가 아닌 전자에 관하여 해석을 시도하다 보니, 대상체의 상대속도를 고려한 에너지 항을 적용하게 되었다. 즉, 고전물리학에서 $E=mv^2/2=p^2/2m$이었던 것을, $E^2=m^2c^4+p^2c^2$와 같은 상대적인 에너지 항을 도입하였다. 이는 상대성 원리를 이용하여 전자의 움직임을 예측하는 방정식을 만든 것이다.

하이젠베르크

$$H(P,Q)\Theta = W\Theta$$

$$\left(H = \frac{1}{2m}P^2 + \frac{k}{2}Q^2\right)\Theta = W\Theta$$

슈뢰딩거

$$-\frac{\hbar^2}{2m}\nabla^2\Psi + V\Psi = E\Psi$$

$$\left(\frac{1}{2m}\left(\frac{h}{2\pi i}\frac{d}{dx}\right)^2 + \frac{k}{2}x^2\right)\Psi = E\Psi$$

디랙의 변환원리에 의한 행렬역학과 파동역학의 대응

디랙 방정식에 따른 해

$$(i\gamma^{\mu}\partial_{\mu} - m)\Psi = 0$$

this is a 4-dimensional derivative: space and time get same treatment

$$E=\pm\sqrt{m^2c^4+p^2c^2}$$

$$\psi = \begin{pmatrix} \psi_1 \\ \psi_2 \\ \psi_3 \\ \psi_4 \end{pmatrix}$$

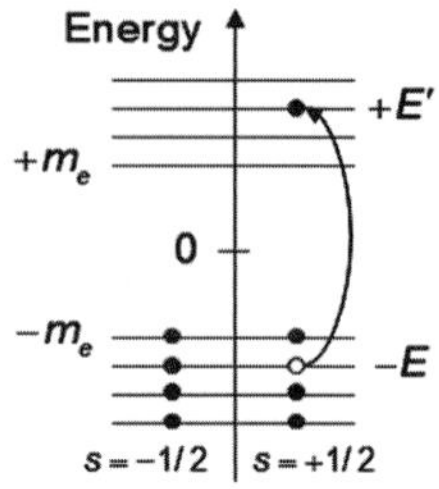

Particle +m

Spin-up +1/2

$$\psi^{(1)} = \psi_{E=+mc^2,+\hbar/2} = \frac{1}{\sqrt{V}}\begin{pmatrix}1\\0\\0\\0\end{pmatrix} e^{-imc^2t/\hbar}$$

Spin-down -1/2

$$\psi^{(2)} = \psi_{E=+mc^2,-\hbar/2} = \frac{1}{\sqrt{V}}\begin{pmatrix}0\\1\\0\\0\end{pmatrix} e^{-imc^2t/\hbar}$$

Anti-Particle -m

$$\psi^{(3)} = \psi_{E=-mc^2,+\hbar/2} = \frac{1}{\sqrt{V}}\begin{pmatrix}0\\0\\1\\0\end{pmatrix} e^{+imc^2t/\hbar}$$

$$\psi^{(4)} = \psi_{E=-mc^2,-\hbar/2} = \frac{1}{\sqrt{V}}\begin{pmatrix}0\\0\\0\\1\end{pmatrix} e^{+imc^2t/\hbar}$$

그는 또한 전자(입자)는 본래부터(ab initio) 1/2 스핀을 지니고 있다는 사실을 방정식 유도에 도입하였다. 초반에는 입자의 상태가 하나의 파동함수로 기술되었지만, 나중에 스핀이 밝혀지면서 하나의 파동함수로 입자의 상태를 제대로 표현하기 힘들었다. 이에 함수에 행렬을 하나 더 곱해서 상태를 완전하게 기술하게 된다. 스핀 이전에는 스칼라(scalar) 함수였다면, 스핀이라는 하나의 벡터량이 도입되면서 벡터(vector) 함수가 도입되어야 했다. 디랙은 상대론적 관점에서 슈뢰딩거의 방정식을 변형하던 과정에서 파동함수는 적어도 4차원 이상의 열행렬이 아니면 안 된다는 사실을 이끌어 낸다.

디랙 방정식에서 4개의 파동함수가 해로 제시되었고, 이중에 두 개는 음의 에너지를 지니고 질량이 없는 입자들의 값으로 도출되었다. 일반적인 개념으로는 음의 에너지를 지닌 물질은 존재할 수 없겠지만, 디렉은 계산된 결과 값의 물리적 의미를 찾고자 하였다. 그는 빈공간도 유령과 같은 존재인 반물질로 가득 채워져 있다고 설명하였다.

물질-반물질

디랙 방정식을 통해 도출된 4개의 해는 물질과 반물질의 함수이며, 파동방정식을 선형화시켰다는데 의미가 있다. 진공자체를 음의 에너지로 가득 찬 바다(Dirac sea)로 보았다. 양의 에너지를 넣으면 바다 속의 전자는 양의 에너지를 갖는 전자가 되어 날아가고, 지금까지 전자가 있던 장소는 구멍(hole)이 생기게 된다. 반입자는 입자와 반대되는 전하를 지니고 있다고 보았기 때문에 전자가 빠져나간 구멍이 생기고 이 부분을 양성자(proton)라고 생각했다. 그러나 전자와 양성자의 큰 질량차이로 인해 양성자가 아닌 양전자(positron, positive electron, +e)라고 명명하였다.

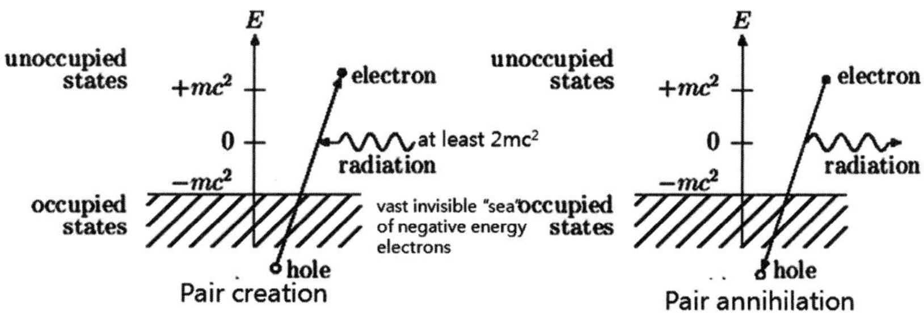

디랙의 바다에서의 물질–반물질쌍 생성과 붕괴

디랙의 바다라고 불리는 에너지상태는 미리 음의 에너지가 모두 채워진 영역에 양의 에너지를 지닌 전자들이 떠있는 상태라고 보았다. 즉 모든 음에너지 상태가 이미 점유되어 있기 때문에 전자는 음에너지로 떨어지지 않고, 따라서 우주도 안정된 상태를 유지한다.

파울리도 배타원리에 의해 어떠한 추가적인 전자도 음의 에너지를 가질 수 없다고 보았다. 음의 에너지를 지닌 전자의 결핍으로 생긴 홀은 입자와 같이 행동을 하며, 음전하를 잃기 때문에 양전하를 지닌다. 이 구멍을 채우고 있던 E라는 에너지를 지닌 전자는 2E의 에너지를 발산하면서 음의 에너지로 가득 찬 진공에서 벗어날 수 있다. 가상의 음의 에너지를 지닌 전자의 바다에서 최소한의 에너지인 $2mc^2(=2E=2h\nu=1.022$ MeV)를 받아서 전자와 홀이라는 물질-반물질 쌍 생성(pair creation)을 이룬다. 다시 쌍 붕괴(pair annihilation)을 통해 $mc^2(=h\nu=0.511$ MeV)의 에너지를 발산한다.

따라서 실제 진공은 물질과 반물질이 쌍 생성했다가 다시 붕괴를 끊임없이 반복하는 양자적 에너지의 요동이 발생되고 있는 상태, 즉 진공의 흔들림 상태라고 할 수 있다.

쌍 생성과 붕괴

디랙의 예측으로 오늘날 모든 물질은 거울상 대칭의 성질을 지닌 반물질이 있다고 보고 있다. 물질과 물질 사이는 인력이 작용하듯이 반물질-반물질에서도 인력이 작용한다고 보았다. 단 물질과 반물질 사이는 척력이 적용하기 때문에 서로 함께 있으려 하지 않고 떨어져 있는 상태를 유지한다고 보았다. 따라서 아주 짧은 시간동안 쌍 생성을 유지하다가 곧 쌍 붕괴 과정을 거치게 된다.

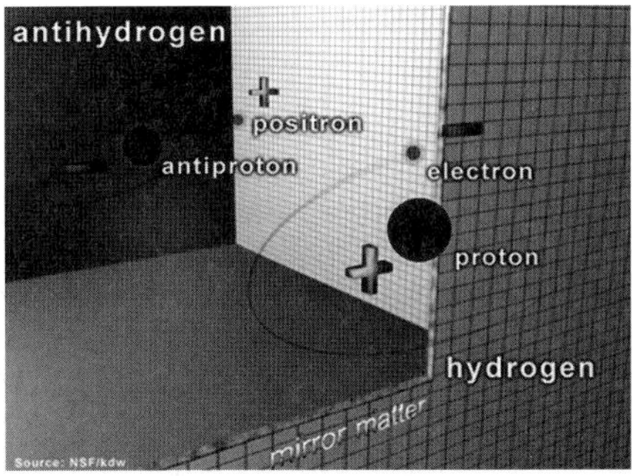

물질과 반물질의 거울상 대칭

하이젠베르크의 불확실성의 원리에 준하여 쌍 생성/붕괴에 해석해 보면, $\Delta E \Delta t \geq \hbar/2$라는 원리에 의해 매우 짧은 시간동안($\Delta t \to 0$)에는 $\Delta E \to \infty$가 되어 충분한 에너지를 지니게 된다. 이때 무한히 작은 시간동안 충분한 에너지로 인해 척력을 이길 수 있는 물질-반물질 쌍이 생성되고, 그 짧은 시간이 지나면 다시 쌍 붕괴가 일어난다고 해석할 수 있다. 생성과 붕괴과정이 너무 짧은 시간내에 이루어지기 때문에 반물질의 개념이 가상의 입자로 파악될 수밖에 없었다.

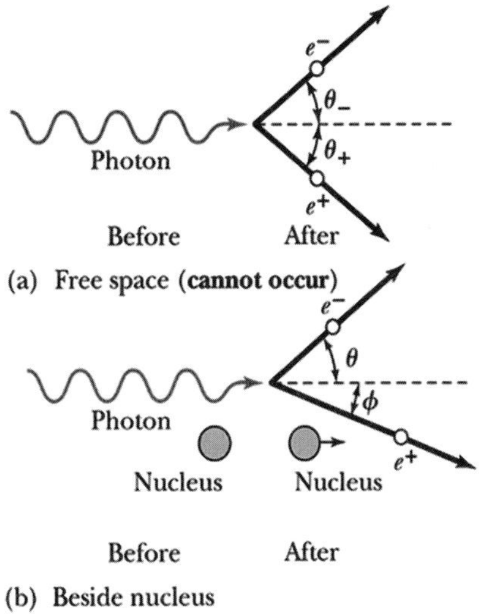

(a)진공과 (b)핵 주변에서의 쌍 생성

광자가 전자를 생산하면 전하량 보존(charge conservation)에 의해 양전하를 지닌 물질을 생산하게 된다. 즉 $\gamma \to e^{+}+e^{-}$가 된다. 진공에서 감마선이 붕괴하여 두 개의 물질을 생산했다면, $h\nu=E_{+}+E_{-}$로 에너지를 보존해야 한다. 그러나 입자가 가질 수 있는 최상위값과 최하위값이 같다는 모순에 빠지게 된다.

따라서 다른 물질 주변에서 광자에 의한 쌍 생성이 가능하다. 이때는 추가적인 운동에너지가 필요하므로 hν는 $2mc^2$ 보다 커야지만 쌍 생성이 가능하다. 발생한 전자와 양전자는 원자와 같은 배치를 지니면서 서로 붙잡고 회전하는 형태인 포지트로늄(positronium)을 형성한다. 진공상에서는 쌍 붕괴 과정에서 에너지 보존에 의해 어떠한 빛도 추가적으로 발생하지 않는다. 그러나 원자핵 주변에서 쌍 생성된 경우는, 쌍 붕괴과정에서 핵이 흡수했던 에너지 만큼인 $h\nu=mc^2$의 에너지를 전자기파 형태로 방출하게 된다.

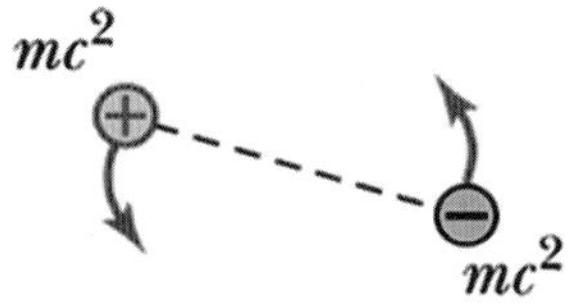

붕괴전의 포지트로늄

반물질의 관찰

디랙이 예언했던 반물질의 존재를 최초로 규명한 사람은 앤더슨(Carl Anderson, 1905~1991)이다. 그는 1932년에 강력한 자기장이 걸린 안개상자(cloud chamber)를 만들어 우주에서 쉴 새 없이 날아오는 우주선(cosmic ray)*에서

---

* 절연된 도체를 대전시키면 전하를 모을 수 있지만, 이 도체는 공기를 통해 전하를 점점 잃어버리게 된다. 즉 발생한 정전기는 시간이 지나면 전하를 잃게 된다. 20세기 초반 까지는 이러한 전하의 손실이 지구의 지각에 있는 방사성 물질로부터 나오는 복사에 의해 공기가 약간 이온화되었기 때문이라고 생각했다. 그러나 놀랍게도 대기권 2 km까지는 공기의 이온화 양이 감소하다가 그 이상의 높이부터는 다시 증가한 다는 것을 알게 되었다. 이를 통해 이온화된 복사선은 외부 우주에서 왔다는 결론을 내렸고, 이를 우주복사(cosmic radiation) 또는 우주선(cosmic ray)라고 이름 지었다. 1920년대 말, 뒤이은

반물질인 양전자가 있다는 것을 관측하였다.

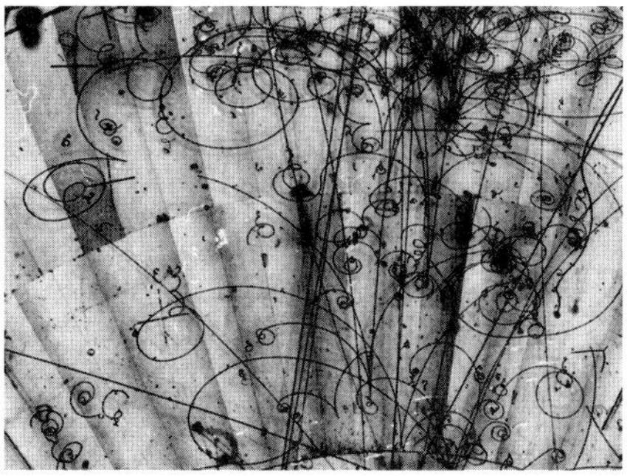

안개상자를 이용한 반물질 관찰

안개상자에는 자기장이 걸려 있기 때문에 입자가 띠고 있는 전하에 따라 좌우로 구부러진다. 자기장에 의해서 음전하를 지닌 입자는 왼쪽으로 휘고, 양전자를 지닌 입자는 오른쪽으로 휜다는 것을 관측하였다. 이 입자의 질량을 측정해 본 결과 전자의 질량과 동일하다는 것을 알았다. 외부 자기장을 걸어주지 않으면, 쌍 생성과 붕괴로 인한 궤적은 더 이상 나타나지 않게 된다. 그러나 앤더슨은 디랙의 이론을 모르고 있던 터라 최초의 발견에도 불구하고 스스로는 크게 동요하지 않았다.

그의 발견이후, 1955년 반양성자(anti-proton), 1956년 반중성자(anti-neutron), 1995년 중양자(deutron, 양성자와 중성자로 구성된 입자)의 반물질인 반중양자(anti-deutron)가 발견되었다. 안개상자로는 더 이상 새로운 입자를 발견하기가 쉽지 않게 되면서, 입자 가속기를 사용하게 되었다.

실험들로 관찰된 복사가 대전된 입자와 감마선으로 이루어졌고 실제로 지구 바깥에 원인이 있다는 것이 입증되었다. 일상생활에서 우주선의 사례를 찾아 볼 수 있다. 5가지 동안 비행기를 탈 때 받게 되는 방사능 양은 병원에서 흉부 촬영시 쪼이는 양만큼이나 된다. 지구에는 대기와 지구자기장이 있기에 우주로부터 오는 무수히 많은 우주선, 플라즈마 입자를 차단해 주고 있다.

응용분야

가상의 입자를 형성하기 위해서는 질량의 양자요동(quantum fluctuation)이 발생한다고 본다. 이 과정을 카시미르(Hendrik Casimir, 1909~2000) 효과라고 부른다. 현실에서도 이러한 효과를 관찰할 수 있다. 진공에서 대전되지 않은 두 금속판이 콘덴서와 같이 몇 마이크로미터 정도 떨어져 있으면서 외부 전자기장이 작용하지 않을 때, 매우 큰 전자기적 양자 요동이 발생한다. 이때 두 판 사이의 안쪽면보다 바깥면에서 인력이 작용하여 두 판을 좁히려고 한다. 평행판 사이의 진공은 완전히 빈 상태가 아니라 가상입자(virtual particle)들이 수시로 나타났다가 사라지기를 반복하고 있다고 볼 수 있다. 가상입자들이 진공 중에 압력을 만들어 내는 것이다. 아무것도 없는 진공중에 전자와 양전자가 돌연히 나타났다가 아주 짧은 시간 후에 소멸하여 진동으로 되돌아간다.

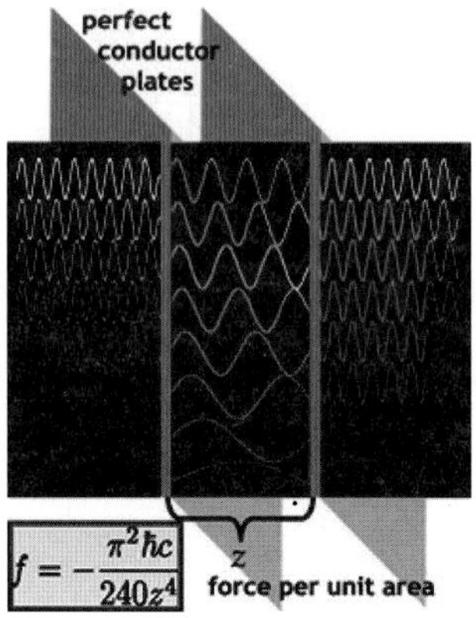

카시미르 효과

이 효과가 발생하기 위해서는 일정간격이 필요한데, 판형은 0.6~6 μm, 원통형은 15 nm이하의 크기를 요한다. 카시미르 힘은 판 사이의 거리에 4제곱의 역수에 비례하므로, 거리가 조금이라도 멀어지면 이 효과는 바로 사라진다.

역카시미르(reverse Casimir) 효과를 이용하여 공중부양이라는 기술을 개발하고 있다. 주로 나노크기의 기계적 가공을 필요로 하는 나노머시닝(nanomachine)에서 작동 모터나 레버들의 마찰력을 감소시키기 위해, 표면을 대전시켜 기계적인 부양을 시도하고 있다.

양전자를 현실에서 사용하는 또다른 사례로는 뇌 단층촬영기(MRI) 보다 훨씬 선명하고 컬러 정보를 얻을 수 있는 양전자방출촬영기(PET, positron emission tomography)를 들 수 있다. 장비에서 발생시킨 감마선이 붕괴되면서 -e, +e를 만들고 양전자가 신체내의 -e와 결합하고 다시 붕괴하는 과정에서 빛(전자기파)를 발생하게 된다. 이를 검출하여 뇌정보를 파악하게 된다. 세계에서 PET을 최초로 개발한 사람은 가천의대 뇌과학연구소의 조장희(1936~) 박사이다.

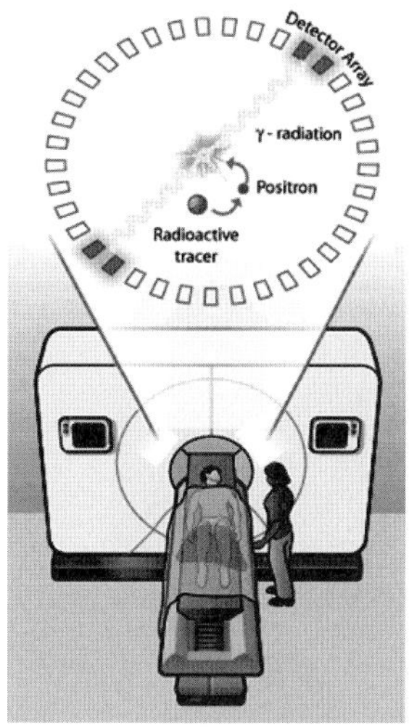

양전자 단층 촬영기

등장인물 살펴보기

폴 디랙(Paul Dirac, 1902~1984)

영국의 이론물리학자이다. 원자 이론의 새로운 형식의 발견으로 1933년 슈뢰딩거와 함께 노벨 물리학상을 받았다. 디랙 방정식으로 양자역학 분야를 집대성 하였으며, 이를 이용하여 페르미온의 거동을 설명했다. 또한 반물질의 개념을 도입하여 양전자의 존재 가능성을 시사하였다.

칼 앤더슨(Carl Anderson, 1905~1991)

미국의 물리학자이다. 안개상자 실험을 통해 우주선에서 양전자를 직접 관찰한 것으로 유명하다. 이 공로로 1936년 노벨 물리학상을 수상하였다. 또한 뮤온(muon)을 발견하기도 하였다. 그는 캘리포니아 공대(Caltech)에서 근무하였으며, 2차 세계대전때는 로켓을 연구하였다.

헨드릭 카시미르(Hendrik Casimir, 1909~2000)

독일의 물리학자이다. 1934년 두 유체의 초전도 연구와 1948년 카시미르 효과 연구로 유명하다. 박사후에 파울리의 조교로 일하기도 하였으며, 열전도와 전기전도에 관한 깊이 있는 연구도 수행하였다. 극저온에서 초전도현상에 관한 많은 연구 결과를 남겼다.

조장희(1936~)

한국의 뇌과학자이다. 서울대 전자공학과를 나온 뒤, 웁살라대학에서 전자물리학 박사를 하였다. 1972년부터 컴퓨터 단층촬영(CT)에 관한 연구를 시작하여, 양전자방출촬영기(PET)를 세계 최초로 개발하였다. 현재는 가천의대 석좌교수겸 뇌과학연구소 소장, 카이스트 특훈교수로 재직중이다.

CHAPTER

18

끝나지 않는 QM

우주의 모든 상수들이 지금과 같이 적절한 값으로 세팅될 확률은
폐품 창고에 태풍이 불어 닥쳐
보잉747 제트기가 자동으로 만들어질 확률과 비슷하다. • 휴 로스

양자역설

입자의 정의가 새롭게 되고, 4대 힘의 존재를 느끼며 끈이론에 이르기까지 양자역학은 수많은 고비와 혁명적인 뛰어난 생각들로 인해 지속적으로 발전해 왔다. 물론 위대한 인물들의 주장이 늘 맞는 것은 아니었다. 아인슈타인의 경우, 하이젠베르크의 불확실성의 원리인 위치와 운동량을 동시에 측정할 수 없다는 것을 이해하려하지 않았다.* 이에 빛의 상자라는 사고실험을 통해 불확실성의 원리가 성립되지 않는 사례를 찾고자 하였다.

운동량과 위치량의 불확실성은 에너지와 시간에 관한 불확실성과 동일하게 해석할 수 있다. 장치는 특정시간(Δt)에 광자를 방출하고 나서 상자무게 변화를 측정할 수 있도록 구성하였다. 이때 무게의 변차로 에너지의 편차(ΔE)를 해석 할 수 있다고 생각했다. 즉 $\Delta E \Delta t=0$임을 보여서 불확실성이 성립되지 않을 것이라고 판단하였다. 그러나 이에 관해 보어는, 광자 방출시에 반동력이 발생하여

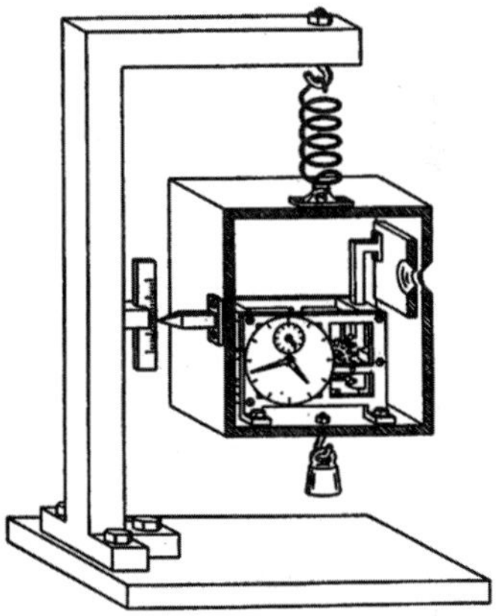

불확실성 원리 위배 사례

* 이는 실재론(realism, 아인슈타인, 슈뢰딩거)이냐 실증론(positivismus, 보어)이냐의 싸움이다. '우리가 보고 있지 않을 때도 달은 존재하는가?'에 대한 물음에, 실재론자는 '당연히 존재한다'고 답한다. 반면 실증론자는 '관측하지 않아서 알 수 없다'고 주장한다. 달처럼 큰 물체에 관해서는 실재론의 주장이 타당해 보이지만, 양자와 같이 작은 물체에 관해서는 관측 행위가 상태를 결정하므로 실증론이 타당해 보인다.

위치량이 변하게 된다고 지적하였다. 아인슈타인의 상대성 원리와 뉴턴의 작용-반작용 원리에 위배되는 실험이라고 지적하여, 아인슈타인의 첫 번째 도전은 실패한다.

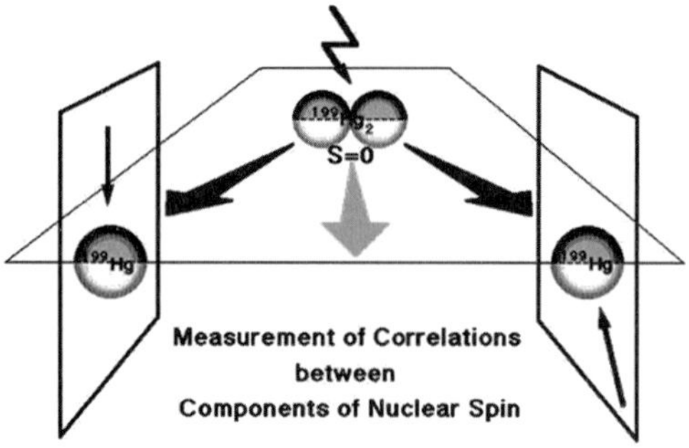

국지성에 관한 EPR 역설

두 번째 아인슈타인의 도전은 EPR 역설로 불리는 국지성(locality principle)에 관한 사고실험이다. 국지성이란 서로간의 측정행위가 변화를 줄 수 없는 떨어져 있는 계가 존재한다는 것을 말한다. EPR 역설은 아인슈타인, 포돌스키(Boris Podolsky, 1896~1966), 로젠(Nathan Rosen, 1909~1995)의 첫 글자를 따온 것이다. 서로 붙어 있던 스핀을 수억 광년 떨어 트려 놨다고 보자. 이들은 초기에 양자얽힘(quantum entanglement) 상태였기에 한쪽 스핀의 방향이 결정되면 다른 쪽은 측정하지 않아도 자동으로 결정된다는 내용이다. 한쪽의 뚜껑을 열었을 때 업스핀이라면 다른 쪽은 보나마나 다운스핀이 되어 관측 행위 없이도 스핀의 방향이 결정된다. 이는 슈뢰딩거의 고양이에 관한 사고실험을 반박하기 위해 제안한 것으로, 아인슈타인은 이것을 원거리 유령작용(spooky action at distance)이라고 불렀다.

굉장히 멀리 떨어져 있다면 한쪽을 결정하면 다른 쪽은 빛보다 빠른* 교신

---

* 빛 보다 빠를 수 있는 존재가 있다. 사고실험을 해 보자. 성능이 굉장히 좋은 램프로 벌레를 비춰 그 그림자를 저 멀리에 있는 스크린에 투사한다고 보자. 벌레가 움직이는 거리는 얼마 안되지만, 만약 수억 광년 떨어진 스크린에 투사된 그림자라면 빛 보다 빠른

으로 원격 작용해야 한다는 것이 된다. 이는 두계가 어느 시간 동안 서로에 대해 분리되어 있다면, 한 계를 측정하는 행위가 다른 계에 실제적인 변화를 줄 수 없다는 것으로 해석된다. 즉 빛 보다 빠른 전달 수단이 없기에 슈뢰딩거의 원리를 반박하는 결과가 된다. 여기서 아인슈타인의 두 번째 반박이 성공하는 것처럼 보인다.

EPR 역설은 30년 동안 아무런 진전도 이루어지지 않았다가, 벨(John Bell, 1928~1990)의 부등정리(Bell's inequality)가 개발되면서 해당 부등 원리가 실험적으로 깨진다면 비국지적 상황을 현실화 시킬 수 있다고 보았다. 비국지적인 현실에서 일어난 상호 작용은 거리가 아무리 멀어져도 감소하지 않고 빛 보다 빠른 교신을 허용하고, 공간을 지나가지 않고도 장소들을 연결할 수 있다. 1982년 파리의 아스펙(Alain Aspect, 1947~)에 의해 비국지적 상황이 현실적으로 구현되었다. 즉 EPR 역설은 전혀 역설이 아니라는 것이 실험적으로 증명했고, 아인슈타인이 말한 양자역학의 불완전성을 보완할 숨은 변수는 없다는 것으로 결론 났다.

속도로 상당한 거리를 움직이게 된다. 그러나 그림자는 빛 보다 빠른 정보를 전달하는 것이지 원자 자체를 이동시킨 것은 아니다. 빛 보다 빠른 상호작용(교신)은 허용하지만 여전히 빛 보다 빠른 입자는 없다. 그러나 입자로서 빛의 속도 이상을 갖는 가상의 입자가 있을 수도 있다는 주장이 제기 되기는 하였다. 타키온(tachyon)은 허수의 질량을 갖고 있다.

4대 힘

자연을 구성하는 4대 힘으로, 중력, 약력, 강력, 전자기력이 있다. 이들은 자연상에 존재하는 모든 물질에 영향을 미치며, 중력과 전자기력은 원거리 힘으로 분리되며, 약력과 강력은 근거리 힘이다. 이들 중에 가장 약한 힘이라고 생각되는 것이 약력이 아닐까하는 생각을 할 수 있다. 그러나 의외로 중력이 가장 작은 힘이 된다. 그 이유는 다른 모든 힘들이 중력장을 바탕으로 하는 계에서 작용하고 있고, 중력내에서 약력이 발생하므로 중력이 가장 작은 힘이 된다. 힘의 세기는 강력 > 전자기력 > 약력 > 중력의 순서가 된다.

4대 힘에는 서로에게 영향을 미치는 매개가 되는 입자가 존재한다. 가장 이해하기 쉬운 것은 전자기력을 작용시키는 광자가 있다. 빛을 구성하는 입자로서 전자기력을 전달시키는 매개체가 된다. 전기, 자기력, 화학작용력은 모두

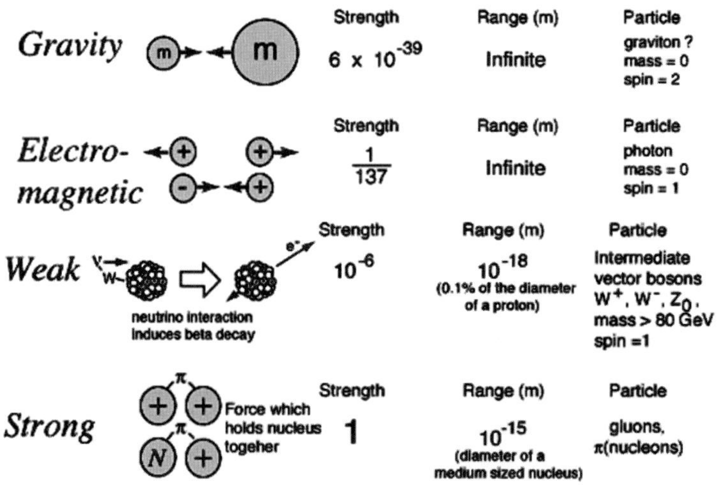

자연에 존재하는 4가지 힘

전자기력의 결과물이라고 할 수 있으며, 원자내에서는 쿼크와 전하를 지닌 렙톤이 광자의 작용력을 느끼게 된다. 약력은 중간 벡터 보손(intermediate vector boson)이 매개입자로 작용하며, 전자기력과 동일하게 쿼크와 렙톤이 그 작용력을 느끼게 된다. 방사성 물질들의 일부들이 이러한 약력의 결과물이 된다. 글루온(gluon)은 쿼크사이에 작용하는 강력의 작동 매개체로, 핵에너지의 폭발반응이 바로 강력의 결과물이 된다. 마지막으로 중력은 질량을 지닌 모든 물질에게 작용하는 힘으로 중력자(graviton)가 매개입자가 된다. 그러나 중력자의 존재 여부는 아직 확실치 않다. 이를 찾아서 제어할 수만 있다면 비행기와 우주여행에 관한 패러다임 전환이 일어날 것이다.

통일장 이론

맥스웰에 의해서 전기력과 자기력이 하나로 통일되어 전자기력이 만들어 진 뒤, 1915년 아인슈타인은 일반상대성이론을 이용하여 중력과 전자기력을 통일하려는 통일장이론(unified theory of field)을 만들기 위해 매진하였다. 그는 양자론의 눈부신 성과를 인정하면서도 이 이론이 근본적으로 모든 것에 대한 답을 제공하지는 못하리라고 생각했다. 이에 하나의 일반 이론, 단일한 방정식 체계로 빛, 물질, 중력의 속성을 동시에 기술하는 통일 이론을 구축하려고 노력했다. 통일장이론은 그가 제안한 특수상대성, 일반상대성 원리 위에 정립해야 한다고 생각했다. 그러나 20년간 노력에도 불구하고 그가 죽을 때까지 이론은 완성되지 못했다. 이러한 노력은 입자들 사이에 작용하는 4대 힘의 형태와 상호관계를 하나로 만들기 위한 다른 후배 연구자들의 나침반이 되었다.

우리는 4번째 차원을 생각할 수 없다. 3차원의 공간과 1차원의 시간을 살아가고 있지만 4차원의 공간은 상상을 할 수가 없다. 2차원의 책상위에 있는 달걀을 2차원에서 탈출시키기 위해서는 3차원의 공간이 필요하다. 3차원의 달걀 내부에 들어있는 노른자만을 꺼내기 위해서는 4차원의 공간이 필요하다. 고차원의 공간은 보통 숨어 있는 작은 공간으로 묘사된다. 1919년 칼루자(Teodor Kaluza, 1885~1954)와 클레인(Oskar Klein, 1894~1977)은 고차원의 존재를 밝혀냈다. 5번째 차원이 아주 작은 영역에 숨어 있다*고 가정하고 아인슈타인의 일반상대성이론을 5차원 공간에 적용했더니, 표준적인 상대성이론 방정식과 맥스웰 방정식이 도출되었다. 즉 빛의 은밀한 비밀이 5번째 차원에 숨겨져 있다는 뜻이 된다.

1918년 바일(Hermann Weyl, 1885~1955)은 일반상대성이론과 전자기 현상을 통일 시키려고 시도하였다. 게이지변환(gauge transformation)으로 불리는 방법을 활용하여 다차원공간에서의 중력과 전자기력을 통일하였다. 아인슈타인은 바일의 연구를 부정하였으며, 스스로 통일장이론을 완성하고자 하였다. 1930년에 이르러서야 원자핵과 소립자 현상의 연구가 활발해 지면서 자연계에 약력과 강력이 있음을 알게 된다. 계속해서 강력, 약력, 전자기력을 하나로 묶는 대통일장이론(grand unification theory)이 수학적으로 기술되었

---

* 미시 차원은 거시 차원에서 제대로 관찰되지 않는다. 얇은 빨대 위를 기어가고 있는 개미를 볼 때, 1차원 선 위를 걷는 개미로 보이지만, 개미의 입장에서는 2차원 (둥근) 면을 걷고 있는것 처럼 보인다. 이처럼 거시계에서 살고 있는 우리가 감춰진 차원 발견하고 이를 이해하기란 쉽지 않다. 숨겨진 차원을 찾는 것이 바로 끈 이론이 된다.

다. 이는 게이지 이론이라고 하며, 입자들이 일정 거리 이하로 가까워지면 세 힘이 하나의 힘으로 기술됨을 보였다. 그러나 3가지 힘간의 매개입자인 초대칭 입자가 필요했으나, 현재까지는 발견되지 않았다. 현재까지는 전자기력, 약력, 강력이 양자화 되므로 하나로 만들 수 있지만, 중력을 양자화 시키는 것이 아직 성공하지 못하여 4대힘의 통일은 이루어지지 않고 있다. 사실 중력은 거시세계이며, 나머지 3가지 힘은 미시세계를 표현하는 데 적합하므로, 거시세계와 미시세계를 연결하는 고리를 찾지 않는 이상 힘의 통일은 이루기가 쉽지 않다.

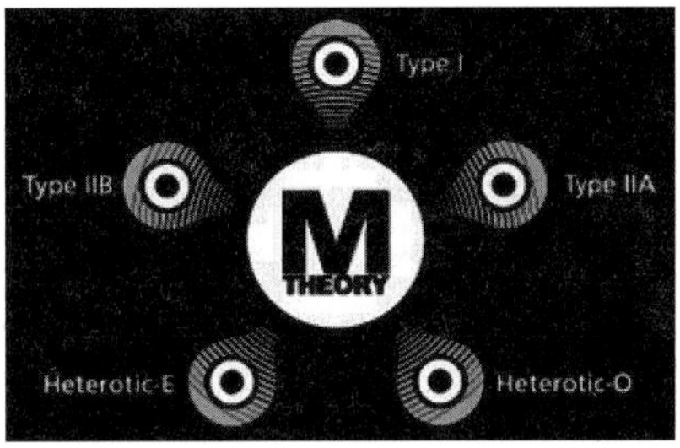

5가지 끈이론과 M이론

최근에는 이 문제를 해결하고자 초끈 이론(superstring theory)과 M 이론(membrane theory)이 등장하고 있다. 기본입자들을 끈의 진동이나 막으로 바라보는 것으로, 11차원 이상의 고차원에서 중력과 양자론을 결합하려는 만물의 이론(TOE, theory of everything)을 만들고자 한다. 구성하는 끈은 10^{-33} cm*로 작은 필라멘트와 같은 모양이라고 상상하고 있다.

이 이론에 의하면 전자와 쿼크는 원자의 근본적인 입자가 아니며, 모든 입자들은 진동하는 끈으로부터 창출된다고 보고 있다. 입자가 그렇게 다양한 것은 끈의 진동패턴이 그만큼 다양하기 때문이라고 한다. 초끈 이론에서 중력을

* 플랑크 길이(Planck length)는 1.616×10^{-35} m이며, 더 이상 공간이 존재하지 않게 되는 크기를 말한다.

양자화 시킬 수 있었던 것은, 끈의 최저 진동상태(질량=0, 스핀=2)에 해당하는 입자를 중력자로 해석하게 되면서이다.

초끈 이론은 5가지[Type I, Type IIA, Type IIB, E8×E8 hetero, SO(32) hetero]가 존재하며, 10차원에서 최대 26차원까지 정의하고 있다. 그러나 1995년 위튼(Edward Witten, 1951~)은 기존의 5가지 초끈 이론은 사실 하나의 이론으로 서로 5가지 방향의 시각일 뿐이다는 것을 발견하였다. 이후 11차원에 존재하는 하나의 이론(M 이론)을 발표하여 초끈 이론을 재정립한다. 이에 관해서는 '엘리건트 유니버스' 등 다양한 서적들이 많이 출판되어 있다.

다중우주론

10차원 이상의 고차원의 해석을 위해 한때는 주목 받지 못했던 다중우주론(multiverse, meta-universe),* 평행우주론(parallel universes)이 재부상하고 있다. 이중슬릿 실험이나 슈뢰딩거 고양이 문제도 모두 평행우주 개념으로 해석할 수 있다.

* 다중우주론은 우주가 여러 가지 일어나는 일들과 조건에 의해 통상적으로 갈래가 나뉘어, 서로 다른 일이 일어나는 우주가 사람들이 알지 못하는 곳에서 동시에 진행되고 있다는 이론이다. 평행우주는 다중우주의 하위 개념으로, 다중 우주에서 설명하는 수많은 막들은 우리 우주가 나아갈 수 있는 또 다른 경우의 수를 제시하고 있다. 이 개념이 사실이라면 시간 여행자의 역설 문제(시간 여행자는 자신의 부모를 죽일 수 없다)가 발생하지 않아 타임머신도 만들 수 있다.

중첩에 관한 다중우주론의 설명에 의하면, 주체가 어떤 것을 결정(관측)하는 순간에 우주는 발생할 수 있는 모든 가능한 사건의 개수만큼 갈라져나간다. 안암동에서 신림동까지 가는데 어떤 교통수단을 이용할 것인지에 대한 수많은 선택지에 따른 다양한 결과들이 나오고, 그에 해당하는 평행우주가 존재하게 된다.

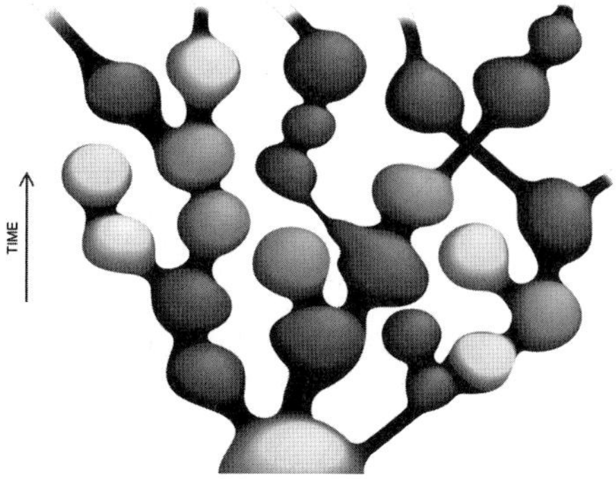

다양한 선택지에 따른 다중(평행)우주

슈뢰딩거의 고양이 문제에서는, 상자의 뚜껑을 여는 순간에 우주는 두 갈래(두 가지의 선택지)로 갈라진다. 임의의 관측이 진행될 때마다, 양자적 분기점이 형성되면서 우주가 갈라진다고 주장한다. 따라서 조금이라도 가능성이 있으면 그 사건이 발생하는 우주가 반드시 존재한다.

이 이론의 장점은 양자역학의 가정인 파동함수의 붕괴를 도입할 필요가 없다는 것이다. 즉 파동함수는 붕괴되어 파동수축이 되는 것이 아니라 공존하고 있던 여러 개의 파동함수가 선택지에 따라 분리되는 것이다. 서로 다른 우주들은 결어긋남(decoherence) 상태이므로 서로를 인식할 수 없고 다른 우주와 접촉하는 것도 불가능하다. 각자의 우주에서 서론 다른 진동수를 지니고 있어서 서로 다른 에너지 상태를 지니게 되기 때문에 상호작용을 할 수 없다.

고전역학, 상대성이론, 양자장이론, 끈이론 등 다양한 이론들이 있으며, 이들 대표적 이론들 사이에는 서로 보완하고 발전해간 상호관계를 지닌다. 여전히 일반상대성이론과 양자역학은 물과 기름처럼 별개로 존재하고 있는 듯 하지만, 성공적인 새 이론은 이해의 폭을 한층 넓혀주면서(빠른 속도, 큰 질량, 짧은 거리) 일상적인 환경에 적용되면 기존의 이론으로 환원된다는 공통점을 갖고 있다. 물리학으로 이해할 수 있는 영역을 넓혀준 끈이론도 이와 같은 패턴을 보이며, 적절한 조건을 부과하면 상대성이론이나 양자역학으로 환원된다.

이처럼 양자역학은 가시화시키기에 아직 무리가 있는 부분이 있고, 여전히 이론, 가설, 가정에 바탕을 두고 있다는 것을 명심해야 한다. 따라서 양자역학은 끊임없이 발전하는 학문으로 원자에서부터 우주의 현상을 이해하게 해주는 학문임은 명확하다.

'양자역학을 제대로 이해하고 있는 사람은 지구상에 아무도 없다는 것을 확신한다', '양자론을 이용하고 있는 사람은 있지만 양자론을 이해하는 사람은

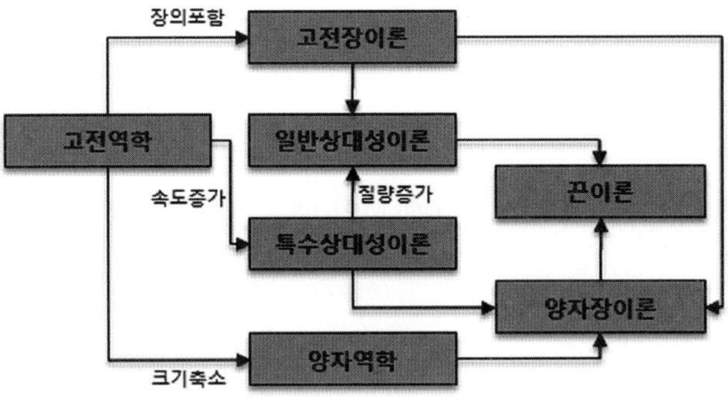

이론물리학의 대표적 이론들 사이의 관계

한 사람도 없다'는 파인만의 말처럼, 양자세계를 이해 하기는 쉽지 않다. 그렇지만 어느 정도 양자에 관한 개념을 갖고 세상을 바라본다면 많은 것들이 달라 보일 것이다. 그저 세상을 기존의 개념과는 다르게 관찰하고 고민하는 사고의 전환이라도 생겼다면 이 책의 목적을 완성했다고 본다.

귀가 멀면 입이 닫힌다.
눈이 멀면 글을 쓸 수가 없다.
질문을 멈추면 생각도 멈춘다.
생각이 깨어 있기 위해서는
늘 주변을 의심하고 질문하며
스스로 답을 찾는 연습을 해야 한다.

• 김영훈

등장인물 살펴보기

보리스 포돌스키(Boris Podolsky, 1896~1966)

러시아의 물리학자이다. Caltech에서 박사를 하였으며, 아인슈타인에게 영향을 받았다. 아인슈타인-로젠과 함께 EPR 역설을 주장하였다. 양자역학의 주요 논쟁거리가 되었고, 그는 특수상대성원리를 바탕으로 하는 전자기학에 관한 교재도 작성하였다.

나탄 로젠(Nathan Rosen, 1909~1995)

이스라엘의 물리학자이다. 프린스턴에서 아인슈타인의 조교가 되며, EPR 역설을 주장한다. 아인슈타인의 격려로 이스라엘에서 물리학에 관한 연구를 지속한다. 또한 일반상대성원리에서 아인슈타인-로젠 고리에 관한 공동 발견자이기도 하다.

존 벨(John Bell, 1928~1990)

북아일랜드의 물리학자이다. 양자역학의 숨은 변수이론과 관련된 양자물리학을 연구하였다. CERN(유럽원자력연구소)에서 1년간 휴가를 얻어 스탠포드 대학에서 시간을 보낼 때, EPR 역설을 해결하기 위한 벨의 부등정리를 개발하였다.

알랭 아스펙(Alain Aspect, 1947~)

프랑스의 물리학자이다. 프랑스 광학연구그룹의 소장으로 있으며, 2005년에 프랑스 국립과학연구센터 금메달을 수상하였다. 아스펙과 그의 동료들은 전자 대신 광자를 이용하여 EPR 역설을 붕괴시키기 위한 벨의 부등정리를 실험적으로 증명하였다.

테오도르 칼루자(Teodor Kaluza, 1885~1954)

독일의 수학자, 물리학자이다. 클레인과 함께 제안한 5차원 공간에 대한 칼루자-클레인 이론은 초끈이론의 발전에 이바지 하였다. 5차원의 기하학은 중력과 전자기 에너지를 시공간의 구조상에서 함께 다뤘다는 중요한 의미를 지니고 있다. 사실 이론 발표후 초끈 이론이 나오기까지는 주목 받지는 못했다.

오스카 클레인(Oskar Klein, 1894~1977)

스웨덴의 물리학자이다. 1917년부터 코펜하겐에서 보어와 함께 일했으며, 1923년 미시간 대학의 교수로 재직했다. 칼루자-클레인 이론을 함께 제창했으며, 막스 플랑크 메달로 수상하였다. 그가 박사를 받은 스톡홀름 대학에서는 클레인 기념 강연회가 개최되고 있다.

페르만 바일(Hermann Weyl, 1885~1955)

독일의 수학자이다. 수학을 바탕으로 물리학적 자연현상을 해석하였다. 이론물리학에 영향을 많이 미쳤으며, 21세기 수학사에 가장 영향력 있는 인물이기도 하였다. 시공간, 물질, 논리 등에 관한 수많은 책을 출판했으며, 일반상대성원리에 전자기력을 접목시키고자 노력하였다.

에드워드 위튼(Edward Witten, 1951~)

미국의 물리학자이다. 역사학을 전공하여 저널리스트로 활동하다가, 홀연히 물리학에 관심을 돌려 프린스턴 대학에서 박사를 받았다. 이론물리학의 최대 난점인 중력과 양자론 사이의 연결이론인 초끈이론의 최고 권위자로 꼽힌다. 이례적으로 수학계의 최고상인 필즈상을 수상했다.

| 더 읽을꺼리 |

[양자역학에 관한 전반적인 이해(기초)]

J. P. 메키보이, 양자론, 김영사 (2001)

쓰즈키 타쿠지, 그림으로 배우는 양자역학, 한승 (2001)

사토 가츠히코, 양자론이 뭐야?, 비타민북 (2006)

다케우치 가오루, 한권으로 충분한 양자론, 전나무숲 (2010)

다케우치 가오루, 한권으로 충분한 시간론, 전나무숲 (2011)

에른스트 페터 피셔, 슈뢰딩거의 고양이, 들녘 (2009)

다케우치 가오루, 밤의 물리학, 사이언스 북스 (2008)

[양자역학에 관한 전반적인 이해(일반)]

리차드 파인만, 일반인을 위한 파인만의 QED 강의, 승산 (2003)

다니엘 스티어, 이상한 나라의 양자역학, 북스힐 (2005)

케네스 W. 포드, 양자 세계 여행자를 위한 안내서, 바다출판사 (2008)

루이자 길더, 얽힘의 시대, 부키 (2012)

안톤 차일링거, 아인슈타인의 베일, 승산 (2007)

[양자역학에 관한 전반적인 이해(심화)]

데이비드 Z. 앨버트, 양자역학과 경험, 한길사 (2004)

Transnational College of LEX, 양자역학의 모험, 과학과문화 (2003)

데이비드 그리피스, 양자역학, 청범출판사 (2006)

최준곤, 양자역학, 고려대학교 출판부 (1998)

[통일장이론]

스티븐 와인버그, 최종 이론의 꿈, 사이언스 북스 (2007)

피터 보이트, 초끈이론의 진실, 승산 (2008)

브라이언 그린, 멀티 유니버스, 김영사 (2012)

미치오 카쿠, 평행우주, 김영사 (2010)

브라이언 그린, 엘러건트 유니버스, 승산 (2007)

미치오 카쿠, 아인슈타인의 우주, 승산 (2011)

[주기율표]

시어도어 그레이, 세상의 모든 원소 118, 영림카디널 (2010)

요리후지 분페, 원소생활, 이치 (2011)

샘 킨, 사라진 스푼, 해나무 (2011)

뉴턴코리아, 뉴턴하이라이트 주기율표, 뉴턴코리아 (2007)

[기타 관련 서적]

존 L. 캐스터, X 이벤트, 반비 (2012)

프랑수아즈 발리바르, 아인슈타인, 시공사 (2005)

김태완, 민항기, 생활속의 큰 물리, 북힐스 (2002)

미치오 카쿠, 부가능은 없다, 김영사 (2010)

데이비드 보더니스, 일렉트릭 유니버스, 생각의 나무 (2005)

저자 소개

김영훈(金映勳)
고려대학교 화학공학과 학사(2000)
서울대학교 화학생물공학부 박사(2005)
광운대학교 화학공학과 부교수(2006~현재)
신양문화재단 신양신진학술상(2005)
광운대학교 베스트티처상(2009)
화학공학회 범석논문상(2011)
광운대학교 광운학술대상(2011)
적십자 헌혈유공장은장(2012)
트리즈(TRIZ) 3급 컨설턴트(2012)

메일 | korea1@kw.ac.kr　　**URL** | http://cms.kw.ac.kr/efn

빛과 전자의 초대 **Quantum**

발 행 일 • 2013년 7월 31일

저 자 • 김영훈
발 행 자 • 최봉조
발 행 처 • 진샘미디어
주 소 • 서울시 은평구 역촌동 58-9
부호아파트 102동 상가 5호
전 화 • 02)353-4421
F A X • 02)353-4431

Home-page • www.jinsaem.co.kr
신고번호 • 제311-2005-000025호

I S B N • 978-89-92887-89-2 (93420)

정가 18,000원